Spectral Estimations of Block Operator Matrices

分块算子矩阵的谱估计

齐雅茹 著

化学工业出版社

·北京·

内容简介

本书较为系统地介绍了一般分块算子矩阵的谱估计方法，主要讨论了$n\times n$阶有界分块算子矩阵和无界分块算子的谱估计方法，并在此基础上，讨论了一类$n\times n$阶无界三对角型算子矩阵和两类具有力学背景的反三角算子矩阵的谱估计方法. 对于有界分块算子矩阵，将矩阵特征值估计的经典方法：Gershgrin-型定理推广到无穷维空间的谱估计上，首次给出了有界分块算子矩阵的Ostrowski定理和广义Ostrowski-Brauer定理；并且介绍了另一类谱估计工具n次数值域，详细讨论了n次数值域和数值域之间的关系. 对于无界非自伴的算子矩阵，讨论了一般的$n\times n$阶无界算子矩阵谱估计的Gershgorin-型定理和n次数值域，填补了高阶无界分块算子矩阵谱估计理论的空白；此外，介绍了具有深刻的力学背景的几类无界算子矩阵，作为理论的应用，给出了更为具体的谱估计结果.

本书适合数学相关专业的高年级本科生及研究生使用，也可供物理、力学等相关专业的科研人员参考.

图书在版编目（CIP）数据

分块算子矩阵的谱估计 / 齐雅茹著. -- 北京 : 化学工业出版社, 2024. 6（2026. 1重印）. -- ISBN 978-7-122-46075-2

Ⅰ. O177. 1

中国国家版本馆 CIP 数据核字第 2024QS4007 号

责任编辑：韩霄翠　　装帧设计：王晓宇
责任校对：宋　夏

出版发行：化学工业出版社
(北京市东城区青年湖南街 13 号　邮政编码 100011)
印　　装：北京天宇星印刷厂
710mm×1000mm　1/16　印张 14½　字数 259 千字
2026 年 1 月北京第 1 版第 2 次印刷

购书咨询：010-64518888　　售后服务：010-64518899
网　　址：http://www.cip.com.cn
凡购买本书，如有缺损质量问题，本社销售中心负责调换。

定　　价：128.00 元

前 言

分块算子矩阵是以 Banach 空间或 Hilbert 空间上的线性算子为元素的特殊矩阵, 是现代数学、物理及工程科学的众多分支中不可或缺的工具, 特别在偏微分方程理论、量子力学、信号处理和遍历理论等领域中有广泛的应用. 例如, 无穷维 Hamilton 系统导出的无穷维 Hamilton 算子、非相对论量子力学中的三通道 Hamilton 量对应的三对角型算子矩阵和流体力学中振荡方程相对应的反三角算子矩阵等. 在所有这些应用中, 物理系统的时间演化受相应分块算子矩阵的控制, 因此, 分块算子矩阵的谱理论起着至关重要的作用.

本书的宗旨是向读者较为系统地介绍一般分块算子矩阵的谱估计方法. 本书主要讨论了 $n \times n$ 阶有界分块算子矩阵和无界分块算子的谱估计方法, 并在此基础上, 讨论了一类 $n \times n$ 阶无界三对角型算子矩阵和两类具有力学背景的反三角算子矩阵的谱估计方法. 对于有界分块算子矩阵, 将矩阵特征值估计的经典方法 Gershgorin-型定理推广到无穷维空间的谱估计上, 首次给出了有界分块算子矩阵的 Ostrowski 定理和广义 Ostrowski-Brauer 定理; 并且介绍了另一类谱估计的工具——n 次数值域, 详细讨论了 n 次数值域和数值域之间的关系. 对于无界非自伴的算子矩阵, 讨论了一般的 $n \times n$ 阶无界算子矩阵谱估计的 Gershgorin-型定理和 n 次数值域, 填补了高阶无界分块算子矩阵谱估计理论的空白; 此外, 介绍了具有深刻的力学背景的几类无界算子矩阵, 作为理论的应用, 给出了更为具体的谱估计结果.

本书的第一章先介绍线性算子及其谱的基本概念和性质, 接下来给出分块算子矩阵的基本概念, 最后回顾了矩阵特征值估计的 Gershgorin-型定理和数值域.

第二章, 介绍 $n \times n$ 阶有界分块算子矩阵谱估计的 Gershgorin 定理、Ostrowski 定理、广义 Ostrowski-Brauer 定理和 n 次数值域, 其中广义 Ostrowski-Brauer 定理在特殊情形下退化为 Brauer 定理. 第三章, 讨论主对角占优型和次对角占优型的 $n \times n$ 阶无界分块算子矩阵, 先讨论 2×2 阶的情形, 分别利用 Schur 补和二次补讨论谱性质和谱包含关系; 再继续讨论 $n \times n$ 阶的主对角占优型算子矩阵, 分为闭算子和一般算子两种情形, 利用 Schur 补给出 Gershgorin-型谱估计定理, 同时讨论主对角占优型的 n 次数值域和谱包含关系; 最后讨论 $n \times n$ 阶次对角占优型的算子矩阵, 分为奇数阶和偶数阶两种情形, 利用二次补给出 Gershgorin-型谱估计方法. 第四章, 讨论一类 $n \times n$ 阶无界三对角型算子矩阵, 先研究相对有界性和闭性等基本性质, 再给出谱估计的 Gershgorin-型定理. 第五章, 分析两类反三角算子矩阵, 包括利用反三角算子矩阵的特殊结构和内部元素的性质刻画本质谱, 以及通过估计反三角算子矩阵的二次数值域的范围来刻画谱分布.

在本书写作期间获得了内蒙古师范大学的阿拉坦仓教授, 内蒙古大学的黄俊杰教授、吴德玉教授和海国君教授, 内蒙古工业大学王华教授和呼和浩特民族学院金国海副教授的支持和帮助, 衷心感谢各位老师提出的有价值的意见和建议. 还感谢内蒙古工业大学理学院领导、数学系全体同事和我的研究生所提供的轻松愉快的工作环境和有益建议. 本书的研究内容得到了国家自然科学基金 (项目编号: 12261065)、内蒙古自然科学基金 (项目编号: 2021LHMS01004)、内蒙古自治区直属高校基本科研业务费项目 (项目编号: JY20220151) 和数学提质培育学科建设项目的支持.

由于时间仓促, 编者的学识和能力有限, 书中难免有不当之处, 希望专家和读者批评指正!

齐雅茹
2024 年 3 月
于呼和浩特

目录

第1章　绪论

数学物理中的许多问题都是由微分方程及其线性化系统描述的, 而这些系统往往以一种自然的方式诱导出一个涉及分块算子矩阵的抽象 Cauchy 问题. 此时, 相应的分块算子矩阵的谱性质至关重要, 因为它们会影响系统随时间演化的结果, 进而影响基本物理系统的稳定性.

无穷维空间中分块算子矩阵的谱与有限维空间矩阵特征值有相似的一面, 可以进行类比, 但复杂程度远远高于矩阵的特征值. 目前, Hilbert 空间中的自伴算子谱理论已经形成了较为完善的体系. 自伴算子有很多良好的性质, 例如: 自伴算子的谱和数值域是实的; 所有特征值是代数简单的, 即没有若当链; 当自伴算子的谱只由代数重数有限的孤立特征值组成, 那么一定存在一组相互正交的特征向量; 此外, 自伴算子具有研究谱性质的最有力的工具——谱函数. 但非自伴算子不具备以上的良好性质. 尽管非自伴算子的谱理论比自伴算子的谱理论要复杂得多, 但在应用中具有极其重要的意义: 自伴性是能量守恒系统的固有特性; 然而, 在实际应用中, 许多耗散系统并非能量守恒, 而是与非自伴状态算子相关联. 目前为止, 非自伴算子的谱理论还未形成系统的理论框架.

分块算子矩阵谱理论往往需要根据其内部元素的性质展开研究, 但对于无界非自伴算子矩阵来说, 相关研究将会遇到很多困难. 例如, 无界算子矩阵的每一个元素均为闭算子, 整个算子矩阵也不一定是闭算子; 两个闭算子的和及乘积均不一定是闭算子等等. 因此, 一般的分块算子矩阵的谱估计方法的研究具有重要的意义.

下面回顾本书所涉及的线性算子的谱, 分块算子矩阵的相关概念及矩阵特征值估计的经典方法.

1.1 线性算子的谱

1.1.1 线性空间

定义 1.1.1. 设 X 是数域 $\mathbb{K}$ (复数域或实数域) 上的线性空间, 若有从 X 到 $\mathbb{R}$ 的函数 $\|\cdot\|$, 对于任意的 $x,y\in X$, 满足条件:

(1) $\|x\|\geqslant 0$, 且 $\|x\|=0$ 当且仅当 $x=0$;

(2) $\|x+y\|\leqslant\|x\|+\|y\|$;

(3) 对每一个 $\alpha\in\mathbb{K}$, $\|\alpha x\|=|\alpha|\|x\|$,

则称 $\|\cdot\|$ 是 X 上的一个范数, X 称为赋范线性空间, 记为 $(X,\|\cdot\|)$.

如果用公式

$$d(x,y)=\|x-y\|,\ \forall x,y\in X \tag{1.1}$$

定义线性空间 X 中两个元素 x,y 之间的距离, 容易验证:

(1) $d(x,y)\geqslant 0$, 且 $d(x,y)=0$ 当且仅当 $x=y$;

(2) $d(x,z)\leqslant d(x,y)+d(y,z)$;

(3) $d(x,y)=d(y,x)$,

这样可得到一个线性距离空间 (X,d).

如果 $\lim\limits_{m,n\to\infty}d(x_m,x_n)=0$, 那么称点列 $\{x_n\}$ 为收敛列, 也称为 Cauchy 列; 如果 $\lim\limits_{n\to\infty}d(x_n,x_0)=0$, 那么称点列 $\{x_n\}$ 收敛到 x_0, 记为 $\lim\limits_{n\to\infty}x_n=x_0$.

如果距离空间 X 中每个 Cauchy 列都收敛于某个点, 那么称 X 是完备的.

赋范线性空间上的距离往往是指由范数诱导的距离. 在 $(X,\|\cdot\|)$ 中考虑点列收敛的问题, 它总是理解为按范数收敛, 即 $\lim\limits_{n\to\infty}x_n=x_0$ 指的是

$$\|x_n-x_0\|\to 0,\ n\to\infty,$$

简记为 $x_n\to x_0$.

完备的赋范线性空间 $(X,\|\cdot\|)$ 称为 Banach 空间.

显然, 在一个空间中可以定义不同的范数.

定义 1.1.2. 设 $\|\cdot\|_1$ 和 $\|\cdot\|_2$ 是线性空间 X 上的两个范数, 如果存在正常数 a 和 b, 使得

$$a\|x\|_1 \leqslant \|x\|_2 \leqslant b\|x\|_1,\ \forall x \in X,$$

那么称范数 $\|\cdot\|_1$ 和 $\|\cdot\|_2$ 是等价的.

如果同一个空间的两个范数 $\|\cdot\|_1$ 和 $\|\cdot\|_2$ 等价, 那么赋范线性空间 $(X,\|\cdot\|_1)$ 和 $(X,\|\cdot\|_2)$ 代数同构且拓扑同胚, 两个空间中的收敛性是同样的.

类似于有限维欧氏空间 $\mathbb{R}^n$, 无限维空间也可以讨论正交或垂直的概念. 下面引入几何性质更接近欧氏空间 $\mathbb{R}^n$ 的内积空间.

定义 1.1.3. 设 X 是复线性空间, 如果对任意的 $x, y \in X$, 都有一个复数, 记为 (x, y), 与之对应, 并且这个对应满足以下性质:

(1) $(x,x) \geqslant 0$, 且 $(x,x)=0$ 当且仅当 $x=0$;

(2) $(x+y,z)=(x,z)+(y,z),\ z \in X$;

(3) $(\alpha x,y)=\alpha(x,y),\ \forall \alpha \in \mathbb{C}$;

(4) $(x,y)=\overline{(y,x)}$,

那么称 (x,y) 为 x 与 y 的内积, 并称这样的复线性空间 X 为内积空间.

由内积的定义, 有 $(x,\alpha y)=\overline{\alpha}(x,y)$.

定义 1.1.4. 内积空间 X 中的元素 x, y 称为正交的, 如果 $(x,y)=0$, 记为 $x \perp y$.

在内积空间, 定义

$$\|x\|=(x,x)^{\frac{1}{2}},$$

则可以验证它是一个范数, 即 $(X,\|\cdot\|)$ 是一个赋范线性空间.

完备的内积空间 X 称为 Hilbert 空间.

1.1.2 线性算子

定义 1.1.5. 设 T 是从赋范线性空间 $(X, \|\cdot\|_1)$ 中的子空间 $\mathcal{D}(T)$ 到赋范线性空间 $(Y, \|\cdot\|_2)$ 中的线性映射, 若对任意的 $x, y \in \mathcal{D}(T)$, $\alpha \in \mathbb{K}$, 满足

$$T(x+y) = Tx + Ty, \quad T(\alpha x) = \alpha Tx,$$

则称 T 是从 X 到 Y 的线性算子, $\mathcal{D}(T)$ 为 T 的定义域.

特别地, 称从赋范线性空间 X 到数域 $\mathbb{K}$ 中的线性算子 f 为线性泛函.

记

$$\mathcal{R}(T) = \{Tx |\ x \in \mathcal{D}(T)\},$$

称为 T 的值域. 如果 $\mathcal{R}(T) = Y$, 那么称 T 是满射.

如果对于任意的 $y \in \mathcal{R}(T)$, 只有唯一的 $x \in X$, 使得 $y = Tx$, 那么称 T 是单射. 此时, 可以定义从 $\mathcal{R}(T)$ 到 X 的算子 T^{-1}:

$$T^{-1}y = x, \text{ 当 } y = Tx,$$

T^{-1} 称为 T 的逆算子. 显然, $\mathcal{D}(T^{-1}) = \mathcal{R}(T)$, T^{-1} 是从 Y 到 X 的线性算子.

下面先介绍有界线性算子的相关概念.

定义 1.1.6. 设 T 是赋范线性空间 X 上到 Y 的线性算子, 若存在一个常数 $M > 0$, 使得对一切 $x \in \mathcal{D}(T)$ 都有

$$\|Tx\|_2 \leqslant M\|x\|_1,$$

则称 T 是有界线性算子, 否则称为无界线性算子. 若一个线性泛函是有界的, 即

$$|f(x)| \leqslant M\|x\|_1,$$

则称 f 为有界线性泛函.

设 T 是有界线性算子, 记

$$\|T\| = \sup_{\substack{x \in X \\ x \neq 0}} \frac{\|Tx\|_2}{\|x\|_1},$$

称 $\|T\|$ 为线性算子 T 的范数.

同时可以证明

$$\|T\| = \sup_{\|x\|_1=1} \|Tx\|_2 = \sup_{\|x\|_1\leqslant 1} \|Tx\|_2.$$

当 T^{-1} 有界时, 有

$$\|T^{-1}\|^{-1} = \inf_{\|x\|=1, x\in X} \|Tx\|. \tag{1.2}$$

下面先给出 Banach 空间上有界线性算子的共轭算子的定义. 设 X 是一个赋范线性空间, 记 X^* 为 X 上所有的有界线性泛函构成的赋范线性空间, 称 X^* 是 X 的共轭空间.

定义 1.1.7. 设 X, Y 是 Banach 空间, T 是从 X 到 Y 的有界线性算子. 对于 $f \in Y^*$, 令

$$(T'f)(x) = f(Tx), \ \forall x \in X, \tag{1.3}$$

则称 T' 是 T 的 Banach 共轭算子, 或伴随算子.

显然, T' 是从 Y^* 到 X^* 的线性算子.

下面为了介绍 Hilbert 空间中线性算子的共轭算子的概念, 先给出 Riesz 表示定理.

定理 1.1.1. (Riesz 表示定理) 设 H 是一个 Hilbert 空间, f 是定义在 H 上的有界线性泛函, 则存在唯一的 $y_f \in H$, 使得对任意的 $x \in H$ 有

$$f(x) = (x, y_f),$$

并且

$$\|f\| = \|y_f\|.$$

证明 如果 $f = 0$, 取 $y_f = 0$ 即可. 假定 $f \neq 0$. 由 f 的连续性, f 的零空间 $\mathcal{M} = \{x \in H | f(x) = 0\}$ 是 H 的真闭子空间, 则有 $H = \mathcal{M} \times \mathcal{M}^\perp$ 且 $\mathcal{M}^\perp \neq \varnothing$. 因此存在 $x_0 \in \mathcal{M}^\perp$ 且 $\|x_0\| = 1$. 对于任意的 $x \in H$, 可以分解为 $x = x - x_0 f(x)/f(x_0) + x_0 f(x)/f(x_0)$, 其中 $x - x_0 f(x)/f(x_0) \in \mathcal{M}$. 取

$y_f=\overline{f(x_0)}x_0$, 则 $y_f\in\mathcal{M}^{\perp}$. 当 x 与 y_f 作内积可得

$$(x,y_f)=\left(x-\frac{f(x)}{f(x_0)}x_0+\frac{f(x)}{f(x_0)}x_0,y_f\right)=\left(\frac{f(x)}{f(x_0)}x_0,\overline{f(x_0)}x_0\right)=f(x).$$

唯一性. 若存在 g_f, 使得对任意的 $x\in H$, $f(x)=(x,g_f)$, 则有

$$(x,y_f)=(x,g_f),\ \forall x\in H,$$

于是 $g_f=y_f$. 由于

$$\|f\|=\sup_{|x|\leqslant 1}|f(x)|=\sup_{|x|\leqslant 1}|(x,y_f)|\leqslant\|y_f\|,$$

且

$$\|f\|=\sup_{|x|\leqslant 1}|f(x)|\geqslant\left|f\left(\frac{y_f}{\|y_f\|}\right)\right|=\left(\frac{y_f}{\|y_f\|},y_f\right)=\|y_f\|.$$

所以 $\|f\|=\|y_f\|$.

注 1.1.1. 由 Riesz 表示定理, 可以验证 Hilbert 空间 H 的共轭空间 H^* 仍是 Hilbert 空间, 并且 H^* 在共轭同构的意义下与 H 是等同的. 如果对共轭同构的 Hilbert 空间不加区分, 于是 $H=H^*$, 因此也可以说 Hilbert 空间 H 是自共轭的.

定义 1.1.8. 设 H 是 Hilbert 空间, A 是 H 上定义的有界线性算子, 若存在有界线性算子 B 使得对任意的 $x,y\in H$ 有

$$(Ax,y)=(x,By),$$

则称 B 为 A 的共轭算子, 记为 A^*.

注 1.1.2. (i) 对于 Hilbert 空间上定义的有界线性算子 A, 对任意的 $x,y\in H$, 可验证 (Ax,y) 是 $H\times H$ 上的共轭双线性泛函. 根据 Lax-Milgram 定理 [1], 存在唯一的 H 上的有界线性算子 B, 使得

$$(Ax,y)=(x,By),\ \forall x,y\in H.$$

(ii) 由于 Hilbert 空间 H 是自共轭的, 因此 H 上的有界线性算子 T 和共轭算子 T^* 可视为定义在同一个空间 H 上. 若 T 是从 Hilbert 空间 H_1 到 Hilbert 空间 H_2 的有界线性算子, 则 T^* 是 H_2 到 H_1 的有界线性算子.

(iii) 如果把 Hilbert 空间 H 作为赋范线性空间来考虑, H 上的有界线性算子 T, 可以定义 T 的 Banach 共轭算子 T'. 设 τ 是从 H^* 到 H 的映射, 对于 $f \in H^*, x \in H$ 满足 $\tau(f) = y_f$, $f(x) = (x, y_f)$. 反之, 对于任意的 $y \in H$, $f_y(x) = (x, y)$, 即 $\tau^{-1}(y) = f_y$ 是 H 上的有界线性泛函. 根据 Banach 共轭算子的定义, $T'(f_y)$ 是 H 上的有界线性泛函, 由 Riesz 表示定理, 存在 $z \in H$, 使得 $(T'(f_y))(x) = (x, z)$, 即 $T'(f_y) = f_z$. 因此 $f_z(x) = (T'(f_y))(x) = f_y(Tx)$, 即

$$(x, z) = (Tx, y) = (x, \tau T' \tau^{-1} y).$$

因此, 对于 Hilbert 空间上的共轭算子 $T^* = \tau T' \tau^{-1}$. 在本书中, 为了方便, 无论是定义在 Banach 空间上还是定义在 Hilbert 空间上的线性算子 T, 共轭算子均记为 T^*.

定理 1.1.2. 设 A, B 是 Hilbert 空间 H 上的有界线性算子, 则

(1) 共轭算子 A^* 是有界线性算子, 且 $\|A^*\| = \|A\|$, 进一步有 $(A^*)^* = A$;

(2) $(A+B)^* = A^* + B^*$;

(3) $(BA)^* = B^* A^*$;

(4) 对于常数 $\alpha \in \mathbb{K}$, $(\alpha A)^* = \overline{\alpha} A^*$;

(5) 若 A^{-1} 存在且有界, 则 $(A^*)^{-1}$ 也存在且有界, 且 $(A^*)^{-1} = (A^{-1})^*$.

证明 因为

$$\|A^* y\|^2 = (A^* y, A^* y) = (AA^* y, y) \leqslant \|AA^* y\| \|y\| \leqslant \|A\| \|A^* y\| \|y\|,$$

于是有 $\|A^* y\| \leqslant \|A\| \|y\|$, 即

$$\|A^*\| \leqslant \|A\|. \tag{1.4}$$

对于任意的 $x, y \in H$, 有

$$(x, (A^*)^* y) = (A^* x, y) = \overline{(y, A^* x)} = \overline{(Ay, x)} = (x, Ay).$$

即 $(A^*)^* = A$. 在式 (1.4) 中用 A^* 替换 A 有

$$\|A\| = \|A^{**}\| \leqslant \|A^*\|.$$

因此 $\|A\| = \|A^*\|$.

(2)~(4) 容易验证.

(5) 根据 (3) 有

$$A^*(A^{-1})^* = (A^{-1}A)^* = I,$$

$$(A^{-1})^*A^* = (AA^{-1})^* = I.$$

于是 $(A^{-1})^* = (A^*)^{-1}$.

注 1.1.3. 对于 Banach 空间上定义的有界线性算子 T, 共轭算子 T^* 也有类似于定理 1.1.2 的性质.

下面介绍几类十分重要的线性算子, 具体性质的证明见文献 [1].

定义 1.1.9. 设 P 是线性空间 X 上到它自身的线性算子, 如果 $P^2 = P$, 那么称 P 为投影算子.

注 1.1.4. (i) 当 P 是线性空间 X 上的投影算子, 那么 P 的值域 $\mathcal{R}(P)$ 和零空间 $\mathcal{N}(P) = \{x \in \mathcal{D}(P) | Px = 0\}$ 满足: $\mathcal{R}(P) \cap \mathcal{N}(P) = \{0\}$, 且 $X = \mathcal{R}(P) \dot{+} \mathcal{N}(P)$, 即 $\mathcal{R}(P)$ 和 $\mathcal{N}(P)$ 互为另一个的代数补;

(ii) 对于任何的 $x \in X$, 存在唯一确定的表示形式, $x = x_1 + x_2$, 其中 $x_1 \in \mathcal{R}(P)$, $x_2 \in \mathcal{N}(P)$, 且 $Px = x_1$, 即 P 是沿着子空间 $\mathcal{N}(P)$ 到子空间 $\mathcal{R}(P)$ 上的投影.

定义 1.1.10. 设 U 是 Hilbert 空间 H 上到它自身的有界线性算子, 若 $U^*U = I$ 和 $UU^* = I$, 则称 U 为酉算子.

从定义容易验证:

(1) U 是等距算子, 即 $\|Ux\| = \|x\|$, $\forall x \in H$;

(2) 只要 $H \neq \{0\}$, $\|U\| = 1$;

(3) U 的逆算子存在, 且 $U^{-1} = U^*$.

紧算子是值域为有限维或者在一定意义下性质接近于有限维的有界线性算子. 因此紧算子的性质与有限维空间的矩阵相似, 这使得紧算子具有广泛的应用背景.

定义 1.1.11. 设 X, Y 是 Banach 空间, $T: \mathcal{D}(T) \subset X \to Y$ 是一个线性算子. 如果对于任何有界点列 $\{x_n\} \subset \mathcal{D}(T)$, 点列 $\{Tx_n\}$ 一定包含一个收敛子列, 那么称 T 为紧算子.

注 1.1.5. (i) 若 T 是紧的, 则 T 一定是有界的;

(ii) 设 $T: \mathcal{D}(T) \subset X \to Y$ 是一个线性算子, 若 T 的值域 $\mathcal{R}(T)$ 是有限维的, 则 T 是紧算子.

接下来介绍无界线性算子的相关概念.

在理论和应用上许多线性算子是无界线性算子, 特别是量子力学、流体力学和弹性力学等领域中所涉及的微分算子. 下面介绍无界线性算子的相关概念和性质, 其中最重要的一类算子是闭 (可闭) 算子, 定义如下:

定义 1.1.12. 设 X 是 Banach 空间, T 是从 $\mathcal{D}(T) \subset X$ 到 X 的线性算子. 若对于任意的 $\{x_n\} \subset \mathcal{D}(T)$, $x_n \to x$ 及 $Tx_n \to y$ $(n \to \infty)$, 可推出 $x \in \mathcal{D}(T)$, $y = Tx$, 则称 T 为闭算子.

若对于任意的 $\{x_n\} \subset \mathcal{D}(T)$, $x_n \to 0$ 及 Tx_n 收敛, 可推出 $Tx_n \to 0$, 则称 T 为可闭算子.

定义 1.1.13. $\mathcal{D}(T)$ 在 H 中稠密的线性算子称为稠定线性算子.

由于赋范空间均可以完备化, 所以一般均可认为线性算子是稠定的, 但 $\mathcal{D}(T)$ 不一定是全空间.

类似于有界线性算子, 接下来定义 Banach 空间和 Hilbert 空间上稠定线性算子的共轭算子.

定义 1.1.14. 设 X, Y 为 Banach 空间, T 为从 X 到 Y 的稠定线性算子. 称 T^* 为 T 的共轭算子, 如果

$$T^* y' = \overline{y'T}, \quad y' \in \mathcal{D}(T^*).$$

其中 $\overline{y'T}$ 表示 $y'T$ 在全空间 X 上唯一的连续线性延拓,

$$\mathcal{D}(T^*) = \{y' \mid y' \in Y^*, \ y'T \text{ 在 } \mathcal{D}(T) \text{ 上连续}\}.$$

定义 1.1.15. 设 H 是一个 Hilbert 空间, $\mathcal{D}(T)$ 在 H 中稠密, T 是从 $\mathcal{D}(T)$ 到 H 的线性算子, T 的共轭算子 T^* 定义为从 $\mathcal{D}(T^*)$ 到 H 的映射

$$T^*:\mathcal{D}(T^*)\to H,$$

其中

$$\mathcal{D}(T^*)=\{y\in H|\ \text{存在}\ y^*\ \text{使得对于任意}\ x\in\mathcal{D}(T),\ (Tx,y)=(x,y^*)\},$$

且

$$T^*y=y^*. \tag{1.5}$$

注 1.1.6. 当 T 是稠定的, 式 (1.5) 中的 y^* 是唯一的, 此时式 (1.5) 确实定义了一个算子. 对于线性算子 T^*, 如果 T^* 是稠定的, 可以定义 $T^{**}=(T^*)^*$.

定义 1.1.16. 设 T 为 Hilbert 空间 H 中的稠定算子.

(i) 若 $T\subset T^*$, 则称 T 为对称算子; 若 $T=T^*$, 则称 T 为自伴算子.

(ii) 若 $TT^*=T^*T$, 则称 T 为正规算子 (或称正常算子); 若 $T^*T\geqslant TT^*$, 称 T 为亚正规算子.

(iii) 若对于任意的 $x\in\mathcal{D}(T)$, 满足 $(Tx,x)\geqslant 0$ (>0), 则称 T 为非负 (正定) 算子. 若存在 $c>0$, 使得 $(Tx,x)\geqslant c(x,x)>0$ 成立, 则称 T 为一致正算子. 若 $\mathrm{Re}(Tx,x)\geqslant 0$, 则称 T 为增生算子.

无界线性算子虽然不具备连续性, 但可以定义相对有界和相对紧的概念.

定义 1.1.17. 设 X,Y,Z 为 Banach 空间, T 为 X 到 Y 的线性算子, S 为 X 到 Z 上的线性算子. 如果 $\mathcal{D}(T)\subset\mathcal{D}(S)$ 且存在非负常数 a_s, $b_s\geqslant 0$, 对于任意的 $x\in\mathcal{D}(T)$ 有

$$\|Sx\|\leqslant a_s\|x\|+b_s\|Tx\|, \tag{1.6}$$

那么称算子 S 相对于 T 有界, 简称 T–有界. 使得式 (1.6) 成立的所有 b_s 的下确界称为算子 S 关于 T 的相对界, 简称 T–界.

定义 1.1.18. 设 X, Y, Z 为 Banach 空间, T 为 X 到 Y 上的线性算子, S 为 X 到 Z 上的线性算子. 如果 $\mathcal{D}(T) \subset \mathcal{D}(S)$ 且对任意的 $\{x_n\} \subset \mathcal{D}(T)$, 当 $\{x_n\}$, $\{Tx_n\}$ 有界时 $\{Sx_n\}$ 包含收敛子列, 那么称 S 相对于 T 是紧的, 简称 T–紧.

线性算子 S 相对于 T 是紧的, 蕴含 S 相对于 T 是有界的, 并且相对界为 0 (见文献 [2] 中推论 III.7.7).

下面罗列几个线性算子的重要性质.

引理 1.1.3. 设 T 为 Banach 空间 X 中的有界线性算子, 若 $\|T\| < 1$, 则算子 $I - T$ 具有有界逆.

引理 1.1.4. 设 X, Y, Z 为 Banach 空间, S 为 X 到 Y 的有界线性算子, T 为 Y 到 Z 的可闭算子, 若 $\mathcal{R}(S) \subset \mathcal{D}(T)$, 则 TS 为 X 到 Z 的有界线性算子.

引理 1.1.5. 设 H 为 Hilbert 空间, T 为定义在 H 上的无界线性算子, 则 $T : \mathcal{D}(T) \subset H \to H$ 为闭算子当且仅当 $(\mathcal{D}(T), \|\cdot\|_{\mathcal{D}(T)})$ 为 Hilbert 空间, 其中

$$\|x\|_{\mathcal{D}(T)} := \|x\|_H + \|Tx\|_H, \ x \in \mathcal{D}(T).$$

上述几个引理的证明见文献 [3].

1.1.3 谱和正则集

下面给出线性算子 T 的谱和正则集的概念.

定义 1.1.19. 设 X 是复的 Banach 空间, T 是从 $\mathcal{D}(T) \subset X$ 到 X 的线性算子. 如果 $\lambda I - T$ 的值域 $\mathcal{R}(\lambda I - T)$ 在 X 中稠密, 并且 $\lambda I - T$ 有连续的逆算子, 则称 λ 为 T 的正则点. 这样的 λ 的全体称为 T 的正则点集, 记为 $\rho(T)$, 也称为预解集.

预解集 $\rho(T)$ 的补集称为 T 的谱集, 记为 $\sigma(T)$, 即 $\sigma(T) = \mathbb{C} \setminus \rho(T)$. 若 $\lambda \in \sigma(T)$, 称 λ 为 T 的谱点.

对 T 的谱集合 $\sigma(T)$ 可做进一步的分类:

(1) 若 $\lambda I - T$ 不是一一的, 则 λ 称为 T 的点谱, 点谱的全体记为 $\sigma_{\mathrm{p}}(T)$;

(2) 若 $\lambda I - T$ 是一一的, $\lambda I - T$ 的值域在 X 中稠密, 但是它的逆算子是不连续的, 则 λ 称为 T 的连续谱, 连续谱的全体记为 $\sigma_{\mathrm{c}}(T)$;

(3) 若 $\lambda I - T$ 是一一的, $\lambda I - T$ 的值域在 X 中不稠密, 则 λ 称为 T 的剩余谱, 剩余谱的全体记为 $\sigma_{\mathrm{r}}(T)$.

显然, $\sigma_{\mathrm{p}}(T), \sigma_{\mathrm{c}}(T)$ 和 $\sigma_{\mathrm{r}}(T)$ 是互不相交的集合, 并且

$$\sigma(T) = \sigma_{\mathrm{p}}(T) \cup \sigma_{\mathrm{c}}(T) \cup \sigma_{\mathrm{r}}(T).$$

如果 T 是 Hilbert 空间 H 上的线性算子, $T: H \to H$, 那么正则点集 $\rho(T)$ 可写为

$$\rho(T) = \{\lambda \in \mathbb{C} |\ \lambda I - T \text{ 是一一的}, \ \mathcal{R}(\lambda I - T) \text{ 在}H\text{中稠密}, \ (\lambda I - T)^{-1} \text{ 是有界的}\}.$$

定义 1.1.20. 设 X 是 Banach 空间, T 为 X 上的线性算子. 复数 λ 称为 T 的近似谱点, 如果存在 X 中的一个点列 $\{x_n\}$, $\|x_n\| = 1$, 满足

$$\|(\lambda I - T)x_n\| \to 0 \ (n \to \infty).$$

全体近似点谱记为 $\sigma_{\mathrm{ap}}(T)$. 复数 λ 称为 T 的压缩谱点, 如果 $\mathcal{R}(\lambda I - T)$ 不是稠密的, 全体压缩谱记为 $\sigma_{\mathrm{com}}(T)$.

注 1.1.7. (i) 当 T 是 Banach 空间 X 上的闭线性算子, $\lambda \in \rho(T)$ 当且仅当 $\lambda I - T$ 是一一的, $\mathcal{R}(\lambda I - T) = X$, 从而对于任意的 $\lambda \in \rho(T)$, $(\lambda I - T)^{-1}$ 是一个定义在全空间上的有界线性算子; $\lambda \in \sigma_{\mathrm{c}}(T)$ 当且仅当 $\lambda I - T$ 是一一的, $\overline{\mathcal{R}(\lambda I - T)} = X$, 但 $\mathcal{R}(\lambda I - T) \neq X$.

(ii) $\lambda \in \sigma_{\mathrm{ap}}(T)$ 当且仅当 $\lambda I - T$ 不是下方有界的, 因此

$$\sigma_{\mathrm{ap}}(T) = \sigma_{\mathrm{p}}(T) \cup \sigma_{\mathrm{c}}(T) \cup \sigma_{\mathrm{r},2}(T),$$

且

$$\sigma(T) = \sigma_{\mathrm{ap}}(T) \cup \sigma_{\mathrm{r},1}(T),$$

其中

$$\sigma_{\mathrm{r},1}(T):=\{\lambda\in\mathbb{C}|\ \lambda I-T\text{是单射},\ \overline{\mathcal{R}(\lambda I-T)}\neq X,\ \mathcal{R}(\lambda I-T)\text{ 是闭的}\},$$

$$\sigma_{\mathrm{r},2}(T):=\{\lambda\in\mathbb{C}|\ \lambda I-T\text{是单射},\ \overline{\mathcal{R}(\lambda I-T)}\neq X,\ \mathcal{R}(\lambda I-T)\text{ 是不闭的}\}.$$

(iii) $\sigma(T)=\sigma_{\mathrm{ap}}(T)\cup\sigma_{\mathrm{com}}(T)$.

定义 1.1.21. 设 T 是定义在 Banach 空间上的有界线性算子, 称 $r(T)=\sup\limits_{\lambda\in\sigma(T)}|\lambda|$ 为 T 的谱半径.

注 1.1.8. 对于有界线性算子 T, 谱半径满足 $r(T)\leqslant\|T\|$.

定理 1.1.6. 设 T 是 Banach 空间 X 到 X 的线性算子, 则 $\rho(T)$ 是复平面上的一个开集, 即对于任意 $\lambda\in\rho(T)$ 和 $|\mu|<\|(\lambda I-T)^{-1}\|^{-1}$, 有 $\lambda+\mu\in\rho(T)$.

证明 设 $\lambda\in\rho(T)$, 考虑

$$(\lambda+\mu)I-T=(\lambda I-T)[I+\mu(\lambda I-T)^{-1}].$$

由于 $\|\mu(\lambda I-T)^{-1}\|<1$, 由引理 1.1.3, $[I+\mu(\lambda I-T)^{-1}]$ 具有有界逆, 于是

$$[(\lambda+\mu)I-T]^{-1}=[I+\mu(\lambda I-T)^{-1}]^{-1}(\lambda I-T)^{-1}.$$

从而 $\lambda+\mu\in\rho(T)$, 即 $\rho(T)$ 是开集.

注 1.1.9. (i) 有界线性算子 T 的谱集 $\sigma(T)$ 是位于闭球 $\{z|\ |z|\leqslant\|T\|\}$ 中的非空有界闭集.

(ii) 从定理 1.1.6 的证明中看到, 若 $\lambda_0\in\rho(T)$, 则集合 $\{\lambda|\ |\lambda-\lambda_0|<\|(\lambda_0 I-T)^{-1}\|^{-1}\}\subset\rho(T)$, 因此

$$\operatorname{dist}(\lambda_0,\sigma(T))\geqslant\|(\lambda_0 I-T)^{-1}\|^{-1}.$$

(iii) 无界线性算子 T 的谱集 $\sigma(T)$ 是闭集. 但可能是整个复平面, 也可能是空集.

引理 1.1.7. 设 $T:\mathcal{D}(T)\subset X\to X$ 和 $S:\mathcal{D}(S)\subset X\to Y$ 为无界线性算子, 若 $\rho(T)\neq\varnothing$, 则对于 $\lambda\in\rho(T)$, 有 S 是 $T-$ 有界的当且仅当 $S(T-\lambda I)^{-1}$ 是有界的.

证明 根据相对有界的定义, 结论易得.

定义在 Hilbert 空间 H 上的稠定闭线性算子 T 和 T^* 的谱之间有如下的关系.

定理 1.1.8. 设 T 是 Hilbert 空间 H 中的稠定闭线性算子, 则有

(1) 若 $\lambda\in\sigma_{\mathrm{p}}(T)$, 则 $\overline{\lambda}\in\sigma_{\mathrm{p}}(T^*)\cup\sigma_{\mathrm{r}}(T^*)$;

(2) $\lambda\in\sigma_{\mathrm{com}}(T)$ 当且仅当 $\overline{\lambda}\in\sigma_{\mathrm{p}}(T^*)$;

(3) $\lambda\in\sigma(T)$ 当且仅当 $\overline{\lambda}\in\sigma(T^*)$.

证明 (1) 当 $\lambda\in\sigma_{\mathrm{p}}(T)$ 时, 则存在非零向量 x_0 满足 $Tx_0=\lambda x_0$. 若 $T^*-\overline{\lambda}$ 不是单射, 则结论显然成立.

若 $T^*-\overline{\lambda}$ 是单射, 则对任意 $y\in\mathcal{D}(T^*)$ 有

$$((T-\lambda)x_0,y)=0=(x_0,(T^*-\overline{\lambda})y),$$

即 $\overline{\mathcal{R}(T^*-\overline{\lambda})}\neq H$, 从而 $\overline{\lambda}\in\sigma_{\mathrm{r}}(T^*)$.

(2) 由压缩谱的定义, $\lambda\in\sigma_{\mathrm{com}}(T)$ 当且仅当 $\overline{\mathcal{R}(T-\lambda)}\neq H$. 又

$$\overline{\mathcal{R}(T-\lambda)}^{\perp}=\mathcal{N}(T^*-\overline{\lambda}),$$

即

$$\mathcal{N}(T^*-\overline{\lambda})\neq\{0\},$$

于是 $\overline{\lambda}\in\sigma_{\mathrm{p}}(T^*)$.

(3) 根据定理 1.1.2, $(T^*)^{-1}=(T^{-1})^*$, 于是 $\lambda\in\rho(T)$ 当且仅当 $\overline{\lambda}\in\rho(T^*)$, 从而结论成立.

推论 1.1.9. 设 T 是 Hilbert 空间 H 中的稠定闭线性算子, 则 $\lambda\in\sigma_{\mathrm{c}}(T)$ 当且仅当 $\overline{\lambda}\in\sigma_{\mathrm{c}}(T^*)$.

对于 Banach 空间上定义的稠定闭线性算子 T, 根据文献 [4] 的推论 II.5.3, 有如下的谱性质.

定理 1.1.10. 设 T 是 Banach 空间 X 中的稠定闭线性算子, 则有

(1) $\sigma_{\mathrm{p}}(T) \subset \sigma_{\mathrm{p}}(T^*) \cup \sigma_{\mathrm{r}}(T^*)$;

(2) $\sigma_{\mathrm{r}}(T) \subset \sigma_{\mathrm{com}}(T) = \sigma_{\mathrm{p}}(T^*)$;

(3) $\sigma(T) = \sigma(T^*)$.

下面给出线性算子的本质谱的定义.

定义 1.1.22. 设 T 为 Banach 空间 X 中的闭算子. 若 $\mathcal{R}(T)$ 是闭的且

$$\mathrm{nul}(T) < \infty, \ \mathrm{def}(T) < \infty,$$

则称 T 是 Fredholm 算子, 并且称 $\mathrm{ind}(T) = \mathrm{nul}(T) - \mathrm{def}(T)$ 为算子 T 的指标, 其中 $\mathrm{nul}(T)$ 和 $\mathrm{def}(T)$ 分别表示零空间 $\mathcal{N}(T) = \{x \in \mathcal{D}(T) | Tx = 0\}$ 和 $X/\mathcal{R}(T)$ 的维数. 闭算子 T 的本质谱定义如下:

$$\sigma_{\mathrm{ess}}(T) := \{\lambda \in \mathbb{C} |\ T - \lambda I \text{ 不是 Fredholm 算子}\}.$$

注 1.1.10. (i) 当 T 为自伴算子时, $\sigma(T) = \sigma_{\mathrm{ess}}(T) \cup \sigma_{\mathrm{p,norm}}(T)$, 其中 $\sigma_{\mathrm{p,norm}}(T)$ 为代数重数有限的离散点谱;

(ii) 对于闭线性算子 T, 若 S 是相对于 T 紧的线性算子, 则

$$\sigma_{\mathrm{ess}}(T + S) = \sigma_{\mathrm{ess}}(T).$$

最后定义一类具有重要应用背景的线性算子.

定义 1.1.23. 对于 $\omega \in [0, \pi)$, 记扇形区域

$$\Sigma_\omega := \{r\mathrm{e}^{\mathrm{i}\varphi} : r \geqslant 0, |\varphi| \leqslant \omega\} \subset \mathbb{C}.$$

设 T 为 Banach 空间 X 上的稠定线性算子, 若存在 $\omega \in [0, \pi)$, 使得

(i) $\mathbb{C} \setminus \Sigma_\omega \subset \rho(T)$,

(ii) $\sup_{\lambda \in \mathbb{C} \setminus \Sigma_\omega} \|(T - \lambda)^{-1}\| < \infty$

成立, 则称 T 为扇形算子.

1.2 分块算子矩阵

下面以 2×2 阶分块算子矩阵为例, 介绍有界和无界分块算子矩阵的基本概念.

设 $\mathcal{A}$ 为 Banach 空间 $X = X_1 \times X_2$ 上的有界线性算子, 有如下的分块形式

$$\mathcal{A} = \begin{pmatrix} A & B \\ C & D \end{pmatrix}, \tag{1.7}$$

其中 $A : X_1 \to X_1$, $B : X_2 \to X_1$, $C : X_1 \to X_2$, $D : X_2 \to X_2$ 为有界线性算子. 对于有界分块算子矩阵 $\mathcal{A}$, 根据共轭算子的定义, 有

$$\mathcal{A}^* = \begin{pmatrix} A^* & C^* \\ B^* & D^* \end{pmatrix}.$$

由于有界线性算子的定义域可以保范地延拓到整个空间, 所以有界分块算子矩阵 $\mathcal{A}$ 可以理解为定义在全空间上, 即 $\mathcal{D}(\mathcal{A}) = X_1 \times X_2$. 但是无界线性算子则不然, 它的定义域可以不是全空间, 故无界分块算子矩阵的定义域需要详细讨论.

设 $\mathcal{A}$ 为 Banach 空间 $X_1 \times X_2$ 上的无界分块算子矩阵, 即

$$\mathcal{A} = \begin{pmatrix} A & B \\ C & D \end{pmatrix} : \mathcal{D}(\mathcal{A}) \subset X_1 \times X_2 \to X_1 \times X_2, \tag{1.8}$$

其中 $A : \mathcal{D}(A) \subset X_1 \to X_1$, $B : \mathcal{D}(B) \subset X_2 \to X_1$, $C : \mathcal{D}(C) \subset X_1 \to X_2$, $D : \mathcal{D}(D) \subset X_2 \to X_2$ 为无界线性算子, 且

$$\mathcal{D}(\mathcal{A}) = \mathcal{D}_1 \times \mathcal{D}_2 := (\mathcal{D}(A) \cap \mathcal{D}(C)) \times (\mathcal{D}(B) \cap \mathcal{D}(D)).$$

根据分块算子矩阵的内部元素之间的相对有界性, 无界情形可以分为以下四个类型.

定义 1.2.1. 设 $\mathcal{A}$ 为由式 (1.8) 定义的无界分块算子矩阵.

(i) 若 C 是 A–有界且 D 是 B–有界, 则称 $\mathcal{A}$ 为上行占优型的算子矩阵;

(ii) 若 A 是 C–有界且 B 是 D–有界, 则称 $\mathcal{A}$ 为下行占优型的算子矩阵;

(iii) 若 C 是 A–有界且 B 是 D–有界, 则称 $\mathcal{A}$ 为主对角占优型的算子矩阵;

(iv) 若 A 是 C–有界且 D 是 B–有界, 则称 $\mathcal{A}$ 为次对角占优型的算子矩阵.

定义 1.2.2. 设 $\mathcal{A}$ 为由式 (1.8) 定义的无界分块算子矩阵.

(i) 若 C 是 A–有界的且相对阶为 δ_C, B 是 D–有界的且相对阶为 δ_B, 则称 $\delta=\min\{\delta_B,\delta_C\}$ 为 $\mathcal{A}$ 的主对角占优阶;

(ii) 若 A 是 C–有界的且相对阶为 δ_A, D 是 B–有界的且相对阶为 δ_D, 则称 $\delta=\min\{\delta_A,\delta_D\}$ 为 $\mathcal{A}$ 的次对角占优阶.

以上概念也可以平行推广到 $n\times n$ 阶的无界分块算子矩阵上.

定义 1.2.3. 设 $\mathcal{A}$ 为式 (1.8) 定义的无界分块算子矩阵, 则称关于 λ 的线性算子多项式

$$S_1(\lambda):=A-\lambda I-B(D-\lambda I)^{-1}C,\quad \lambda\in\rho(D) \tag{1.9}$$

$$S_2(\lambda):=D-\lambda I-C(A-\lambda I)^{-1}B,\quad \lambda\in\rho(A)$$

为算子 $\mathcal{A}$ 的 Schur 补.

定义 1.2.4. 设 $\mathcal{A}$ 为式 (1.8) 定义的无界分块算子矩阵, B,C 均具有有界逆, 则称关于 λ 的二次算子多项式

$$T_1(\lambda):=C-(D-\lambda I)B^{-1}(A-\lambda I),\quad 0\in\rho(B)$$

$$T_2(\lambda):=B-(A-\lambda I)C^{-1}(D-\lambda I),\quad 0\in\rho(C)$$

为算子 $\mathcal{A}$ 的二次补, 其中称 $T_1(\lambda)$ 为第一类二次补, $T_2(\lambda)$ 为第二类二次补.

注 1.2.1. (i) 对于有界分块算子矩阵 $\mathcal{A}$, Schur 补和二次补的定义与定义 1.2.3, 1.2.4 相同;

(ii) 对于无界分块算子矩阵 $\mathcal{A}$, 一般情况下

$$\mathcal{A}^*\neq\begin{pmatrix}A^* & C^*\\ B^* & D^*\end{pmatrix};$$

(iii) 对于无界分块算子矩阵 $\mathcal{A}$ 而言, 即使内部算子 A,B,C,D 均为闭 (可闭) 算子, $\mathcal{A}$ 也不一定是闭 (可闭) 算子.

1.3 矩阵特征值估计方法的回顾

无穷维空间中线性算子的谱点可能是点谱、连续谱、剩余谱, 可以是无限个离散的, 也可以是连续的; 谱集可以是有界集合, 也可以是无界集合, 也可以是空集; 此外, 分块算子矩阵的谱与内部元素的谱之间没有直接的关系, 所以分块算子矩阵谱的研究较为复杂. 不同于有限维空间的矩阵, 只有有限个特征值, 且个数小于或等于它作用的空间的维数. 即使是有限维空间的矩阵, 当矩阵阶数较高时特征值的计算也较为困难, 需要进行特征值的估计. 无穷维空间中分块算子矩阵谱的表示更为困难, 所以谱估计方法的研究变得重要, 尤其无界线性算子不具备连续性, 且定义域不是全空间, 导致无界分块算子矩阵谱的研究更为困难. 通过研究发现, 有限维空间中矩阵特征值估计的部分经典方法可以适当推广到无穷维空间中的分块算子矩阵的谱估计上. 虽然研究方法和难度不同, 但分块算子矩阵谱估计方法退化到有限维空间时, 就退化为矩阵特征值估计方法. 下面回顾矩阵特征值估计的几个经典方法.

1.3.1 Gershgorin-型定理

设 $A=[a_{ij}]$ 为 $n\times n$ 阶的复矩阵, 又设 $R_i(A)$ 与 $C_i(A)$ 分别表示 A 的各去心绝对行和与去心列和

$$R_i(A)\equiv\sum_{\substack{j=1\\ j\neq i}}^{n}|a_{ij}|,\quad C_i(A)\equiv\sum_{\substack{j=1\\ j\neq i}}^{n}|a_{ji}|,\ 1\leqslant i\leqslant n, \tag{1.10}$$

简记为 R_i 与 C_i.

定理 1.3.1. (Gershgorin 定理) 设 $A=[a_{ij}]$ 为 $n\times n$ 阶的复矩阵, 则 A 的所有特征值都位于 n 个圆盘的并集

$$\bigcup_{i=1}^{n}\{z\in\mathbb{C}:|z-a_{ii}|\leqslant R_i\}$$

中.

显然, A 的所有特征值也都位于 n 个圆盘的并集

$$\bigcup_{j=1}^{n}\{z\in\mathbb{C}:|z-a_{jj}|\leqslant C_j\}$$

中.

在 Gershgorin 定理的基础上, 同时考虑行和列, 得到了下面的定理.

定理 1.3.2. (Ostrowski 定理) 设 $A=[a_{ij}]$ 为 $n\times n$ 阶的复矩阵, $\alpha\in[0,1]$ 是给定的数, 则 A 的所有特征值位于 n 个圆盘的并集

$$\bigcup_{i=1}^{n}\{z\in\mathbb{C}:|z-a_{ii}|\leqslant R_i^{\alpha}C_i^{1-\alpha}\}$$

中.

当同时考虑两行时, 得到如下的利用 Cassini 卵形域刻画特征值范围的结果.

定理 1.3.3. (Brauer 定理) 设 $A=[a_{ij}]$ 为 $n\times n$ 阶的复矩阵, 则 A 的所有特征值位于 $n(n-1)/2$ 个 Cassini 卵形域的并集

$$\bigcup_{\substack{i,j=1\\ i\neq j}}^{n}\{z\in\mathbb{C}:|z-a_{ii}||z-a_{jj}|\leqslant R_iR_j\}$$

中.

以上三个定理是矩阵特征值估计的三个经典结果, 证明可见文献 [5-7]. 在这三个定理的基础上, 后续推广出了大量的矩阵特征值估计方法. 例如, 结合 Ostrowski 定理和 Brauer 定理, 得到了下面的特征值估计定理:

定理 1.3.4. 设 $A=[a_{ij}]$ 为 $n\times n$ 阶的复矩阵, $\alpha\in[0,1]$, 则 A 的所有特征值位于

$$\bigcup_{\substack{i,j=1\\ i\neq j}}^{n}\{z\in\mathbb{C}:|z-a_{ii}||z-a_{jj}|\leqslant R_i^{\alpha}C_i^{\alpha}R_j^{1-\alpha}C_j^{1-\alpha}\}$$

中, 这里称之为广义 Ostrowski-Brauer 定理 (证明参见文献 [8]).

下面给出这三个定理在分块矩阵情形的结果. 设 A 为 $m \times m$ 阶的复矩阵, 有如下的 $n \times n$ 阶的分块形式

$$A = \begin{pmatrix} A_{11} & A_{12} & \cdots & A_{1n} \\ A_{21} & A_{22} & \cdots & A_{2n} \\ \vdots & \vdots & & \vdots \\ A_{n1} & A_{n2} & \cdots & A_{nn} \end{pmatrix}, \tag{1.11}$$

其中 A_{ii} 为 m_i 阶的方阵, $1 \leqslant i \leqslant n$, 即可以理解 A_{ii} 为从 m_i 维向量空间 X_i 到自身的线性变换. 记

$$R_j \equiv \sum_{\substack{k=1 \\ k \neq j}}^{n} \|A_{jk}\|, \; C_j \equiv \sum_{\substack{k=1 \\ k \neq j}}^{n} \|A_{kj}\|, \; 1 \leqslant j \leqslant n,$$

简记为 R_j, C_j. 对于分块矩阵, 可验证

$$\|A_{jj}^{-1}\|^{-1} = \inf_{x \in X_j, x \neq 0} \left(\frac{\|A_{jj}x\|}{\|x\|} \right).$$

定理 1.3.5. (分块矩阵的 Gershgorin 定理) 设 A 为由式 (1.11) 给出的 $n \times n$ 阶的分块矩阵, 则 A 的所有特征值都位于 n 个 Gershgorin 集的并集

$$G := \bigcup_{j=1}^{n} G_j$$

中, 其中 $G_j = \{z \in \mathbb{C} : \|(A_{jj} - zI_j)^{-1}\|^{-1} \leqslant R_j\}$, $1 \leqslant j \leqslant n$.

定理 1.3.6. (分块矩阵的 Ostrowski 定理) 设 A 为由式 (1.11) 给出的 $n \times n$ 阶的分块矩阵, $\alpha \in [0,1]$, 则 A 的所有特征值都位于 n 个点集 O_j 的并集 $\bigcup\limits_{j=1} O_j$ 中, 其中

$$O_j = \{z \in \mathbb{C} : \|(A_{jj} - zI_j)^{-1}\|^{-1} \leqslant R_j^{\alpha} C_j^{1-\alpha}\}, \; 1 \leqslant j \leqslant n.$$

定理 1.3.7. (分块矩阵的 Brauer 定理) 设 A 为由式 (1.11) 给出的 $n \times n$ 阶的分块矩阵, 则 A 的所有特征值都位于 $n(n-1)/2$ 个点集 $\mathcal{C}_{ij}$ 的并集 $\bigcup\limits_{i \neq j} \mathcal{C}_{ij}$ 中, 其中

$$\mathcal{C}_{ij} := \{z \in \mathbb{C} : \left(\|(A_{ii} - zI_i)^{-1}\| \cdot \|(A_{jj} - zI_j)^{-1}\|\right)^{-1} \leqslant R_i R_j\},$$

$1 \leqslant i,j \leqslant n, i \neq j$.

对于分块矩阵 A, 相应的广义 Ostrowski-Brauer 定理如下:

定理 1.3.8. (分块矩阵的广义 Ostrowski-Brauer 定理) 设 A 为由式 (1.11) 给出的 $n \times n$ 阶的分块矩阵, $\alpha \in [0,1]$, 则 A 的所有特征值都位于

$$\bigcup_{i \neq j} \{z \in \mathbb{C} : \left(\|(A_{ii} - zI_i)^{-1}\| \cdot \|(A_{jj} - zI_j)^{-1}\|\right)^{-1} \leqslant R_i^{\alpha} C_i^{\alpha} R_j^{1-\alpha} C_j^{1-\alpha}\}$$

中.

以上分块矩阵特征值估计定理的证明见文献 [9-11]. 对于无穷维空间中有界分块算子矩阵, Salas 在 1999 年的论文 (文献 [12]) 中首次给出了谱估计的 Gershgorin 定理; 2007 年, Herzog 和 Schmoeger 给出了近似点谱的 Brauer 定理, 见文献 [13]; 但谱估计的其余定理尚未有相关结果. 本书第 2 章给出有界分块算子矩阵谱估计的其余定理 (Ostrowski 定理、Brauer 定理和广义 Ostrowski-Brauer 定理). 对于无界分块算子矩阵而言, 由于以上定理中的 R_i 和 C_i 中均涉及取算子范数, 所以上述定理没有直接相应的结果. 但可利用 Schur 补和二次补等算子的性质, 研究类似的谱估计方法. 2015 年, Dall'Acqua, Mugnolo 和 Schelling [14] 在一定条件下讨论了主对角占优型无界分块算子矩阵的 Gershgorin-型谱估计方法. 在第 3 章中, 我们对于主对角占优型和次对角占优型的无界分块算子矩阵, 分别利用 Schur 补和二次补, 给出相应的 Gershgorin-型谱估计结果. 第 4 章中研究主对角占优型的无界三对角型算子矩阵, 除了分析相对有界性和闭性等基本性质外, 利用 Schur 补给出 Gershgorin-型谱估计定理.

1.3.2 数值域

对于有限维的矩阵, 除了上述的 Gershgorin-型定理以外, 还可利用矩阵数值域进行特征值的估计.

定义 1.3.1. 设 $A = [a_{ij}]$ 为 $n \times n$ 阶的复矩阵, 则数值域 $W(A)$ 定义为

$$W(A) := \{x^* A x : x \in \mathbb{C}^n, x^* x = 1\}.$$

对于任意的复矩阵 A, B 和常数 $\alpha \in \mathbb{C}$,

(i) $W(A)$ 为 $\mathbb{C}$ 中的紧集;

(ii) $W(\alpha A) = \alpha W(A)$;

(iii) $W(\alpha I + A) = \alpha + W(A)$;

(iv) $W(A+B) \subseteq W(A) + W(B)$;

(v) 设 U 是 $n \times n$ 阶的酉矩阵, 即 $U^*U = I$, 则 $W(U^*AU) = W(A)$.

根据定义, 容易验证:

命题 1.3.9. 设 $A = [a_{ij}]$ 为 $n \times n$ 阶复矩阵, 则 A 的所有特征值 $\sigma(A)$ 满足

$$\sigma(A) \subseteq W(A).$$

定理 1.3.10. 设 $A = [a_{ij}]$ 为 $n \times n$ 阶复矩阵, 对所有的 $i \in \{1, 2, \cdots, n\}$, 记

$$g_i(A) := \frac{(R_i(A) + C_i(A))}{2},$$

则

$$\sigma(A) \subseteq W(A) \subseteq Co\left(\bigcup_{i=1}^{n} \{z \in \mathbb{C} : |z - a_{ii}| \leqslant g_i(A)\}\right),$$

其中 $R_i(A)$, $C_i(A)$ 为由式 (1.10) 定义的矩阵 A 的去心行和与列和.

注 1.3.1. 对于 $\mathbb{C}$ 中的集合 M, $Co(M)$ 表示其凸包, 即

$$Co(M) := \bigcap_{L} \{L: \ L \text{ 为满足 } M \subseteq L \text{ 的凸集合}\}.$$

对于 Hilbert 空间中的线性算子, 数值域也是常用的刻画谱分布的工具 [16].

定义 1.3.2. 设 T 为 Hilbert 空间 H 中的线性算子, 则数值域 $W(T)$ 定义为

$$W(T) = \{(Tx, x) : x \in \mathcal{D}(T), (x, x) = 1\}, \tag{1.12}$$

或可写为

$$W(T) = \left\{\frac{(Tx, x)}{(x, x)} : x \in \mathcal{D}(T), x \neq 0\right\}.$$

数值域是复数域 $\mathbb{C}$ 的凸子集, 详细证明见文献 [16, 17]. 当 T 是无界线性算子时, 数值域不一定是有界集合, 甚至可能是全平面.

根据数值域的定义, 可推得如下的基本性质:

性质 1.3.1. 对于 T, S 是 Hilbert 空间 H 上的线性算子,

(i) $W(\alpha T+\beta I)=\alpha W(T)+\beta$, 其中 $\alpha, \beta \in \mathbb{C}$;

(ii) $W(T+S) \subset W(T)+W(S)$;

(iii) $W(U^*TU)=W(T)$, 其中 U 为酉算子.

定理 1.3.11. 设 T 是定义在 Hilbert 空间上的稠定线性算子. 则

$$\sigma_{\mathrm{p}}(T) \subset W(T), \quad \sigma_{\mathrm{ap}}(T) \subset \overline{W(T)}.$$

当 T 是有界线性算子时, $\sigma(T) \subset \overline{W(T)}$.

证明 设 $\lambda \in \sigma_{\mathrm{p}}(T)$, 根据定义存在 $x_0 \neq 0$ 使得 $Tx_0=\lambda x_0$, 两边与 x_0 作内积得

$$\lambda=\frac{(Tx_0, x_0)}{(x_0, x_0)},$$

于是 $\lambda \in W(T)$, 即 $\sigma_{\mathrm{p}}(T) \subset W(T)$.

当 $\lambda \in \sigma_{\mathrm{ap}}(T)$, 存在序列 $\{x_n\} \subset \mathcal{D}(T)$, $\|x_n\|=1$, 使得

$$\|(T-\lambda I)x_n\| \to 0.$$

根据 Schwarz 不等式,

$$|((T-\lambda I)x_n, x_n)| \leqslant \|(T-\lambda I)x_n\| \to 0,$$

因此 $(Tx_n, x_n) \to \lambda$, 故 $\lambda \in \overline{W(T)}$.

进一步, 当 T 为有界线性算子时, 令 $\lambda \in \sigma_{\mathrm{r}}(T)$, 由定理 1.1.8 可知 $\overline{\lambda} \in \sigma_{\mathrm{p}}(T^*)$, 从而 $\overline{\lambda} \in W(T^*)$. 由于 T^* 也是全空间上的有界线性算子, 因此对于任意 $x \in H$, $\|x\|=1$, 有

$$(Tx, x)=(x, T^*x)=\overline{(T^*x, x)},$$

于是 $W(T)=(W(T^*))^*$. 因此 $\lambda \in W(T)$, 即 $\sigma_r(T) \subset W(T)$. 综上, $\sigma(T) \subset \overline{W(T)}$.

引理 1.3.12. 设 T 是 Hilbert 空间 H 中的闭线性算子, 若 $\lambda \in \mathbb{C} \setminus \overline{W(T)}$, 则 $T - \lambda I$ 是一一的, 并且 $\mathcal{R}(T - \lambda I)$ 是闭的.

证明 设 $\lambda \in \mathbb{C} \setminus \overline{W(T)}$, 则

$$\delta = \mathrm{dist}(\lambda, \overline{W(T)}) > 0. \tag{1.13}$$

对于 $x \in \mathcal{D}(T)$, $\|x\| = 1$,

$$\delta \leqslant |(Tx, x) - \lambda| = |((T - \lambda I)x, x)| \leqslant \|(T - \lambda I)x\|,$$

即 $T - \lambda I$ 是一一的.

下证 $\mathcal{R}(T - \lambda I)$ 是闭的. 对于任意的 $y \in \overline{\mathcal{R}(T - \lambda I)}$, 存在 $y_n \in \mathcal{R}(T - \lambda I)$, 使得 $y_n \to y$ $(n \to \infty)$, 且存在 $x_n \in \mathcal{D}(T)$, $y_n = (T - \lambda I)x_n$. 由式 (1.13), 有

$$\delta\|x_n\| \leqslant \|(T - \lambda I)x_n\| = \|y_n\|.$$

于是 $\{x_n\}$ 是 H 中的 Cauchy 列, 即存在 $x \in H$ 使得 $x_n \to x$. 由于 T 是闭算子, 则 $x \in \mathcal{D}(T)$, $y = (T - \lambda I)x$, 即 $y \in \mathcal{R}(T - \lambda I)$, 因此 $\mathcal{R}(T - \lambda I)$ 是闭的.

根据闭算子的正则集的性质, 有

推论 1.3.13. 设 T 是 Hilbert 空间 H 中的闭线性算子, 如果 $\lambda \in \mathbb{C} \setminus \overline{W(T)}$, 且 $\mathcal{R}(T - \lambda I)$ 在 H 中稠, 那么 $\lambda \in \rho(T)$ 且

$$\|(T - \lambda I)^{-1}\| \leqslant (\mathrm{dist}(\lambda, \overline{W(T)}))^{-1}.$$

注 1.3.2. (i) 对于闭的线性算子 T, $\lambda \in \mathbb{C} \setminus \overline{W(T)}$, 则 $\lambda \in \rho(T)$ 或者 $\lambda \in \sigma_{\mathrm{r}}(T)$. 进一步, 若 $\mathbb{C} \setminus \overline{W(T)}$ 包含一个正则点, 则 $\sigma(T) \subset \overline{W(T)}$. 对于闭的正规算子 T, 由于 $\sigma_{\mathrm{r}}(T) = \varnothing$, 于是有 $\sigma(T) \subset \overline{W(T)}$.

(ii) 根据数值域的凸性, 若 $W(T) \neq \mathbb{C}$, 则 T 是可闭的.

(iii) 对于 Hilbert 空间上闭的线性算子 T, T 是对称算子当且仅当 $W(T) \subset \mathbb{R}$, 详细证明参见文献 [18].

对于分块算子矩阵, 由于数值域的定义未能充分利用算子矩阵的分块结构, 因此刻画谱分布时会丢失一些信息. 1998 年, Langer 和 Tretter 在文献 [19] 中首次给出了 2×2 阶分块算子矩阵 $\mathcal{A}$ 的二次数值域 $W^2(\mathcal{A})$ 的概念. 下面给出无界分块算子矩阵的二次数值域的定义, 有界情形只需将下面定义中的 $\mathcal{D}(\mathcal{A})=\mathcal{D}_1\times\mathcal{D}_2$ 改为全空间 $H=H_1\times H_2$ 即可.

定义 1.3.3. 设 $\mathcal{A}$ 为由式 (1.8) 给定的 2×2 阶分块算子矩阵, 对于 $f\in\mathcal{D}_1, g\in\mathcal{D}_2, \|f\|=1, \|g\|=1$, 定义

$$\mathcal{A}_{f,g} := \begin{pmatrix} (Af,f) & (Bg,f) \\ (Cf,g) & (Dg,g) \end{pmatrix} \in M_2(\mathbb{C}),$$

则称集合

$$W^2(\mathcal{A}) := \bigcup_{\substack{(f\ \ g)^\top\in\mathcal{D}(\mathcal{A}),\\ \|f\|=\|g\|=1}} \sigma_{\mathrm{p}}(\mathcal{A}_{f,g})$$

为 $\mathcal{A}$ 的二次数值域.

该定义可等价地描述为如下的形式.

对于 $f\in\mathcal{D}_1, g\in\mathcal{D}_2, f\neq 0, g\neq 0$, 定义

$$\mathcal{A}_{f,g} := \begin{pmatrix} \dfrac{(Af,f)}{\|f\|^2} & \dfrac{(Bg,f)}{\|f\|\|g\|} \\ \dfrac{(Cf,g)}{\|f\|\|g\|} & \dfrac{(Dg,g)}{\|g\|^2} \end{pmatrix} \in M_2(\mathbb{C}),$$

和

$$\Delta(f,g;\lambda) := \det\begin{pmatrix} (Af,f)-\lambda(f,f) & (Bg,f) \\ (Cf,g) & (Dg,g)-\lambda(g,g) \end{pmatrix}.$$

则

$$\begin{aligned} W^2(\mathcal{A}) &= \bigcup_{\substack{f\in\mathcal{D}_1, g\in\mathcal{D}_2,\\ f,g\neq 0}} \sigma_{\mathrm{p}}(\mathcal{A}_{f,g}) \\ &= \{\lambda\in\mathbb{C} : \exists f\in\mathcal{D}_1, g\in\mathcal{D}_2, f,g\neq 0, \det(\mathcal{A}_{f,g}-\lambda)=0\} \\ &= \{\lambda\in\mathbb{C} : \exists f\in\mathcal{D}_1, g\in\mathcal{D}_2, f,g\neq 0, \Delta(f,g;\lambda)=0\}. \end{aligned}$$

由于矩阵 $\mathcal{A}_{f,g}$ 的特征值随着 $f,g\in\mathcal{D}(\mathcal{A})$ 的取值而连续变化, 因此二次数值域至多由两个连通分支构成.

二次数值域有如下的基本性质:

性质 1.3.2. 对于 2×2 阶的分块算子矩阵 $\mathcal{A}$,

(i) $W^2(\alpha\mathcal{A}+\beta I)=\alpha W^2(\mathcal{A})+\beta$, 其中 $\alpha,\beta\in\mathbb{C}$;

(ii) $W^2(U^*\mathcal{A}U)=W^2(\mathcal{A})$, 其中 $U=\operatorname{diag}(U_1,U_2)$, U_1,U_2 为酉算子;

(iii) $W^2(\mathcal{A}^*)=\{\overline{\lambda}\in\mathbb{C}:\lambda\in W^2(\mathcal{A})\}=:W^2(\mathcal{A})^*$. 特别地, 当 $\mathcal{A}=\mathcal{A}^*$, 有 $W^2(\mathcal{A})\subset\mathbb{R}$.

证明 (i) 对于任意的 $f,g\in\mathcal{D}(\mathcal{A}), f,g\neq 0$ 有 $(\alpha\mathcal{A}+\beta)_{f,g}=\alpha\mathcal{A}_{f,g}+\beta$, 则结论显然成立.

(ii) 由于 $(f\ g)^\top\in\mathcal{D}_1\times\mathcal{D}_2, \|f\|=1, \|g\|=1$ 等价于 $(U_1f\ U_2g)^\top\in\mathcal{D}_1\times\mathcal{D}_2, \|U_1f\|=\|U_2g\|=1$, 且对于任意的 $f\in\mathcal{D}_1, \|f\|=1$, $g\in\mathcal{D}_2, \|g\|=1$ 有 $(U^*\mathcal{A}U)_{f,g}=\mathcal{A}_{U_1f,U_2g}$, 从而结论成立.

(iii) 由于 $(\mathcal{A}_{f,g})^*=(\mathcal{A}^*)_{f,g}$, 因此 $W^2(\mathcal{A}^*)=W^2(\mathcal{A})^*$. 进一步, 当 $\mathcal{A}$ 为对称算子, $\mathcal{A}_{f,g}$ 为对称矩阵, 即 $W^2(\mathcal{A})\subset\mathbb{R}$.

定理 1.3.14. 设 $\mathcal{A}$ 为由式 (1.8) 给定的 2×2 阶分块算子矩阵, 则 $W^2(\mathcal{A})\subset W(\mathcal{A})$.

证明 设 $\lambda_0\in W^2(\mathcal{A})$, 则根据定义存在 $f\in\mathcal{D}_1, g\in\mathcal{D}_2$, $\|f\|=\|g\|=1$ 和 $(\alpha_1\ \alpha_2)^\top\in\mathbb{C}^2$, $|\alpha_1|^2+|\alpha_2|^2=1$ 使得

$$\mathcal{A}_{f,g}\begin{pmatrix}\alpha_1\\ \alpha_2\end{pmatrix}=\lambda_0\begin{pmatrix}\alpha_1\\ \alpha_2\end{pmatrix}.$$

上式两边与 $(\alpha_1\ \alpha_2)^\top$ 作内积, 并根据 $\mathcal{A}_{f,g}$ 的定义有

$$\left(\mathcal{A}\begin{pmatrix}\alpha_1 f\\ \alpha_2 g\end{pmatrix},\begin{pmatrix}\alpha_1 f\\ \alpha_2 g\end{pmatrix}\right)=\lambda_0.$$

由 $\|\alpha_1 f\|^2+\|\alpha_2 g\|^2=1$, 可得 $\lambda_0\in W(\mathcal{A})$.

定理 1.3.15. 设 $\mathcal{A}$ 为由式 (1.8) 给定的 2×2 阶分块算子矩阵, 则

$$\sigma_{\mathrm{p}}(\mathcal{A})\subset W^2(\mathcal{A}).$$

当 $\mathcal{A}$ 为有界分块算子矩阵时, $\sigma(\mathcal{A})\subset\overline{W^2(\mathcal{A})}$.

证明 设 $\lambda\in\sigma_{\mathrm{p}}(\mathcal{A})$, 则存在非零向量 $(f\ g)^{\top}\in\mathcal{D}(\mathcal{A})$ 使得

$$\begin{aligned}(A-\lambda)f+Bg&=0,\\ Cf+(D-\lambda)g&=0.\end{aligned}$$

记 $f=\|f\|\hat{f}$, $g=\|g\|\hat{g}$, 则 $\hat{f}\in\mathcal{D}_1$, $\|\hat{f}\|=1$, $\hat{g}\in\mathcal{D}_2$, $\|\hat{g}\|=1$ (若例如 $f=0$, 则可以任取 $\hat{f}$). 于是

$$\begin{aligned}(Af,\hat{f})-\lambda(f,\hat{f})+(Bg,\hat{f})&=0,\\ (Cf,\hat{g})+(Dg,\hat{g})-\lambda(g,\hat{g})&=0,\end{aligned}$$

且进一步, 可得

$$\mathcal{A}_{\hat{f},\hat{g}}\begin{pmatrix}\|f\|\\ \|g\|\end{pmatrix}=\lambda\begin{pmatrix}\|f\|\\ \|g\|\end{pmatrix}.$$

即 $\lambda\in\sigma_{\mathrm{p}}(\mathcal{A}_{\hat{f},\hat{g}})\subset W^2(\mathcal{A})$.

当 $\mathcal{A}$ 为有界分块算子矩阵, 下证 $\sigma(\mathcal{A})\subset\overline{W^2(\mathcal{A})}$. 若 $\lambda\in\sigma(\mathcal{A})$, 则 $\lambda\in\sigma_{\mathrm{com}}(\mathcal{A})$ 或 $\lambda\in\sigma_{\mathrm{ap}}(\mathcal{A})$. 若 $\lambda\in\sigma_{\mathrm{com}}(\mathcal{A})$, 则 $\overline{\lambda}\in\sigma_{\mathrm{p}}(\mathcal{A}^*)$, 因此 $\overline{\lambda}\in W^2(\mathcal{A}^*)$, 于是根据性质 1.3.2 有 $\lambda\in W^2(\mathcal{A})$. 若 $\lambda\in\sigma_{\mathrm{ap}}(\mathcal{A})$, 则存在序列 $(f_n\ g_n)^{\top}\in H$, $n=1,2,\cdots$, 使得

$$\|f_n\|^2+\|g_n\|^2=1,\quad\left\|\mathcal{A}\begin{pmatrix}f_n\\ g_n\end{pmatrix}-\lambda\begin{pmatrix}f_n\\ g_n\end{pmatrix}\right\|\to 0,\ n\to\infty.$$

类似于上面的证明, 对于 $\hat{f}_n\in H_1$, $\|\hat{f}_n\|=1$, $\hat{g}_n\in H_2$, $\|\hat{g}_n\|=1$, 可得

$$\mathcal{A}_{\hat{f}_n,\hat{g}_n}\begin{pmatrix}\|f_n\|\\ \|g_n\|\end{pmatrix}-\lambda\begin{pmatrix}\|f_n\|\\ \|g_n\|\end{pmatrix}\to 0,\ n\to\infty.$$

由于 $\|\mathcal{A}_{\hat{f}_n,\hat{g}_n}\| \leqslant \|\mathcal{A}\|$, $n \in \mathbb{N}$, 因此当 $n \to \infty$ 时有 $\operatorname{dist}(\lambda, \sigma_{\mathrm{p}}(\mathcal{A}_{\hat{f}_n,\hat{g}_n})) \to 0$. 故 $\lambda \in \overline{\cup_{n\in\mathbb{N}}\sigma_{\mathrm{p}}(\mathcal{A}_{\hat{f}_n,\hat{g}_n})} \subset \overline{W^2(\mathcal{A})}$.

对于无界分块算子矩阵, 在一定条件下可以证明 (见文献 [20])

$$\sigma_{\mathrm{ap}}(\mathcal{A}) \subset \overline{W^2(\mathcal{A})}.$$

显然, 对于 2×2 阶分块算子矩阵, 二次数值域能提供比数值域更精确的谱估计范围.

对于高阶 ($n\times n$ 阶, $n>2$) 的分块算子矩阵 $\mathcal{A}$, Tretter 和 Wagenhofer [21] 在 2002 年给出了 n 次数值域 $W^n(\mathcal{A})$ 的概念. 对于有界分块算子矩阵 $\mathcal{A}$, 上述的谱包含关系仍成立; 对于主对角占优型的无界分块算子矩阵, 在一定条件下近似点谱也有类似的包含关系. 此外, 当 $\widetilde{n} \geqslant n$ 且空间 $H = \widetilde{H}_1 \times \widetilde{H}_2 \times \cdots \times \widetilde{H}_{\widetilde{n}}$ 为 $H = H_1 \times H_2 \times \cdots \times H_n$ 的细化时, 有 $W^{\widetilde{n}}(\mathcal{A}) \subset W^n(\mathcal{A})$, 即 n 次数值域相比于二次数值域能够更好地刻画谱的分布范围 (见文献 [21, 22]).

本书在第 2 章和第 3 章中, 除了讨论分块算子矩阵的 Gershgorin-型定理以外, 将继续研究 n 次数值域的性质. 在第 2 章的 2.4 节给出有界分块算子矩阵的 n 次数值域和数值域之间的进一步的关系, 并给出 n 次数值域和谱的包含关系. 第 3 章的 3.2 节中也介绍主对角占优型无界分块算子矩阵的 n 次数值域的性质, 同时利用 n 次数值域刻画谱的分布. 第 5 章中, 利用二次数值域, 刻画具有力学背景的两类反三角分块算子矩阵的谱分布.

第 2 章　有界分块算子矩阵的谱估计

本章介绍 Banach 空间 $X = X_1 \times X_2 \times \cdots \times X_n$ 上的 $n \times n$ 阶分块算子矩阵 $\mathcal{A}$, 有如下的形式

$$\mathcal{A} = \begin{pmatrix} A_{11} & A_{12} & \cdots & A_{1n} \\ A_{21} & A_{22} & \cdots & A_{2n} \\ \vdots & \vdots & & \vdots \\ A_{n1} & A_{n2} & \cdots & A_{nn} \end{pmatrix}, \ n \in \mathbb{N}^+, \tag{2.1}$$

即 $\mathcal{A}$ 为由空间 $X_1 \times X_2 \times \cdots \times X_n$ 到 $X_1 \times X_2 \times \cdots \times X_n$ 的线性算子矩阵, 其中 A_{ii} 为 X_i 到 X_i 的有界线性算子, A_{ij} 为 X_j 到 X_i 的有界线性算子, $1 \leqslant i, j \leqslant n$. 前两节主要介绍有界分块算子矩阵的 Gershgorin 定理、Ostrowski 定理和 Brauer-型定理; 在最后一节介绍有界分块算子矩阵的 n 次数值域, 并利用 n 次数值域刻画其谱包含关系.

下面考虑 Banach 空间 X 上的 $\infty-$ 范数, 即任取 $x = (x_1 \ \cdots \ x_n) \in X$, 有 $\|x\| = \max\limits_{i=1,2,\cdots,n} \|x_i\|_{X_i}$. 下面记 $R_r(\mathcal{A}) \equiv \sum\limits_{r \neq k=1}^{n} \|A_{rk}\|$, $C_r(\mathcal{A}) \equiv \sum\limits_{r \neq k=1}^{n} \|A_{kr}\|, 1 \leqslant r, k \leqslant n$. 为便于叙述, 文中分别用 R_r, C_r 表示 $R_r(\mathcal{A})$, $C_r(\mathcal{A})$.

2.1　基本概念及性质

本节列出本章中涉及的一些基本概念和基本引理.

定义 2.1.1. 设 $w_1, w_2, \cdots, w_n > 0$. 在空间 $X_1, X_2, \cdots, X_n$ 上分别定义:

$$|||\xi|||_i = w_i \|\xi\|_i, \ \xi \in X_i, \ i = 1, 2, \cdots, n,$$

则 $|||\cdot|||_i$ 为 X_i 中的与 $\|\cdot\|_i$ 等价的范数. 由算子 $A_{jk}:X_k\to X_j$ 的范数

$$\|A_{jk}\|=\sup_{\|\xi\|_k=1}\|A_{jk}\xi\|_j,$$

得

$$|||A_{jk}|||=\sup_{|||\xi|||_k=1}|||A_{jk}\xi|||_j=\frac{w_j}{w_k}\|A_{jk}\|,\ j,k=1,2,\cdots,n. \tag{2.2}$$

定义 2.1.2. 设 $W_i:X_i\to X_i$ 是有界可逆的线性映射, 相应地在空间 $X_1,X_2,\cdots,X_n$ 上分别定义其范数

$$|||\xi|||_i'=\|W_i\xi\|_i,\ \xi\in X_i,\ i=1,2,\cdots,n,$$

则由线性算子范数的定义, 有

$$|||A_{jk}|||'=\|W_jA_{jk}W_k^{-1}\|,\ j,k=1,2,\cdots,n. \tag{2.3}$$

引理 2.1.1. 设 $A=(a_{ij})$ 是 $n\times n$ 阶复矩阵, 则

$$\|A^{-1}\|^{-1}=\sqrt{\lambda_{\min}(A^*A)},$$

其中 $\lambda_{\min}(A^*A)$ 是矩阵 A^*A 特征值的最小值.

证明 因 A^*A 为半正定的 Hermite 矩阵, 所以 A^*A 的特征值是非负实数. 设 $\lambda_1\geqslant\lambda_2\geqslant\cdots\geqslant\lambda_n\geqslant0$ 为 A^*A 的 n 个特征值, 并设 $x_1,x_2,\cdots,x_n$ 为对应于这些特征值的一组标准正交特征向量. 由于任意范数为 1 的向量 x 可表示为

$$x=a_1x_1+a_2x_2+\cdots+a_nx_n, \tag{2.4}$$

则

$$(x,x)=|a_1|^2+|a_2|^2+\cdots+|a_n|^2=1.$$

又因为

$$\begin{aligned}\|Ax\|^2 &= (Ax, Ax) = (x, A^*Ax)\\ &= (a_1x_1 + \cdots + a_nx_n, \lambda_1a_1x_1 + \cdots + \lambda_na_nx_n)\\ &= \lambda_1|a_1|^2 + \lambda_2|a_2|^2 + \cdots + \lambda_n|a_n|^2\\ &\geqslant \lambda_n(|a_1|^2 + |a_2|^2 + \cdots + |a_n|^2)\\ &= \lambda_n\\ &= \lambda_{\min}(A^*A).\end{aligned} \tag{2.5}$$

而对于向量 $x = x_n$, 有

$$\|Ax_n\|^2 = (x_n, A^*Ax_n) = (x_n, \lambda_nx_n) = \overline{\lambda_n}(x_n, x_n) = \lambda_n = \lambda_{\min}(A^*A).$$

于是

$$\|A^{-1}\|^{-1} = \min_{\|x\|=1} \|Ax\| = \sqrt{\lambda_{\min}(A^*A)}.$$

引理 2.1.2. 设 $A = (a_{ij})$ 为 $n \times n$ 阶非负矩阵, 则 A 的谱半径 $r(A)$ 满足

$$\min_{1\leqslant i\leqslant n} \sum_{j=1}^n a_{ij} \leqslant r(A) \leqslant \max_{1\leqslant i\leqslant n} \sum_{j=1}^n a_{ij},$$

且

$$\min_{1\leqslant j\leqslant n} \sum_{i=1}^n a_{ij} \leqslant r(A) \leqslant \max_{1\leqslant j\leqslant n} \sum_{i=1}^n a_{ij}.$$

证明 设 $\alpha = \min\limits_{1\leqslant i\leqslant n} \sum\limits_{j=1}^n a_{ij}$, 并且构造新矩阵 B, 使 $A \geqslant B \geqslant 0$, 且对所有 $i \in \{1, 2, \cdots n\}$ 成立 $\sum\limits_{j=1}^n b_{ij} \equiv a$. 例如, 如果 $\alpha = 0$, 令 $B = 0$, 又如果 $\alpha > 0$, 可以令 $b_{ij} = \alpha a_{ij}(\sum\limits_{j=1}^n a_{ij})^{-1}$. 根据矩阵 B 的各个行和是常数, $r(B) = \|B\|_\infty = \alpha$. 又由 $A \geqslant B \geqslant 0$ 得 $r(B) \leqslant r(A)$, 从而 $\min\limits_{1\leqslant i\leqslant n} \sum\limits_{j=1}^n a_{ij} \leqslant r(A)$. 相应的上界可用类似方法来证明. 把行和界应用于 A^{T} 便得到列和界.

2.2 有界分块算子矩阵的 Gershgorin-型定理

本节主要介绍有界分块算子矩阵的 Gershgorin 定理和 Ostrowski 定理.

2.2.1 谱估计的 Gershgorin 定理

下面先定义有界分块算子矩阵 $\mathcal{A}$ 的 Gershgorin 集. 对于 $i \in \{1, 2, \cdots, n\}$, 记

$$G_i(\mathcal{A}) := \sigma(A_{ii}) \cup \left\{ \lambda \in \rho(A_{ii}) : \|(\lambda - A_{ii})^{-1}\|^{-1} \leqslant R_i \right\},$$

并记

$$G(\mathcal{A}) := \bigcup_{i=1}^{n} G_i(\mathcal{A}). \tag{2.6}$$

定理 2.2.1. (Gershgorin 定理) 设 $\mathcal{A}$ 为由式 (2.1) 定义的有界分块算子矩阵, 则

$$\sigma(\mathcal{A}) \subset G(\mathcal{A}).$$

证明 假设 $\lambda \notin G(\mathcal{A})$, 也就是对于任意的 $i \in \{1, 2, \cdots, n\}$ 有 $\lambda \in \rho(A_{ii})$ 且 $\|(\lambda - A_{ii})^{-1}\|^{-1} > R_i$. 下面只需证明 $\mathcal{A} - \lambda I$ 具有有界逆. 记

$$T = \begin{pmatrix} A_{11} - \lambda & 0 & \cdots & 0 \\ 0 & A_{22} - \lambda & \cdots & 0 \\ \vdots & \vdots & & \vdots \\ 0 & 0 & \cdots & A_{nn} - \lambda \end{pmatrix},$$

则 $\mathcal{A} - \lambda I = T(T^{-1}(\mathcal{A} - \lambda I))$. 进一步,

$$T^{-1}(\mathcal{A} - \lambda I) = I + M(\lambda),$$

其中

$$M(\lambda)=\begin{pmatrix}0 & (A_{11}-\lambda)^{-1}A_{12} & \cdots & (A_{11}-\lambda)^{-1}A_{1n}\\ (A_{22}-\lambda)^{-1}A_{21} & 0 & \cdots & (A_{22}-\lambda)^{-1}A_{2n}\\ \vdots & \vdots & & \vdots\\ (A_{nn}-\lambda)^{-1}A_{n1} & (A_{nn}-\lambda)^{-1}A_{n2} & \cdots & 0\end{pmatrix}.$$

显然 $\|M(\lambda)\|_\infty<1$, 则根据引理 1.1.3 可知 $T^{-1}(\mathcal{A}-\lambda I)$ 可逆, 故 $\mathcal{A}-\lambda I$ 具有有界逆.

注 2.2.1. (i) 当有界分块算子矩阵 $\mathcal{A}$ 的主对角元 A_{ii} 为亚正规算子时, 有

$$G_i=\sigma(A_{ii})\cup\left\{\lambda\in\rho(A_{ii}):\operatorname{dist}(\lambda,\sigma(A_{ii}))\leqslant\sum_{\substack{j=1\\ j\neq i}}^{n}\|A_{ij}\|\right\}.$$

事实上, 亚正规算子 A_{ii} 的谱半径 $r(A_{ii})=\|A_{ii}\|$ (见文献 [23]). 并且易知, 对于任意 $\lambda\in\mathbb{C}$, $A_{ii}-\lambda I$ 仍是亚正规算子. 根据文献 [24] 的命题 1, 对于任意的 $\lambda\in\rho(T)$, $(A_{ii}-\lambda I)^{-1}$ 是一个有界亚正规算子. 从而有

$$\begin{aligned}\|(A_{ii}-\lambda I)^{-1}\|&=\max\{|z|:z\in\sigma((A_{ii}-\lambda I)^{-1})\}\\&=\frac{1}{\min\{|z|:z\in\sigma(A_{ii}-\lambda I)\}}\\&=\frac{1}{\min\{|z-\lambda|:z\in\sigma(A_{ii})\}}\\&=\frac{1}{\operatorname{dist}(\lambda,\sigma(A_{ii}))}.\end{aligned}$$

(ii) 而对于一般的有界算子 A_{ii}, 根据文献 [3] 的定理 V.3.2, 对于 $\lambda\notin\overline{W(A_{ii})}$ 有 $\|(A_{ii}-\lambda)^{-1}\|\leqslant\dfrac{1}{\operatorname{dist}(\lambda,W(A_{ii}))}$. 对于有界线性算子, 根据定理 1.3.11, 有 $\sigma(A_{ii})\subset\overline{W(A_{ii})}$, 则可得到如下的包含关系

$$G_i\subset\sigma(A_{ii})\cup\left\{\lambda\in\rho(A_{ii}):\operatorname{dist}(\lambda,W(A_{ii}))\leqslant\sum_{\substack{j=1\\ j\neq i}}^{n}\|A_{ij}\|\right\}.$$

推论 2.2.2. 设 $\mathcal{A}$ 为由式 (2.1) 定义的 2×2 阶有界分块算子矩阵, 其中 $A_{11}=A_{11}^*$, $A_{22}=A_{22}^*$. 并假设 $A_{21}=A_{12}^*$ 或 $A_{21}=-A_{12}^*$, 则

$$\sigma(\mathcal{A})\subset\{\lambda\in\mathbb{C}:\operatorname{dist}(\lambda,\sigma(A_{11})\cup\sigma(A_{22}))\leqslant\|A_{12}\|\}.$$

2.2.2 谱估计的 Ostrowski 定理

对于 $i\in\{1,2,\cdots,n\}$ 和 $\alpha\in[0,1]$, 定义如下的集合

$$\mathcal{O}_i^{(\alpha)}(\mathcal{A}):=\sigma(A_{ii})\cup\{\lambda\in\rho(A_{ii}):\|(\lambda I_i-A_{ii})^{-1}\|^{-1}\leqslant R_i^{\alpha}C_i^{1-\alpha}\},\tag{2.7}$$

且

$$\mathcal{O}^{(\alpha)}(\mathcal{A}):=\bigcup_{i=1}^{n}\mathcal{O}_i^{(\alpha)}(\mathcal{A}).$$

命题 2.2.3. 设 $\mathcal{A}$ 为由式 (2.1) 定义的有界分块算子矩阵, $\alpha\in[0,1]$, 则

$$\sigma_{\mathrm{ap}}(\mathcal{A})\subseteq\mathcal{O}^{(\alpha)}(\mathcal{A}).\tag{2.8}$$

证明 设 $\lambda\in\sigma_{\mathrm{ap}}(\mathcal{A})$, 则对任意的 $m\in\mathbb{N}$, 存在 $x^{(m)}=(x_1^{(m)}\ x_2^{(m)}\ \cdots\ x_n^{(m)})^{\top}\in X$ 满足

$$\|x^{(m)}\|_{\infty}=\max\{\|x_1^{(m)}\|_1,\|x_2^{(m)}\|_2,\cdots,\|x_n^{(m)}\|_n\}=1,$$

并使得

$$\|\lambda x^{(m)}-\mathcal{A}x^{(m)}\|_{\infty}\leqslant\frac{1}{m}.$$

记

$$z^{(m)}=(z_1^{(m)}\ z_2^{(m)}\ \cdots\ z_n^{(m)})^{\top}:=\lambda x^{(m)}-\mathcal{A}x^{(m)},\ m\in\mathbb{N}.\tag{2.9}$$

又对于每个 $i\in\{1,2,\cdots,n\}$, 考虑以下两种情形:

(i) 当 $\lambda\in\sigma(A_{ii})$ 时, 显然 $\lambda\in\mathcal{O}^{(\alpha)}(\mathcal{A})$.

(ii) 当 $\lambda\in\rho(A_{ii})$ 时, 根据式 (2.9) 有

$$z_i^{(m)}=(\lambda I_i-A_{ii})x_i^{(m)}-\sum_{k=1,i\neq k}^{n}A_{ik}x_k^{(m)},\tag{2.10}$$

进一步

$$x_i^{(m)} = (\lambda I_i - A_{ii})^{-1}\Big(z_i^{(m)} + \sum_{k=1, i\neq k}^{n} A_{ik}x_k^{(m)}\Big).$$

则

$$\begin{aligned}\|x_i^{(m)}\|_i &\leqslant \|(\lambda I_i - A_{ii})^{-1}\|\Big(\|z_i^{(m)}\|_i + \sum_{k=1, i\neq k}^{n} \|A_{ik}\|\|x_k^{(m)}\|_k\Big)\\ &\leqslant \|(\lambda I_i - A_{ii})^{-1}\|\Big(\frac{1}{m} + \sum_{k=1, i\neq k}^{n} \|A_{ik}\|\|x_k^{(m)}\|_k\Big).\end{aligned} \tag{2.11}$$

根据 Hölder 不等式和式 (2.11), 可得

$$\begin{aligned}&\|(\lambda I_i - A_{ii})^{-1}\|^{-1}\|x_i^{(m)}\|_i\\ \leqslant\ & \frac{1}{m} + \sum_{k=1, i\neq k}^{n} \|A_{ik}\|\|x_k^{(m)}\|_k\\ \leqslant\ & \frac{1}{m} + \Big(\sum_{k=1, i\neq k}^{n} \|A_{ik}\|\Big)^{\alpha}\Big(\sum_{k=1, i\neq k}^{n} \|A_{ik}\|\|x_k^{(m)}\|_k^{\frac{1}{1-\alpha}}\Big)^{1-\alpha}\\ =\ & \frac{1}{m} + R_i^{\alpha}\Big(\sum_{k=1, i\neq k}^{n} \|A_{ik}\|\|x_k^{(m)}\|_k^{\frac{1}{1-\alpha}}\Big)^{1-\alpha}.\end{aligned} \tag{2.12}$$

由致密性定理, 所有的 $\|x_i^{(m)}\|_i$ $(i \in \{1, 2, \cdots, n\})$ 均存在收敛子列 $\|x_i^{(m_v)}\|_i$ $(v \to \infty)$. 记 $\lim\limits_{n\to\infty} \|x_i^{(m_v)}\|_i = \beta_i \geqslant 0$, 并易验证 β_i $(i \in \{1, 2, \cdots, n\})$ 不全为零. 这里不妨设 $R_i > 0$ $(i = 1, 2, \cdots, n)$, 否则通过添加微小扰动的方法也可得到相同的结论 (见文献 [3] 中定理 IV 3.1). 所以, 根据式 (2.12), 当 $v \to \infty$ 时得到

$$\frac{\|(\lambda I_i - A_{ii})^{-1}\|^{-1}\beta_i}{R_i^{\alpha}} \leqslant \Big(\sum_{k=1, i\neq k}^{n} \|A_{ik}\|\beta_k^{\frac{1}{1-\alpha}}\Big)^{1-\alpha}, \tag{2.13}$$

因此

$$\Big(\frac{\|(\lambda I_i - A_{ii})^{-1}\|^{-1}}{R_i^{\alpha}}\Big)^{\frac{1}{1-\alpha}}\beta_i^{\frac{1}{1-\alpha}} \leqslant \sum_{k=1, i\neq k}^{n} \|A_{ik}\|\beta_k^{\frac{1}{1-\alpha}}. \tag{2.14}$$

从而

$$\sum_{i=1}^{n}\Big(\frac{\|(\lambda I_i - A_{ii})^{-1}\|^{-1}}{R_i^{\alpha}}\Big)^{\frac{1}{1-\alpha}}\beta_i^{\frac{1}{1-\alpha}} \leqslant \sum_{i=1}^{n}\sum_{k=1, i\neq k}^{n} \|A_{ik}\|\beta_k^{\frac{1}{1-\alpha}} \leqslant \sum_{k=1}^{n} C_k\beta_k^{\frac{1}{1-\alpha}}. \tag{2.15}$$

如果对所有满足 $\beta_i \neq 0$ 的 $i \in \{1, 2, \cdots, n\}$, 不等式

$$C_i^{1-\alpha} < \frac{\|(\lambda I_i - A_{ii})^{-1}\|^{-1}}{R_i^{\alpha}} \tag{2.16}$$

均成立, 则与式 (2.15) 相矛盾. 因此至少存在一个 $i \in \{1, 2, \cdots, n\}$ 满足 $\beta_i \neq 0$, 并使得

$$\|(\lambda I_i - A_{ii})^{-1}\|^{-1} \leqslant R_i^{\alpha} C_i^{1-\alpha}.$$

故式 (2.8) 成立.

命题 2.2.4. 设 $\mathcal{A}$ 为由式 (2.1) 定义的有界分块算子矩阵, $\alpha \in [0, 1]$, 则

$$\mathcal{O}^{(1-\alpha)}(\mathcal{A}) = \mathcal{O}^{(\alpha)}(\mathcal{A}^*).$$

证明 根据式 (2.7),

$$\begin{aligned}\mathcal{O}_i^{(\alpha)}(\mathcal{A}^*) =& \sigma((\mathcal{A}^*)_{ii}) \cup \Bigg\{\lambda \in \rho((\mathcal{A}^*)_{ii}) : \|(\lambda I_i - (\mathcal{A}^*)_{ii})^{-1}\|^{-1} \\ & \leqslant \left(\sum_{k=1, i\neq k}^{n} \|(\mathcal{A}^*)_{ik}\|\right)^{\alpha} \left(\sum_{k=1, i\neq k}^{n} \|(\mathcal{A}^*)_{ki}\|\right)^{1-\alpha}\Bigg\}.\end{aligned}$$

由 $(\mathcal{A}^*)_{ij} = (A_{ji})^*$ 及定理 1.1.10, 有 $\|(\mathcal{A}^*)_{ij}\| = \|(A_{ji})^*\| = \|A_{ji}\|$ 且 $\sigma((\mathcal{A}^*)_{ii}) = \sigma((A_{ii})^*) = \sigma(A_{ii})$, $i, j = 1, 2, \cdots, n$, 则

$$\mathcal{O}_i^{(1-\alpha)}(\mathcal{A}) = \mathcal{O}_i^{(\alpha)}(\mathcal{A}^*).$$

因此

$$\mathcal{O}^{(1-\alpha)}(\mathcal{A}) = \mathcal{O}^{(\alpha)}(\mathcal{A}^*).$$

注 2.2.2. 若 $\mathcal{A}$ 为定义在 Hilbert 空间上的有界线性算子, $\alpha \in [0, 1]$, 则

$$\mathcal{O}^{(1-\alpha)}(\mathcal{A}) = \overline{\mathcal{O}^{(\alpha)}(\mathcal{A}^*)}.$$

下面给出有界分块算子矩阵谱估计的 Ostrowski 定理.

定理 2.2.5. (Ostrowski 定理) 设 $\mathcal{A}$ 为由式 (2.1) 定义的有界分块算子矩阵, $\alpha \in [0,1]$, 则

$$\sigma(\mathcal{A}) \subseteq \mathcal{O}^{(\alpha)}(\mathcal{A}).$$

证明 由命题 2.2.3 可知

$$\sigma_{\mathrm{ap}}(\mathcal{A}) \subseteq \mathcal{O}^{(\alpha)}(\mathcal{A}).$$

并根据定理 1.1.10 和命题 2.2.4, 可得

$$\sigma_{\mathrm{r},1}(\mathcal{A}) \subset \sigma_{\mathrm{p}}(\mathcal{A}^*) \subset \sigma_{\mathrm{ap}}(\mathcal{A}^*) \subseteq \mathcal{O}^{(1-\alpha)}(\mathcal{A}^*) = \mathcal{O}^{(\alpha)}(\mathcal{A}),$$

因此

$$\sigma(\mathcal{A}) = \sigma_{\mathrm{ap}}(\mathcal{A}) \cup \sigma_{\mathrm{r},1}(\mathcal{A}) \subseteq \mathcal{O}^{(\alpha)}(\mathcal{A}).$$

下面通过例子, 比较定理 2.2.1 和定理 2.2.5 在刻画谱分布的精确度.

例 2.2.1. 设 $X_1 = C([0,1])$, 赋有最大模范数 $\|\cdot\|_1$, 并设 $X_2 = C^1([0,1])$ 且考虑范数 $\|x_2\|_2 = \max\{\|x_2\|_1, \|x_2'\|_1\}$. 定义有界线性算子 $\mathcal{A}: X_1 \times X_2 \to X_1 \times X_2$, 具体如下

$$(\mathcal{A}x)(t) = \begin{pmatrix} \exp(2\pi \mathrm{i}t)x_1(t) + x_2'(t) \\ a\int_0^1 k(t,s)x_1(s)\mathrm{d}s - x_2(t) \end{pmatrix},$$

其中 $a \geqslant 0$, $k(t,s)$ 为 $[0,1]\times[0,1]$ 上的实值连续函数且满足 $|k(t,s)| \leqslant 1$. 在乘积空间 $X_1 \times X_2$ 上, $\mathcal{A}$ 具有如下的 2×2 阶的分块形式

$$\mathcal{A} = \begin{pmatrix} A_{11} & A_{12} \\ A_{21} & A_{22} \end{pmatrix},$$

其中 A_{11} 为 $C([0,1])$ 上的乘积算子, 即 $(A_{11}x_1)(t) = \exp(2\pi \mathrm{i}t)x_1(t)$, $A_{12} = \dfrac{\mathrm{d}}{\mathrm{d}t}$, $(A_{21}x_1)(t) = a\displaystyle\int_0^1 k(t,s)x_1(s)\mathrm{d}s$, 且 $A_{22} = -I_{X_2}$. 根据文献 [3] 和乘积算子的谱性质, 对于 $\lambda \in \rho(A_{11}) \cap \rho(A_{22})$ 有

$$\|(\lambda I - A_{11})^{-1}\|^{-1} = \mathrm{dist}(\lambda, \sigma(A_{11})) = ||\lambda| - 1|,$$

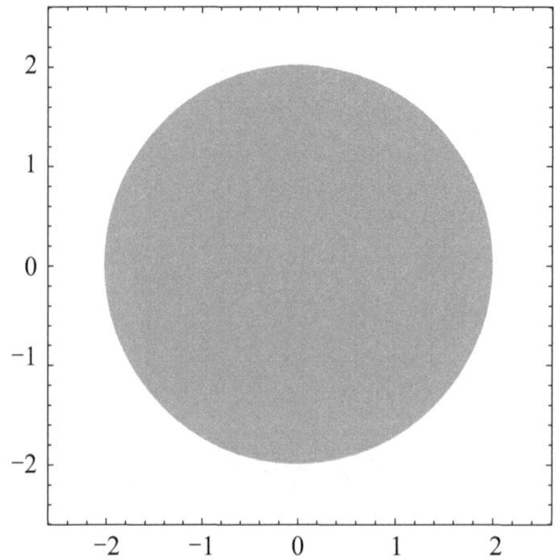

(a) 定理 2.2.1 的 $G(\mathcal{A})$, $a=0.01$

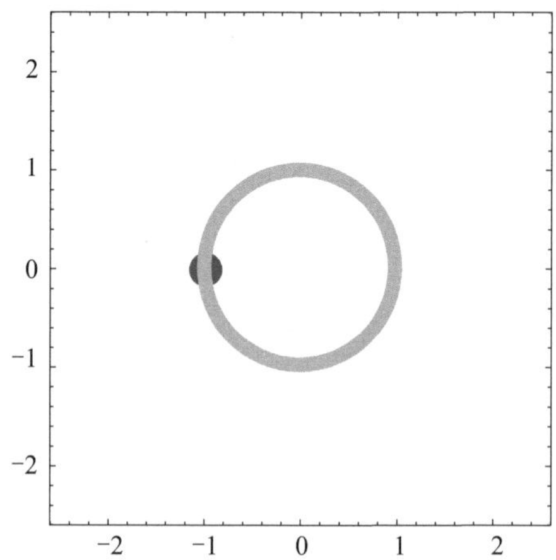

(b) 定理 2.2.5 的$\mathcal{O}^{(\alpha)}(\mathcal{A}), a=0.01, \alpha=0.4$

图 2.1 Gershgorin 定理和 Ostrowski 定理的比较

$$\|(\lambda I-A_{22})^{-1}\|^{-1}=\operatorname{dist}(\lambda,\sigma(A_{22}))=|\lambda+1|.$$

不难验证 $R_1=\|A_{12}\|=1=C_2$, $R_2=\|A_{21}\|=a=C_1$.

根据定理 2.2.1可得

$$\sigma(\mathcal{A})\subseteq G(\mathcal{A})=\{\lambda\in\mathbb{C}:||\lambda|-1|\leqslant R_1\}\cup\{\lambda\in\mathbb{C}:|\lambda+1|\leqslant R_2\}.$$

根据定理 2.2.5 可得

$$\sigma(\mathcal{A})\subseteq\mathcal{O}^{(\alpha)}(\mathcal{A})=\{\lambda\in\mathbb{C}:||\lambda|-1|\leqslant R_1^{\alpha}C_1^{1-\alpha}\}\cup\{\lambda\in\mathbb{C}:|\lambda+1|\leqslant R_2^{\alpha}C_2^{1-\alpha}\},$$

其中 $\alpha\in[0,1]$.

对于 $a=0.01$ 和 $\alpha=0.4$, 图 2.1(a) 和图 2.1(b) 分别表示 $G(\mathcal{A})$ 和 $\mathcal{O}^{(\alpha)}(\mathcal{A})$. 显然, 此时定理 2.2.5 给出了更为精确的谱估计范围.

2.3　有界分块算子矩阵的 Brauer-型定理

本节主要介绍有界分块算子矩阵的 Brauer 定理和广义 Ostrowski-Brauer 定理. 下面先给出近似点谱的相应结果.

2.3.1　近似点谱的 Brauer-型定理

定理 2.3.1. 设 $\mathcal{A}$ 为由式 (2.1) 定义的有界分块算子矩阵, 则

$$\begin{aligned}\sigma_{\mathrm{ap}}(\mathcal{A})\subseteq\bigcup_{r,t=1,r\neq t}^{n}&\sigma(A_{rr})\cup\sigma(A_{tt})\cup\{\lambda\in\rho(A_{rr})\cap\rho(A_{tt}):\\&\|(\lambda I_r-A_{rr})^{-1}\|^{-1}\|(\lambda I_t-A_{tt})^{-1}\|^{-1}\leqslant R_rR_t\}.\end{aligned}\tag{2.17}$$

证明 设 $\lambda\in\sigma_{\mathrm{ap}}(\mathcal{A})$, 则对任意的 $m\in\mathbb{N}$, 存在 $x^{(m)}=(x_1^{(m)}\ x_2^{(m)}\ \cdots\ x_n^{(m)})^{\top}\in X$ 满足

$$\|x^{(m)}\|_{\infty}=\max\{\|x_1^{(m)}\|_1,\|x_2^{(m)}\|_2,\cdots,\|x_n^{(m)}\|_n\}=1,$$

并使得

$$\|\lambda x^{(m)}-\mathcal{A}x^{(m)}\|_{\infty}\leqslant\frac{1}{m}.\tag{2.18}$$

记

$$Z^{(m)}=\left(Z_1^{(m)}\ Z_2^{(m)}\ \cdots\ z_n^{(m)}\right)^{\top}:=\lambda x^{(m)}-\mathcal{A}x^{(m)}.\tag{2.19}$$

对于每一个 $m\in\mathbb{N}$, 设 $r(m),t(m)\in\{1,2,\cdots,n\}$ 且 $r(m)\neq t(m)$, 并满足

$$\|x_i^{(m)}\|_i\leqslant\|x_{t(m)}^{(m)}\|_{t(m)}\leqslant\|x_{r(m)}^{(m)}\|_{r(m)},\ i\in\{1,2,\cdots,n\}\backslash\{r(m),t(m)\}.$$

根据鸽笼原理 (pigeon hole principle), 不妨设 $r(m)_{m=1}^{\infty},t(m)_{m=1}^{\infty}$ 为常数, 并记 $r=r(m),t=t(m),r\neq t$. 因 $\|x^{(m)}\|_{\infty}=1$, 则

$$\|x_i^{(m)}\|_i\leqslant\|x_t^{(m)}\|_t\leqslant\|x_r^{(m)}\|_r=1,\ i\notin\{r,t\}.\tag{2.20}$$

下面分两种情况讨论:

(i) 若 $\lambda\in\sigma(A_{rr})\cup\sigma(A_{tt})$, 则结论显然成立.

(ii) 若 $\lambda\in\rho(A_{rr})\cap\rho(A_{tt})$, 由式 (2.19) 得

$$Z_r^{(m)}=(\lambda I_r-A_{rr})x_r^{(m)}-\sum_{r\neq j=1}^{n}A_{rj}x_j^{(m)},\tag{2.21}$$

$$Z_t^{(m)}=(\lambda I_t-A_{tt})x_t^{(m)}-\sum_{t\neq k=1}^{n}A_{tk}x_k^{(m)}.\tag{2.22}$$

由式 (2.21), 有

$$x_r^{(m)}=(\lambda I_r-A_{rr})^{-1}\Big(Z_r^{(m)}+\sum_{r\neq j=1}^{n}A_{rj}x_j^{(m)}\Big),$$

对上式两边取范数, 并根据式 (2.18) 和式 (2.19), 有

$$\begin{aligned}1=\|x_r^{(m)}\|_r&\leqslant\|(\lambda I_r-A_{rr})^{-1}\|\Big(\|Z_r^{(m)}+\sum_{r\neq j=1}^{n}A_{rj}x_j^{(m)}\|\Big)\\&\leqslant\|(\lambda I_r-A_{rr})^{-1}\|\Big(\|Z_r^{(m)}\|_r+\sum_{r\neq j=1}^{n}\|A_{rj}\|\|x_j^{(m)}\|_j\Big)\\&\leqslant\|(\lambda I_r-A_{rr})^{-1}\|\Big(\frac{1}{m}+\|x_t^{(m)}\|_tR_r(\mathcal{A})\Big).\end{aligned}\tag{2.23}$$

同理, 由式 (2.22) 可得

$$x_t^{(m)}=(\lambda I_t-A_{tt})^{-1}\Big(Z_t^{(m)}+\sum_{t\neq k=1}^{n}A_{tk}x_k^{(m)}\Big),$$

并且

$$\begin{aligned}\|x_t^{(m)}\|_t&\leqslant\|(\lambda I_t-A_{tt})^{-1}\|\Big(\|Z_t^{(m)}\|_t+\sum_{t\neq k=1}^{n}\|A_{tk}\|\|x_k^{(m)}\|_k\Big)\\&\leqslant\|(\lambda I_t-A_{tt})^{-1}\|\Big(\frac{1}{m}+\|x_r^{(m)}\|_rR_t(\mathcal{A})\Big).\end{aligned}\tag{2.24}$$

事实上, 对于上述的序列 $\{x_t^{(m)}\}$, 存在 $\beta>0$ 和 $m_0\in\mathbb{N}$, 使得

$$\|x_t^{(m)}\|_t\geqslant\beta,\ m\geqslant m_0.\tag{2.25}$$

若上式不成立, 则序列 $\{x_t^{(m)}\}$ 存在子列 $\{x_t^{(m_v)}\}$, 使得 $\lim\limits_{v\to\infty}\|x_t^{(m_v)}\|_t=0$, 进一步可得

$$\lim_{v\to\infty}\|x_i^{(m_v)}\|_i=0,\ i\in\{1,2,\cdots,n\}\backslash\{r\}.$$

根据式 (2.21), 有

$$\lim_{v\to\infty}(\lambda I_r - A_{rr})x_r^{(m_v)} = 0,$$

又由 $\|x_r^{(m_v)}\|_r = 1$, 则 $\lambda \in \sigma_{\mathrm{ap}}(A_{rr}) \subseteq \sigma(A_{rr})$ 与 $\lambda \in \rho(A_{rr})$ 矛盾, 因此式 (2.25) 成立.

根据式 (2.23) 和式 (2.24),

$$\begin{aligned}\|x_t^{(m)}\|_t &= 1\cdot\|x_t^{(m)}\|_t \\ &\leqslant \|(\lambda I_r - A_{rr})^{-1}\|\|(\lambda I_t - A_{tt})^{-1}\|\Big(\frac{1}{m} + \|x_t^{(m)}\|_t R_r(\mathcal{A})\Big)\Big(\frac{1}{m} + R_t(\mathcal{A})\Big),\end{aligned}$$

进一步由式 (2.25), 对于 $m \geqslant m_0$ 有

$$\begin{aligned}1 &\leqslant \|(\lambda I_r - A_{rr})^{-1}\|\|(\lambda I_t - A_{tt})^{-1}\|\Big(\frac{1}{m\|x_t^{(m)}\|_t} + R_r(\mathcal{A})\Big)\Big(\frac{1}{m} + R_t(\mathcal{A})\Big) \\ &\leqslant \|(\lambda I_r - A_{rr})^{-1}\|\|(\lambda I_t - A_{tt})^{-1}\|\Big(\frac{1}{m\beta} + R_r(\mathcal{A})\Big)\Big(\frac{1}{m} + R_t(\mathcal{A})\Big).\end{aligned}$$

故当 $m \to \infty$ 时式 (2.17) 成立.

下面给出近似点谱的广义 Ostrowski-Brauer 定理. 为叙述方便, 对于式 (2.1) 定义的有界分块算子矩阵 $\mathcal{A}$ 和 $r, t \in \{1, 2, \cdots, n\}$, $r \neq t$, $\alpha \in [0, 1]$, 定义集合

$$\begin{aligned}S_{r,t}^{(\alpha)}(\mathcal{A}) := \sigma(A_{rr}) \cup \sigma(A_{tt}) \cup \{&\lambda \in \rho(A_{rr}) \cap \rho(A_{tt}) : \\ &\|(\lambda I_r - A_{rr})^{-1}\|^{-1}\|(\lambda I_t - A_{tt})^{-1}\|^{-1} \leqslant R_r^\alpha C_r^{1-\alpha} R_t^\alpha C_t^{1-\alpha}\},\end{aligned} \tag{2.26}$$

且

$$S^{(\alpha)}(\mathcal{A}) := \bigcup_{r,t=1,r\neq t}^{n} S_{r,t}^{(\alpha)}(\mathcal{A}).$$

定理 2.3.2. 设 $\mathcal{A}$ 为由式 (2.1) 定义的 $n \times n$ 阶的分块算子矩阵, $\alpha \in [0, 1]$, 则

$$\sigma_{\mathrm{ap}}(\mathcal{A}) \subseteq S^{(\alpha)}(\mathcal{A}). \tag{2.27}$$

证明 当 $\alpha = 0$ 或 $\alpha = 1$ 时, 由引理 2.3.1, 结论显然成立. 因此下面只需证明 $0 < \alpha < 1$ 的情形.

设 $\lambda \in \sigma_{\mathrm{ap}}(\mathcal{A})$, 则对任意的 $m \in \mathbb{N}$, 存在 $x^{(m)} = (x_1^{(m)}\ x_2^{(m)}\ \cdots\ x_n^{(m)})^\top \in X$ 使得

$$\|x^{(m)}\|_\infty = 1, \quad \|\lambda x^{(m)} - \mathcal{A}x^{(m)}\|_\infty \leqslant \frac{1}{m}. \tag{2.28}$$

记

$$Z^{(m)} = \lambda x^{(m)} - \mathcal{A}x^{(m)}, \tag{2.29}$$

并对于每一个 $m \in \mathbb{N}$, 设 $r(m), t(m) \in \{1, 2, \cdots, n\}$ 且 $r(m) \neq t(m)$, 满足

$$\|x_i^{(m)}\|_i \leqslant \|x_{t(m)}^{(m)}\|_{t(m)} \leqslant \|x_{r(m)}^{(m)}\|_{r(m)},\ i \in \{1, 2, \cdots, n\} \backslash \{r(m), t(m)\}.$$

同定理 2.3.1 的证明, 不妨设 $r = r(m), t = t(m), r \neq t$. 此时由 $\|x^{(m)}\|_\infty = 1$, 有

$$\|x_i^{(m)}\|_i \leqslant \|x_t^{(m)}\|_t \leqslant \|x_r^{(m)}\|_r = 1,\ i \notin \{r, t\}. \tag{2.30}$$

下面分两种情况讨论:

(i) 若 $\lambda \in \sigma(A_{rr}) \cup \sigma(A_{tt})$, 则显然有 $\lambda \in S^{(\alpha)}(A)$.

(ii) 若 $\lambda \in \rho(A_{rr}) \cap \rho(A_{tt})$, 由式 (2.29), 可得

$$Z_r^{(m)} = (\lambda I_r - A_{rr})x_r^{(m)} - \sum_{r \neq j=1}^{n} A_{rj} x_j^{(m)}, \tag{2.31}$$

$$Z_t^{(m)} = (\lambda I_t - A_{tt})x_t^{(m)} - \sum_{t \neq k=1}^{n} A_{tk} x_k^{(m)}. \tag{2.32}$$

由式 (2.31) 和式 (2.32) 得

$$x_r^{(m)} = (\lambda I_r - A_{rr})^{-1}\Big(Z_r^{(m)} + \sum_{r \neq j=1}^{n} A_{rj} x_j^{(m)}\Big),$$

$$x_t^{(m)} = (\lambda I_t - A_{tt})^{-1}\Big(Z_t^{(m)} + \sum_{t \neq k=1}^{n} A_{tk} x_k^{(m)}\Big).$$

对上式两边取范数, 根据式 (2.28) 和式 (2.29), 则有

$$\begin{aligned} \|x_r^{(m)}\|_r &\leqslant \|(\lambda I_r - A_{rr})^{-1}\|\Big(\|Z_r^{(m)} + \sum_{r \neq j=1}^{n} A_{rj} x_j^{(m)}\|\Big) \\ &\leqslant \|(\lambda I_r - A_{rr})^{-1}\|\Big(\|Z_r^{(m)}\|_r + \sum_{r \neq j=1}^{n} \|A_{rj}\|\|x_j^{(m)}\|_j\Big) \\ &\leqslant \|(\lambda I_r - A_{rr})^{-1}\|\Big(\frac{1}{m} + \sum_{r \neq j=1}^{n} \|A_{rj}\|\|x_j^{(m)}\|_j\Big) \end{aligned} \tag{2.33}$$

和

$$\begin{aligned}\|x_t^{(m)}\|_t &\leqslant \|(\lambda I_t - A_{tt})^{-1}\|\Big(\|Z_t^{(m)}\|_t + \sum_{t\neq k=1}^{n}\|A_{tk}\|\|x_k^{(m)}\|_k\Big)\\ &\leqslant \|(\lambda I_t - A_{tt})^{-1}\|\Big(\frac{1}{m} + \sum_{t\neq k=1}^{n}\|A_{tk}\|\|x_k^{(m)}\|_k\Big).\end{aligned} \tag{2.34}$$

由式 (1.2) 有 $\|(\lambda I_r - A_{rr})^{-1}\|^{-1} \neq 0$ 和 $\|(\lambda I_t - A_{tt})^{-1}\|^{-1} \neq 0$, 再由式 (2.33), 式 (2.34) 及 Hölder 不等式可得

$$\begin{aligned}&\|(\lambda I_r - A_{rr})^{-1}\|^{-1}\|x_r^{(m)}\|_r\|(\lambda I_t - A_{tt})^{-1}\|^{-1}\|x_t^{(m)}\|_t\\ \leqslant&\Big(\frac{1}{m} + \sum_{r\neq j=1}^{n}\|A_{rj}\|\|x_j^{(m)}\|_j\Big)\Big(\frac{1}{m} + \sum_{t\neq k=1}^{n}\|A_{tk}\|\|x_k^{(m)}\|_k\Big)\\ =&\Big(\frac{1}{m} + \sum_{r\neq j=1}^{n}\|A_{rj}\|^{\alpha}\|A_{rj}\|^{1-\alpha}\|x_j^{(m)}\|_j\Big)\Big(\frac{1}{m} + \sum_{t\neq k=1}^{n}\|A_{tk}\|^{\alpha}\|A_{tk}\|^{1-\alpha}\|x_k^{(m)}\|_k\Big)\\ \leqslant&\left(\frac{1}{m} + \Big(\sum_{r\neq j=1}^{n}\|A_{rj}\|\Big)^{\alpha}\Big(\sum_{r\neq j=1}^{n}\|A_{rj}\|\|x_j^{(m)}\|_j^{\frac{1}{1-\alpha}}\Big)^{1-\alpha}\right)\cdot\\ &\left(\frac{1}{m} + \Big(\sum_{t\neq k=1}^{n}\|A_{tk}\|\Big)^{\alpha}\Big(\sum_{t\neq k=1}^{n}\|A_{tk}\|\|x_k^{(m)}\|_k^{\frac{1}{1-\alpha}}\Big)^{1-\alpha}\right)\\ =&\left(\frac{1}{m} + R_r^{\alpha}\Big(\sum_{r\neq j=1}^{n}\|A_{rj}\|\|x_j^{(m)}\|_j^{\frac{1}{1-\alpha}}\Big)^{1-\alpha}\right)\cdot\\ &\left(\frac{1}{m} + R_t^{\alpha}\Big(\sum_{t\neq k=1}^{n}\|A_{tk}\|\|x_k^{(m)}\|_k^{\frac{1}{1-\alpha}}\Big)^{1-\alpha}\right).\end{aligned} \tag{2.35}$$

以下利用反证法证明式 (2.27) 成立.

假设式 (2.27) 对 $0<\alpha<1$ 不成立, 则对任意的 $i,j\in\{1,2,\cdots,n\}$, $i\neq j$, 有

$$R_i^{\alpha}C_i^{1-\alpha}R_j^{\alpha}C_j^{1-\alpha} < \|(\lambda I_i - A_{ii})^{-1}\|^{-1}\|(\lambda I_j - A_{jj})^{-1}\|^{-1}.$$

特别地, 对于满足不等式 (2.30) 的 r,t 也成立. 而对于满足不等式 (2.30) 的序列 $x_t^{(m)}$ 而言, 根据式 (2.25), 存在 $\beta>0, m_0\in\mathbb{N}$, 使得 $\|x_t^{(m)}\|_t \geqslant \beta\ (m\geqslant m_0)$. 从而

当 $m \geqslant m_0$, 由式 (2.35) 有

$$\begin{aligned}
&R_r^{\alpha} C_r^{1-\alpha} R_t^{\alpha} C_t^{1-\alpha} \|x_r^{(m)}\|_r \|x_t^{(m)}\|_t \\
<&\|(\lambda I_r - A_{rr})^{-1}\|^{-1} \|x_r^{(m)}\|_r \cdot \|(\lambda I_t - A_{tt})^{-1}\|^{-1} \|x_t^{(m)}\|_t \\
\leqslant&\left(\frac{1}{m} + R_r^{\alpha}\Big(\sum_{r\neq j=1}^{n} \|A_{rj}\| \|x_j^{(m)}\|_j^{\frac{1}{1-\alpha}}\Big)^{1-\alpha}\right)\cdot \\
&\left(\frac{1}{m} + R_t^{\alpha}\Big(\sum_{t\neq k=1}^{n} \|A_{tk}\| \|x_k^{(m)}\|_k^{\frac{1}{1-\alpha}}\Big)^{1-\alpha}\right).
\end{aligned}$$

因 $1 \geqslant \|x_t^{(m)}\|_t \geqslant \beta > 0$, 于是存在收敛子列 $\|x_t^{(m_l)}\|_t$, 满足 $\lim\limits_{n\to\infty} \|x_t^{(m_l)}\|_t \geqslant \beta > 0$, 故

$$\begin{aligned}
&\lim_{l\to\infty} R_r^{\alpha} C_r^{1-\alpha} R_t^{\alpha} C_t^{1-\alpha} \|x_r^{(m_l)}\|_r \|x_t^{(m_l)}\|_t \\
<&\lim_{l\to\infty} \|(\lambda I_r - A_{rr})^{-1}\|^{-1} \|x_r^{(m_l)}\|_r \cdot \|(\lambda I_t - A_{tt})^{-1}\|^{-1} \|x_t^{(m_l)}\|_t.
\end{aligned}$$

因 $\{\|x_i^{(m_l)}\|_i\}$ 为有界序列, 则对于任意的 $1 \leqslant i \leqslant n$, 由致密性定理, 序列 $\{\|x_i^{(m_l)}\|_i\}$ 中存在收敛子列, 不妨均记为 $\{\|x_i^{(m_{l_v})}\|_i\}$, 且 $\lim\limits_{v\to\infty} \|x_i^{(m_{l_v})}\|_i = \beta_i$. 从而, 由上式可得

$$\begin{aligned}
&\lim_{v\to\infty} R_r^{\alpha} C_r^{1-\alpha} R_t^{\alpha} C_t^{1-\alpha} \|x_r^{(m_{l_v})}\|_r \|x_t^{(m_{l_v})}\|_t \\
<&\lim_{v\to\infty} \|(\lambda I_r - A_{rr})^{-1}\|^{-1} \|x_r^{(m_{l_v})}\|_r \cdot \|(\lambda I_t - A_{tt})^{-1}\|^{-1} \|x_t^{(m_{l_v})}\|_t \\
\leqslant&\lim_{v\to\infty}\left(\frac{1}{m_{n_v}} + R_r^{\alpha}\Big(\sum_{r\neq j=1}^{n} \|A_{rj}\| \|x_j^{(m_{l_v})}\|_j^{\frac{1}{1-\alpha}}\Big)^{1-\alpha}\right)\cdot \\
&\left(\frac{1}{m_{n_v}} + R_t^{\alpha}\Big(\sum_{t\neq k=1}^{n} \|A_{tk}\| \|x_k^{(m_{l_v})}\|_k^{\frac{1}{1-\alpha}}\Big)^{1-\alpha}\right).
\end{aligned} \tag{2.36}$$

不妨设 $R_i > 0$ $(i = 1, 2, \cdots, n)$. 若 $R_i = 0$ 时, 在 $R_i = 0$ 的任意一行中添加一个小的非零元 ε, 使得 $\mathcal{A}$ 产生扰动, 根据文献 [3] 中定理 IV 3.1 知, 当扰动趋近于零时, 可以得到相同的结果. 当 $R_r^{\alpha} > 0, R_t^{\alpha} > 0, v \to \infty$, 由式 (2.36) 可得

$$C_r^{1-\alpha} C_t^{1-\alpha} \beta_r \beta_t < \Big(\sum_{r\neq j=1}^{n} \|A_{rj}\| \beta_j^{\frac{1}{1-\alpha}}\Big)^{1-\alpha} \Big(\sum_{t\neq k=1}^{n} \|A_{tk}\| \beta_k^{\frac{1}{1-\alpha}}\Big)^{1-\alpha}, \tag{2.37}$$

对于任意 $i,j\in\{1,2,\cdots,n\}\backslash\{r,t\}$, 当 $\beta_i\neq 0$ 且 $\beta_j\neq 0$ 时, 得到与式 (2.37) 同样的结论; 当 $\beta_i=0$ 或 $\beta_j=0$ 时, 恒有

$$C_i^{1-\alpha}C_j^{1-\alpha}\beta_i\beta_j\leqslant\Big(\sum_{i\neq j=1}^{n}\|A_{ij}\|\beta_j^{\frac{1}{1-\alpha}}\Big)^{1-\alpha}\Big(\sum_{j\neq k=1}^{n}\|A_{jk}\|\beta_k^{\frac{1}{1-\alpha}}\Big)^{1-\alpha},$$

综合以上两式有

$$\begin{aligned}\sum_{i=1}^{n}\sum_{j=1}^{n}C_i^{1-\alpha}C_j^{1-\alpha}\beta_i\beta_j<&\Bigg(\sum_{i=1}^{n}\Big(\sum_{i\neq j=1}^{n}\|A_{ij}\|\beta_j^{\frac{1}{1-\alpha}}\Big)^{1-\alpha}\Bigg)\cdot\\&\Bigg(\sum_{j=1}^{n}\Big(\sum_{j\neq k=1}^{n}\|A_{jk}\|\beta_k^{\frac{1}{1-\alpha}}\Big)^{1-\alpha}\Bigg),\end{aligned}$$

即

$$\sum_{i=1}^{n}\sum_{j=1}^{n}C_iC_j(\beta_i\beta_j)^{\frac{1}{1-\alpha}}<\Big(\sum_{i=1}^{n}\sum_{i\neq j=1}^{n}\|A_{ij}\|\beta_j^{\frac{1}{1-\alpha}}\Big)\Big(\sum_{j=1}^{n}\sum_{j\neq k=1}^{n}\|A_{jk}\|\beta_k^{\frac{1}{1-\alpha}}\Big).\tag{2.38}$$

另一方面, 由于

$$\begin{aligned}&\sum_{i=1}^{n}\sum_{j=1}^{n}C_iC_j(\beta_i\beta_j)^{\frac{1}{1-\alpha}}\\=&\Big(\sum_{i=1}^{n}C_i\beta_i^{\frac{1}{1-\alpha}}\Big)\cdot\Big(\sum_{j=1}^{n}C_j\beta_j^{\frac{1}{1-\alpha}}\Big)\\=&\Big(\sum_{i=1}^{n}\sum_{i\neq j=1}^{n}\|A_{ji}\|\beta_i^{\frac{1}{1-\alpha}}\Big)\cdot\Big(\sum_{j=1}^{n}\sum_{j\neq k=1}^{n}\|A_{kj}\|\beta_j^{\frac{1}{1-\alpha}}\Big)\\=&\Big(\sum_{j=1}^{n}\sum_{j\neq i=1}^{n}\|A_{ij}\|\beta_j^{\frac{1}{1-\alpha}}\Big)\cdot\Big(\sum_{k=1}^{n}\sum_{j\neq k=1}^{n}\|A_{jk}\|\beta_k^{\frac{1}{1-\alpha}}\Big)\\=&\Big(\sum_{j=1}^{n}\sum_{i=1}^{n}\|A_{ij}\|\beta_j^{\frac{1}{1-\alpha}}-\sum_{j=1}^{n}\|A_{jj}\|\beta_j^{\frac{1}{1-\alpha}}\Big)\cdot\Big(\sum_{k=1}^{n}\sum_{j=1}^{n}\|A_{jk}\|\beta_k^{\frac{1}{1-\alpha}}-\sum_{k=1}^{n}\|A_{kk}\|\beta_k^{\frac{1}{1-\alpha}}\Big)\\=&\Big(\sum_{i=1}^{n}\sum_{j=1}^{n}\|A_{ij}\|\beta_j^{\frac{1}{1-\alpha}}-\sum_{i=1}^{n}\|A_{ii}\|\beta_i^{\frac{1}{1-\alpha}}\Big)\cdot\Big(\sum_{j=1}^{n}\sum_{k=1}^{n}\|A_{jk}\|\beta_k^{\frac{1}{1-\alpha}}-\sum_{j=1}^{n}\|A_{jj}\|\beta_j^{\frac{1}{1-\alpha}}\Big)\\=&\Big(\sum_{i=1}^{n}\sum_{i\neq j=1}^{n}\|A_{ij}\|\beta_j^{\frac{1}{1-\alpha}}\Big)\cdot\Big(\sum_{j=1}^{n}\sum_{j\neq k=1}^{n}\|A_{jk}\|\beta_k^{\frac{1}{1-\alpha}}\Big)\end{aligned}$$

与式 (2.38) 矛盾, 故假设错误, 从而式 (2.27) 对 $0<\alpha<1$ 成立.

推论 2.3.3. 设 $\mathcal{A}$ 为由式 (2.1) 定义的 $n\times n$ 阶的分块算子矩阵, $\alpha\in[0,1]$, 令 $w_1,w_2,\cdots,w_n>0$, 则

$$\sigma_{\mathrm{ap}}(\mathcal{A})\subseteq\bigcup_{r,t=1,r\neq t}^{n}\sigma(A_{rr})\cup\sigma(A_{tt})\cup\Bigg\{\lambda\in\rho(A_{rr})\cap\rho(A_{tt}):$$
$$\|(\lambda I_r-A_{rr})^{-1}\|^{-1}\|(\lambda I_t-A_{tt})^{-1}\|^{-1}\leqslant\left(\sum_{r\neq j=1}^{n}\frac{w_r}{w_j}\|A_{rj}\|\right)^{\alpha}\cdot\left(\sum_{r\neq j=1}^{n}\frac{w_j}{w_r}\|A_{jr}\|\right)^{1-\alpha}\cdot$$
$$\left(\sum_{t\neq k=1}^{n}\frac{w_t}{w_k}\|A_{tk}\|\right)^{\alpha}\cdot\left(\sum_{t\neq k=1}^{n}\frac{w_k}{w_t}\|A_{kt}\|\right)^{1-\alpha}\Bigg\}.$$

证明 根据权重范数的定义 2.1.1 知

$$\begin{aligned}|||(\lambda I_r-A_{rr})^{-1}|||^{-1}&=\inf_{x\neq0}\frac{|||(\lambda I_r-A_{rr})x|||_r}{|||x|||_r}\\&=\frac{w_r}{w_r}\inf_{x\neq0}\frac{||(\lambda I_r-A_{rr})x||_r}{||x||_r}\\&=||(\lambda I_r-A_{rr})^{-1}||^{-1},\end{aligned}$$

同理可得

$$|||(\lambda I_t-A_{tt})^{-1}|||^{-1}=||(\lambda I_t-A_{tt})^{-1}||^{-1}.$$

又由式 (2.2) 及定理 2.3.2 有

$$\sigma_{\mathrm{ap}}(\mathcal{A})\subseteq\bigcup_{r,t=1,r\neq t}^{n}\sigma(A_{rr})\cup\sigma(A_{tt})\cup\Bigg\{\lambda\in\rho(A_{rr})\cap\rho(A_{tt}):$$
$$\|(\lambda I_r-A_{rr})^{-1}\|^{-1}\|(\lambda I_t-A_{tt})^{-1}\|^{-1}\leqslant\left(\sum_{r\neq j=1}^{n}\frac{w_r}{w_j}\|A_{rj}\|\right)^{\alpha}\cdot\left(\sum_{r\neq j=1}^{n}\frac{w_j}{w_r}\|A_{jr}\|\right)^{1-\alpha}\cdot$$
$$\left(\sum_{t\neq k=1}^{n}\frac{w_t}{w_k}\|A_{tk}\|\right)^{\alpha}\cdot\left(\sum_{t\neq k=1}^{n}\frac{w_k}{w_t}\|A_{kt}\|\right)^{1-\alpha}\Bigg\}.$$

推论 2.3.4. 设 $\mathcal{A}$ 为由式 (2.1) 定义的 $n\times n$ 阶的分块算子矩阵, $\alpha\in[0,1]$,

并设 $W_i : X_i \to X_i$ 是有界可逆的线性映射, 则

$$\sigma_{\mathrm{ap}}(\mathcal{A}) \subseteq \bigcup_{r,t=1,r\neq t}^{n} \sigma(A_{rr}) \cup \sigma(A_{tt}) \cup \Bigg\{ \lambda \in \rho(A_{rr}) \cap \rho(A_{tt}) : \|(\lambda I_r - A_{rr})^{-1}\|^{-1} \cdot \\ \|(\lambda I_t - A_{tt})^{-1}\|^{-1} \leqslant \left(\sum_{r\neq j=1}^{n} \|W_r A_{rj} W_j^{-1}\| \right)^{\alpha} \cdot \left(\sum_{r\neq j=1}^{n} \|W_j A_{jr} W_r^{-1}\| \right)^{1-\alpha} \cdot \\ \left(\sum_{t\neq k=1}^{n} \|W_t A_{tk} W_k^{-1}\| \right)^{\alpha} \cdot \left(\sum_{t\neq k=1}^{n} \|W_k A_{kt} W_t^{-1}\| \right)^{1-\alpha} \Bigg\}. \tag{2.39}$$

证明 由权重范数的定义 2.1.2, 可得

$$|||(\lambda I_r - A_{rr})^{-1}|||'^{-1} = \inf_{x\neq 0} \frac{|||(\lambda I_r - A_{rr})x|||'_r}{|||x|||'_r} \\ \geqslant \|(\lambda I_r - A_{rr})^{-1}\|^{-1}$$

与

$$|||(\lambda I_t - A_{tt})^{-1}|||'^{-1} \geqslant \|(\lambda I_t - A_{tt})^{-1}\|^{-1}.$$

又由式 (2.3) 及定理 2.3.2, 则式 (2.39) 显然成立.

下面通过数值算例, 比较定理 2.3.1与定理 2.3.2 的近似点谱估计的精确度.

例 2.3.1. 设矩阵

$$\mathcal{D} = \begin{pmatrix} 7 & 5 & 1 & 0 \\ 2 & 9 & 1 & 1 \\ 1 & 1 & 3 & 0 \\ 2 & 2 & 2 & 4 \end{pmatrix},$$

经计算矩阵 $\mathcal{D}$ 的特征值为 $\lambda_1 = 2.737, \lambda_{2,3} = 4.166 \pm 0.878\mathrm{i}, \lambda_4 = 11.931$. 下面讨论分块矩阵情形, $\mathcal{D}$ 的三种 3×3 阶分块矩阵依次为

$$\mathcal{D}_1 = \left(\begin{array}{cc|c|c} 7 & 5 & 1 & 0 \\ 2 & 9 & 1 & 1 \\ \hline 1 & 1 & 3 & 0 \\ \hline 2 & 2 & 2 & 4 \end{array}\right), \mathcal{D}_2 = \left(\begin{array}{c|cc|c} 7 & 5 & 1 & 0 \\ \hline 2 & 9 & 1 & 1 \\ 1 & 1 & 3 & 0 \\ \hline 2 & 2 & 2 & 4 \end{array}\right), \mathcal{D}_3 = \left(\begin{array}{c|c|cc} 7 & 5 & 1 & 0 \\ \hline 2 & 9 & 1 & 1 \\ \hline 1 & 1 & 3 & 0 \\ 2 & 2 & 2 & 4 \end{array}\right).$$

其中以 $\mathcal{D}_1$ 为例, 其主对角元素为

$$\mathcal{D}_{11}=\begin{pmatrix}7 & 5\\ 2 & 9\end{pmatrix}, \mathcal{D}_{22}=(3), \mathcal{D}_{33}=(4).$$

利用引理 2.1.1, 可计算得:

(i) $\|(zI_1-\mathcal{D}_{11})^{-1}\|^{-1} = \min\Big\{\Big(\frac{1}{2}(159-32\mathrm{Re}z+2(\mathrm{Re}z)^2+2(\mathrm{Im}z)^2-(14045-3392\mathrm{Re}z+212(\mathrm{Re}z)^2+36(\mathrm{Im}z)^2)^{\frac{1}{2}})\Big)^{\frac{1}{2}}, \Big(\frac{1}{2}(159-32\mathrm{Re}z+2(\mathrm{Re}z)^2+2(\mathrm{Im}z)^2+(14045-3392\mathrm{Re}z+212(\mathrm{Re}z)^2+36(\mathrm{Im}z)^2)^{\frac{1}{2}})\Big)^{\frac{1}{2}}\Big\}$;

(ii) $\|(zI_2-\mathcal{D}_{22})^{-1}\|^{-1}=|3-z|$;

(iii) $\|(zI_3-\mathcal{D}_{33})^{-1}\|^{-1}=|4-z|$,

其中 $z\in\mathbb{C}$. 对于分块矩阵 $\mathcal{D}_1$ 而言, 进一步可得 $R_1=1+\sqrt{2}, R_2=\sqrt{2}, R_3=2+2\sqrt{2}$, $C_1=3\sqrt{2}, C_2=2+\sqrt{2}, C_3=1$.

下面利用定理 2.3.2, 给出分块矩阵 $\mathcal{D}_1$ 的特征值范围. 当 $\alpha=1$ 时, 定理 2.3.2 退化为定理 2.3.1, 且

$$\|(zI_1-\mathcal{D}_{11})^{-1}\|^{-1}\|(zI_2-\mathcal{D}_{22})^{-1}\|^{-1}\leqslant y_1,$$
$$\|(zI_1-\mathcal{D}_{11})^{-1}\|^{-1}\|(zI_3-\mathcal{D}_{33})^{-1}\|^{-1}\leqslant y_2,$$
$$\|(zI_2-\mathcal{D}_{22})^{-1}\|^{-1}\|(zI_3-\mathcal{D}_{33})^{-1}\|^{-1}\leqslant y_3$$

分别对应于图 2.2(a) 中浅灰色区域, 深灰色区域, 灰色区域, 其中 $y_1=R_1R_2=3.414$, $y_2=R_1R_3=11.656$, $y_3=R_2R_3=6.828$.

当 $\alpha=0.5$ 时, 定理 2.3.2 中

$$\|(zI_1-\mathcal{D}_{11})^{-1}\|^{-1}\|(zI_2-\mathcal{D}_{22})^{-1}\|^{-1}\leqslant w_1,$$
$$\|(zI_1-\mathcal{D}_{11})^{-1}\|^{-1}\|(zI_3-\mathcal{D}_{33})^{-1}\|^{-1}\leqslant w_2,$$
$$\|(zI_2-\mathcal{D}_{22})^{-1}\|^{-1}\|(zI_3-\mathcal{D}_{33})^{-1}\|^{-1}\leqslant w_3$$

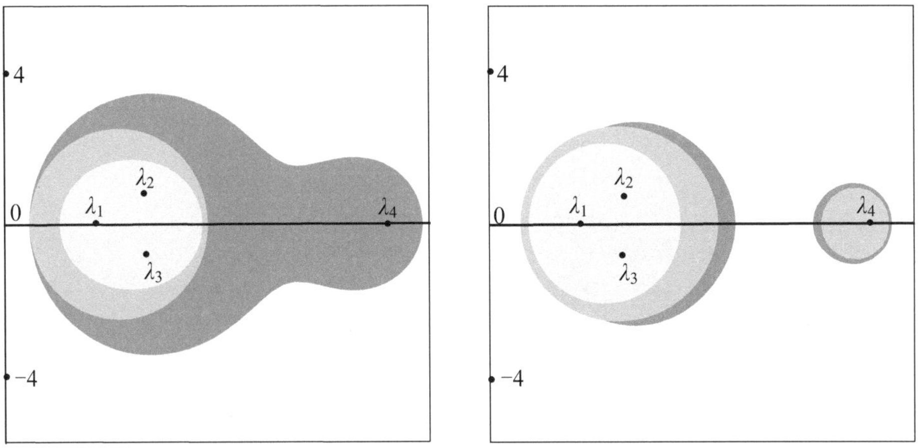

(a) 定理 2.3.1　　(b) 定理 2.3.2

图 2.2　比较定理 2.3.1 与定理 2.3.2

分别对应于图 2.2(b) 中浅灰色区域, 深灰色区域, 灰色区域, 其中

$$w_1 = R_1^{\alpha} C_1^{1-\alpha} R_2^{\alpha} C_2^{1-\alpha} = 7.032,$$

$$w_2 = R_1^{\alpha} C_1^{1-\alpha} R_3^{\alpha} C_3^{1-\alpha} = 7.032,$$

$$w_3 = R_2^{\alpha} C_2^{1-\alpha} R_3^{\alpha} C_3^{1-\alpha} = 4.828.$$

从图 2.2(a) 中深灰色区域与图 2.2(b) 中深灰色区域和灰色区域可以看出, 对于分块矩阵 $\mathcal{D}_1$ 而言, $\alpha = 0.5$ 时的特征值估计范围的确比 $\alpha = 1$ 时要精确. 显然, 利用定理 2.3.2 中的广义 Ostrowski-Brauer 定理能够给出更精确的特征值估计范围.

注 2.3.1. 事实上, 定理 2.3.2 中, 当 α 在 $[0, 1]$ 中取遍时, 得到更精确的谱估计范围. 其中当 $\alpha = 1$ 时, 结论退化为定理 2.3.1.

2.3.2　谱估计的 Brauer-型定理

本节给出有界分块算子矩阵谱的广义 Ostrowski-Brauer 定理及相关结果.

命题 2.3.5. 设 $\mathcal{A}$ 为由式 (2.1) 定义的有界分块算子矩阵, $\alpha\in[0,1]$, 则

$$S^{(1-\alpha)}(\mathcal{A})=S^{(\alpha)}(\mathcal{A}^*).$$

证明 对于任意的 $r,t\in\{1,2,\cdots,n\}$, $r\neq t$, 根据式 (2.26), 有

$$\begin{aligned}S_{r,t}^{(\alpha)}(\mathcal{A}^*)=&\sigma((\mathcal{A}^*)_{rr})\cup\sigma((\mathcal{A}^*)_{tt})\cup\Bigg\{\lambda\in\rho((\mathcal{A}^*)_{rr})\cap\rho((\mathcal{A}^*)_{tt}):\\&\|(\lambda I_r-(\mathcal{A}^*)_{rr})^{-1}\|^{-1}\|(\lambda I_t-(\mathcal{A}^*)_{tt})^{-1}\|^{-1}\leqslant\Bigg(\sum_{r\neq j=1}^{n}\|(\mathcal{A}^*)_{jr}\|\Bigg)^{\alpha}\cdot\\&\Bigg(\sum_{r\neq j=1}^{n}\|(\mathcal{A}^*)_{rj}\|\Bigg)^{1-\alpha}\cdot\Bigg(\sum_{t\neq k=1}^{n}\|(\mathcal{A}^*)_{kt}\|\Bigg)^{\alpha}\cdot\Bigg(\sum_{t\neq k=1}^{n}\|(\mathcal{A}^*)_{tk}\|\Bigg)^{1-\alpha}\Bigg\}.\end{aligned}$$

于是由 $\sigma((\mathcal{A}^*)_{rr})=\sigma(A_{rr}^*)=\sigma(A_{rr})=\{\lambda:\lambda\in\sigma(A_{rr})\}$, $\sigma((\mathcal{A}^*)_{tt})=\sigma(A_{tt})$, 及 $(\mathcal{A}^*)_{rt}=(A_{tr})^*$, $\|(\mathcal{A}^*)_{rt}\|=\|(A_{tr})^*\|=\|A_{tr}\|$, 可得

$$S_{r,t}^{(1-\alpha)}(\mathcal{A})=S_{r,t}^{(\alpha)}(\mathcal{A}^*),$$

因此

$$S^{(1-\alpha)}(\mathcal{A})=S^{(\alpha)}(\mathcal{A}^*).$$

注 2.3.2. 如果 $\mathcal{A}$ 为 Hilbert 空间中的有界分块算子矩阵, 那么

$$S^{(1-\alpha)}(\mathcal{A})=\overline{S^{(\alpha)}(\mathcal{A}^*)}.$$

定理 2.3.6. (广义 Ostrowski-Brauer 定理) 设 $\mathcal{A}$ 为由式 (2.1) 定义的有界分块算子矩阵, $\alpha\in[0,1]$, 则

$$\sigma(\mathcal{A})\subseteq S^{(\alpha)}(\mathcal{A}).$$

证明 根据定理 2.3.2, 有

$$\sigma_{\rm ap}(\mathcal{A})\subseteq S^{(\alpha)}(\mathcal{A}).$$

由定理 1.1.10 及命题 2.3.5, 可得

$$\sigma_{\rm r,1}(\mathcal{A})\subset\sigma_{\rm p}(\mathcal{A}^*)\subset\sigma_{\rm ap}(\mathcal{A}^*)\subseteq S^{(1-\alpha)}(\mathcal{A}^*)=S^{(\alpha)}(\mathcal{A}),$$

于是

$$\sigma(\mathcal{A}) = \sigma_{\mathrm{ap}}(\mathcal{A}) \cup \sigma_{\mathrm{r},1}(\mathcal{A}) \subseteq S^{(\alpha)}(\mathcal{A}),$$

故结论成立.

特别地, 当 $\alpha = 1$ 时, 可得有界分块算子矩阵的 Brauer 定理.

推论 2.3.7. (Brauer 定理) 设 $\mathcal{A}$ 为由式 (2.1) 定义的 $n \times n$ 阶的有界分块算子矩阵, 则

$$\sigma(\mathcal{A}) \subseteq \bigcup_{r,t=1,r\neq t}^{n} \sigma(A_{rr}) \cup \sigma(A_{tt}) \cup \{\lambda \in \rho(A_{rr}) \cap \rho(A_{tt}) : \\ \|(\lambda I_r - A_{rr})^{-1}\|^{-1}\|(\lambda I_t - A_{tt})^{-1}\|^{-1} \leqslant R_r R_t\}.$$

下面利用非负矩阵的性质和定义 2.1.1 中的权重范数, 给出有界分块算子矩阵的其他谱估计定理.

考虑如下的标量矩阵

$$\mathcal{B} = \begin{pmatrix} 0 & \|A_{12}\| & \cdots & \|A_{1n}\| \\ \|A_{21}\| & 0 & \cdots & \|A_{2n}\| \\ \vdots & \vdots & & \vdots \\ \|A_{n1}\| & \|A_{n2}\| & \cdots & 0 \end{pmatrix},\ n \in \mathbb{N}^+,$$

$$\mathcal{B}^\top = \begin{pmatrix} 0 & \|A_{21}^*\| & \cdots & \|A_{n1}^*\| \\ \|A_{12}^*\| & 0 & \cdots & \|A_{n2}^*\| \\ \vdots & \vdots & & \vdots \\ \|A_{1n}^*\| & \|A_{2n}^*\| & \cdots & 0 \end{pmatrix},\ n \in \mathbb{N}^+,$$

它们的谱半径为 $r(\mathcal{B}) = \max\limits_{\mu\in\sigma(\mathcal{B})} |\mu| = r(\mathcal{B}^\top)$.

定理 2.3.8. 设 $\mathcal{A}$ 为由式 (2.1) 定义的有界分块算子矩阵, $\mathcal{B}$, $\mathcal{B}^\top$ 和 $r(\mathcal{B})$ 定义如上, 则

$$\sigma(\mathcal{A}) \subseteq \mathrm{C}_{r(\mathcal{B})},$$

其中

$$\mathrm{C}_{r(\mathcal{B})} := \bigcup_{r,t=1,r\neq t}^{n} \sigma(A_{rr}) \cup \sigma(A_{tt}) \cup \{\lambda \in \rho(A_{rr}) \cap \rho(A_{tt}) :$$
$$\|(\lambda I_r - A_{rr})^{-1}\|^{-1}\|(\lambda I_t - A_{tt})^{-1}\|^{-1} \leqslant (r(\mathcal{B}))^2\}.$$

证明 假设

$$P = \begin{pmatrix} 1 & 1 & \cdots & 1 \\ 1 & 1 & \cdots & 1 \\ \vdots & \vdots & & \vdots \\ 1 & 1 & \cdots & 1 \end{pmatrix},$$

由文献 [25] 的定理 10.20, 存在 $\delta > 0$ 使得

$$r(\mathcal{B} + \delta P) \leqslant r(\mathcal{B}) + \varepsilon_1, r(\mathcal{B}^\top + \delta P) \leqslant r(\mathcal{B}^\top) + \varepsilon_2.$$

其中 $\varepsilon_1 > 0, \varepsilon_2 > 0$. 因为 $\mathcal{B} + \delta P$, $\mathcal{B}^\top + \delta P$ 是非负不可约矩阵, 则存在严格正的 Perron 向量

$$v = (v_1\ v_2\ \cdots\ v_n)^\top \in (0,\infty)^n, \zeta = (\zeta_1\ \zeta_2\ \cdots\ \zeta_n)^\top \in (0,\infty)^n,$$

使得

$$(\mathcal{B} + \delta P)v = r(\mathcal{B} + \delta P)v, (\mathcal{B}^\top + \delta P)\zeta = r(\mathcal{B}^\top + \delta P)\zeta.$$

对于任意 $r, t \in \{1, 2, \cdots, n\}$, $r \neq t$, 有

$$(r(\mathcal{B}) + \varepsilon_1)v_r \geqslant \delta v_r + \sum_{r\neq j=1}^{n} (\|A_{rj}\| + \delta)v_j \geqslant \sum_{r\neq j=1}^{n} \|A_{rj}\|v_j,$$

$$(r(\mathcal{B}^\top) + \varepsilon_2)\zeta_t \geqslant \delta\zeta_t + \sum_{t\neq k=1}^{n} (\|A_{kt}\| + \delta)\zeta_k \geqslant \sum_{t\neq k=1}^{n} \|A_{kt}\|\zeta_k,$$

即

$$r(\mathcal{B}) + \varepsilon_1 \geqslant \sum_{r\neq j=1}^{n} \|A_{rj}\| \frac{v_j}{v_r},$$

$$r(\mathcal{B}^\top) + \varepsilon_2 \geqslant \sum_{t\neq k=1}^{n} \|A_{kt}\| \frac{\zeta_k}{\zeta_t}.$$

令 $v_j^{-1} = w_j, \zeta_k = w_k$, 则有

$$\sum_{r \neq j=1}^{n} \|A_{rj}\| \frac{w_r}{w_j} = \sum_{r \neq j=1}^{n} \|A_{rj}\| \frac{v_j}{v_r} \leqslant r(\mathcal{B}) + \varepsilon_1,$$

$$\sum_{t \neq k=1}^{n} \|A_{kt}\| \frac{w_k}{w_t} = \sum_{t \neq k=1}^{n} \|A_{kt}\| \frac{\zeta_k}{\zeta_t} \leqslant r(\mathcal{B}^\top) + \varepsilon_2.$$

根据推论 2.3.3 及 $r(\mathcal{B}^\top) = r(\mathcal{B})$, 当 $\varepsilon_1 \to 0$, $\varepsilon_2 \to 0$ 时, 可得

$$\sigma_{\mathrm{ap}}(\mathcal{A}) \subseteq \mathrm{C}_{r(\mathcal{B})},$$

又

$$\sigma_{\mathrm{r},1}(\mathcal{A}) \subseteq \sigma_{\mathrm{com}}(\mathcal{A}) = \sigma_{\mathrm{p}}(\mathcal{A}^*) \subseteq \mathrm{C}_{r(\mathcal{B}^\top)} = \mathrm{C}_{r(\mathcal{B})},$$

故

$$\sigma(\mathcal{A}) = \sigma_{\mathrm{ap}}(\mathcal{A}) \cup \sigma_{\mathrm{r},1}(\mathcal{A}) \subseteq \mathrm{C}_{r(\mathcal{B})}.$$

结合定理 2.3.6 和定理 2.3.8, 能够得到更精确的谱估计范围.

定理 2.3.9. 设 $\mathcal{A}$ 为由式 (2.1) 定义的有界分块算子矩阵, $\alpha \in [0,1]$, 则有

$$\sigma(\mathcal{A}) \subseteq \bigcup_{r,t=1,r\neq t}^{n} \sigma(A_{rr}) \cup \sigma(A_{tt}) \cup \{\lambda \in \rho(A_{rr}) \cap \rho(A_{tt}) :$$
$$\|(\lambda I_r - A_{rr})^{-1}\|^{-1} \|(\lambda I_t - A_{tt})^{-1}\|^{-1} \leqslant \min\{R_r^\alpha C_r^{1-\alpha} R_t^\alpha C_t^{1-\alpha}, (r(\mathcal{B}))^2\}\}.$$

证明 由引理 2.1.2, 定理 2.3.6 及定理 2.3.8, 结论显然成立.

下面利用上述定理 2.3.6 和定理 2.3.8 给出如下的有界线性算子的谱估计范围.

例 2.3.2. 设 $X_1 = C^2([0,1]), X_2 = C^1([0,1])$, $X_3 = C([0,1])$. 在空间 $X_3 = C([0,1])$ 中取最大模范数 $\|\cdot\|_3$, 并在 $X_2 = C^1([0,1]), X_1 = C^2([0,1])$ 中分别定义范数

$$\|\xi\|_2 = \max\{\|\xi\|_3, \|\xi'\|_3\},$$

$$\|\xi\|_1 = \max\{\|\xi\|_3, \|\xi'\|_3, \|\xi''\|_3\}.$$

此时在乘积空间 $X = X_1 \times X_2 \times X_3$ 中定义如下的线性算子 $\mathcal{A} : X \to X$(见文献 [13] 中的例子),

$$(\mathcal{A}x)(t) = \begin{pmatrix} x_1(t) + a\int_0^1 \cos(ts)x_3(s)\mathrm{d}s \\ x_1'(t) - x_2(t) \\ x_1''(t) + x_2'(t) + \exp(2\pi \mathrm{i}t)x_3(t) \end{pmatrix},$$

其中 t 为参数, $a \geqslant 0$ 且 $x_i \in X_i$ $(i = 1, 2, 3)$. 而这时算子矩阵 $\mathcal{A}$ 对应的标量矩阵为

$$\mathcal{B} = \begin{pmatrix} 0 & 0 & a \\ 1 & 0 & 0 \\ 1 & 1 & 0 \end{pmatrix}.$$

从该标量矩阵中, 可以看出 $R_1 = a, R_2 = 1, R_3 = 2, C_1 = 2, C_2 = 1, C_3 = a$.

根据定理 2.3.6 及乘积算子的性质, 有

$$\begin{aligned}\sigma(\mathcal{A}) \subseteq &\{\lambda : |\lambda^2 - 1| \leqslant R_1^{\alpha}C_1^{1-\alpha}R_2^{\alpha}C_2^{1-\alpha}\} \\ &\cup \{\lambda : |\lambda - 1|||\lambda| - 1| \leqslant R_1^{\alpha}C_1^{1-\alpha}R_3^{\alpha}C_3^{1-\alpha}\} \\ &\cup \{\lambda : |\lambda + 1|||\lambda| - 1| \leqslant R_2^{\alpha}C_2^{1-\alpha}R_3^{\alpha}C_3^{1-\alpha}\},\end{aligned}$$

其中 $\alpha \in [0, 1]$.

根据定理 2.3.8, 可得

$$\begin{aligned}\sigma(\mathcal{A}) \subseteq &\{\lambda : |\lambda^2 - 1| \leqslant (r(\mathcal{B}))^2\} \\ &\cup \{\lambda : |\lambda - 1|||\lambda| - 1| \leqslant (r(\mathcal{B}))^2\} \cup \{\lambda : |\lambda + 1|||\lambda| - 1| \leqslant (r(\mathcal{B}))^2\} \\ &= \{\lambda : |\lambda - 1|||\lambda| - 1| \leqslant (r(\mathcal{B}))^2\} \cup \{\lambda : |\lambda + 1|||\lambda| - 1| \leqslant (r(\mathcal{B}))^2\},\end{aligned}$$

其中 $r(\mathcal{B}) = \max\limits_{\mu \in \sigma(\mathcal{B})} |\mu|$ 为谱半径.

当取具体参数, 如 $a = 0.01, \alpha = 0.3$ 时, 有 $R_1 = 0.01, R_2 = 1, R_3 = 2, C_1 = 2, C_2 = 1, C_3 = 0.01, r(\mathcal{B}) \approx 0.231$. 此时比较定理 2.3.6 与定理 2.3.8 的谱估计范围的精确度, 如图 2.3 所示. 从图 2.3(a) 和图 2.3(b) 可以看出, 对于算子矩阵 $\mathcal{A}$

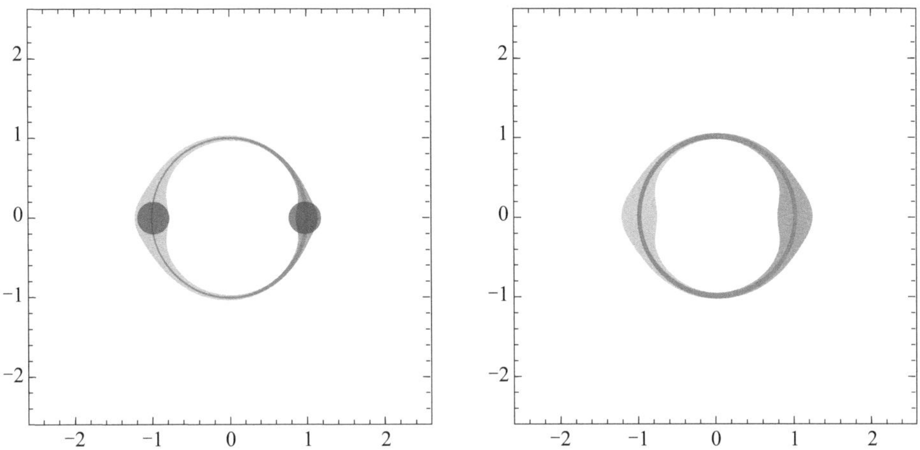

(a) 定理 2.3.6　　　(b) 定理 2.3.8

图 2.3　比较定理 2.3.6 和定理 2.3.8 的谱估计精确度

而言, 在该组参数下应用定理 2.3.6 得到的谱估计范围比定理 2.3.8 的结果更加精确.

注 2.3.3. 图 2.3(a) 和图 2.3(b) 的空白区域均为无谱区域, 显然 $0 \in \rho(\mathcal{A})$, 即此时 $\mathcal{A}$ 为具有有界逆的线性算子.

2.4　有界分块算子矩阵的 n 次数值域

下面讨论 Hilbert 空间 $H = H_1 \times H_2 \times \cdots \times H_n$ 中 $n \times n$ 阶的分块算子矩阵

$$\mathcal{A} = (A_{ij})_{i,j=1}^{n} : H_1 \times H_2 \times \cdots \times H_n \to H_1 \times H_2 \times \cdots \times H_n, \tag{2.40}$$

其中 A_{ij} 为 Hilbert 空间 H_j 到 H_i 的有界线性算子, $i,j = 1,2,\cdots,n$. 本节先介绍 $\mathcal{A}$ 的 n 次数值域的性质, 并给出利用 n 次数值域进行谱估计的结果.

首先给出 $\mathcal{A}$ 的 n 次数值域的定义.

记 $S_{H_1\times\cdots\times H_n} := S_{H_1} \times \cdots \times S_{H_n} = \{(x_1 \ \cdots \ x_n)^\top \in H : \|x_i\| = 1, i = 1,2,\cdots,n\}$ 为 H_i 中单位球 S_{H_i} 构成的乘积空间, 简记为 S^n. 对于任意的 $x =$

$(x_1 \ \cdots \ x_n)^\top \in S_{H_1\times\cdots\times H_n}$, 令

$$\mathcal{A}_x := \begin{pmatrix} (A_{11}x_1, x_1) & \cdots & (A_{1n}x_n, x_1) \\ \vdots & & \vdots \\ (A_{n1}x_1, x_n) & \cdots & (A_{nn}x_n, x_n) \end{pmatrix} \in \mathcal{M}_n(\mathbb{C}), \tag{2.41}$$

即 $(\mathcal{A}_x)_{ij} := (\mathcal{A}_{ij}x_j, x_i)$, $i, j = 1, \cdots, n$. 则称集合

$$W_{H_1\times\cdots\times H_n}(\mathcal{A}) := \bigcup_{x\in S^n} \sigma_{\mathrm{p}}(\mathcal{A}_x) \tag{2.42}$$

为 $\mathcal{A}$ 的 n 次数值域, 也记为

$$W^n(\mathcal{A}) = W_{H_1\times\cdots\times H_n}(\mathcal{A}).$$

当 $n=1$ 时, $\mathcal{A}$ 的 n 次数值域 $W^n(\mathcal{A})$ 与 $\mathcal{A}$ 的数值域 $W(\mathcal{A})$ 一致; 当 $n=2$ 时, n 次数值域就是定义 1.3.3 中的二次数值域 $W^2(\mathcal{A})$; 对于有限维空间中的 $n\times n$ 阶矩阵 $\mathcal{A}$, n 次数值域就是由矩阵 $\mathcal{A}$ 的 n 个特征值构成的集合.

2.4.1 n 次数值域的性质

下面主要讨论 n 次数值域 $W^n(\mathcal{A})$ 的性质.

命题 2.4.1. 设 $\mathcal{A}$ 为由式 (2.40) 定义的有界分块算子矩阵, 则

(i) $W^n(\mathcal{A}) \subset \{\lambda\in\mathbb{C} : |\lambda| \leqslant \|\mathcal{A}\|\}$;

(ii) $W^n(\mathcal{A})$ 是至多 n 个连通分支构成的集合; 若 $\mathcal{A}$ 是下三角型或上三角型算子矩阵, 则

$$W^n(\mathcal{A}) = W(A_{11}) \cup \cdots \cup W(A_{nn});$$

(iii) $W^n(\mathcal{A}^*) = \{\lambda\in\mathbb{C} : \overline{\lambda}\in W^n(\mathcal{A})\} =: W^n(\mathcal{A})^*$;

(iv) 若 $\mathcal{A}$ 是自伴的, 则 $W^n(\mathcal{A}) \subset \mathbb{R}$.

证明 (i) 设 $x = (x_1 \ x_2 \ \cdots \ x_n)^\top \in S^n$, $z = (z_1 \ z_2 \ \cdots \ z_n)^\top \in \mathbb{C}^n$ 且 $\|z\| = 1$.

令 $y_j = z_j x_j, j = 1, 2, \cdots, n$, $y = (y_1\ y_2\ \cdots\ y_n)^\top$, 则 $\|y\| = 1$, 且

$$\begin{aligned}\|\mathcal{A}_x z\|^2 &= \sum_{i=1}^{n} |\sum_{j=1}^{n} (A_{ij}x_j, x_i) z_j|^2 \\ &\leqslant \sum_{i=1}^{n} \|\sum_{j=1}^{n} A_{ij} y_j\|^2 \|x_i\|^2 \\ &= \|\mathcal{A}y\|^2 \leqslant \|\mathcal{A}\|^2,\end{aligned}$$

故结论成立.

(ii) 当 x 在 S^n 中变化时, 由于矩阵 $\mathcal{A}_x$ 的特征值随着 x 连续变化, 所以 $W^n(\mathcal{A})$ 至多由 n 个连通分支构成. 因此当 $\mathcal{A}$ 是下三角型或上三角型算子矩阵时,

$$W^n(\mathcal{A}) = W(A_{11}) \cup \cdots \cup W(A_{nn}).$$

(iii) 由 $(\mathcal{A}_x)^* = (\mathcal{A}^*)_x$, 结论显然成立.

(iv) 当 $\mathcal{A}$ 自伴时, $\mathcal{A}_x$ 是对称矩阵, 因此 $W^n(\mathcal{A}) \subset \mathbb{R}$.

定义 2.4.1. 设 $n, \widetilde{n} \in \mathbb{N}$, 并设 $H_1, \cdots, H_n$ 和 $\widetilde{H}_1, \cdots, \widetilde{H}_{\widetilde{n}}$ 为 Hilbert 空间, 且满足 $H = H_1 \times \cdots \times H_n = \widetilde{H}_1 \times \cdots \times \widetilde{H}_{\widetilde{n}}$. 若 $n \leqslant \widetilde{n}$ 且对于所有的 $k = 1, \cdots, n$ 存在 $0 = i_0 < \cdots < i_n = \widetilde{n}$ 使得 $H_k = \widetilde{H}_{i_{k-1}+1} \times \cdots \times \widetilde{H}_{i_k}$, 则称空间 $\widetilde{H}_1 \times \cdots \times \widetilde{H}_{\widetilde{n}}$ 为空间 $H_1 \times \cdots \times H_n$ 的一个细化.

命题 2.4.2. 若 $\widetilde{H}_1 \times \cdots \times \widetilde{H}_{\widetilde{n}}$ 为 $H_1 \times \cdots \times H_n$ 的一个细化, 则

$$W_{\widetilde{H}_1 \times \cdots \times \widetilde{H}_{\widetilde{n}}}(\mathcal{A}) \subset W_{H_1 \times \cdots \times H_n}(\mathcal{A}),$$

或

$$W^{\widetilde{n}}(\mathcal{A}) \subset W^n(\mathcal{A}), \qquad \widetilde{n} \geqslant n.$$

证明 考虑 $\widetilde{n} = n + 1$ 的情形, 一般情况通过归纳法得出. 若 $\widetilde{n} = n + 1$, 则存在一个 $k \in \{1, \cdots, n\}$ 使得 $H_1 \times \cdots \times H_n$ 的细化 $H = \widetilde{H}_1 \times \cdots \times \widetilde{H}_{\widetilde{n}}$ 具有形式 $H = H_1 \times \cdots \times H_{k-1} \times H_k^1 \times H_k^2 \times H_{k+1} \times \cdots \times H_n$, 其中 $H_k = H_k^1 \times H_k^2$. 基于

这种精细分解, $\mathcal{A}$ 有如下形式

$$\mathcal{A}=\begin{pmatrix} A_{11} & \cdots & A_{1k}^1 & A_{1k}^2 & \cdots & A_{1n} \\ \vdots & & \vdots & \vdots & & \vdots \\ A_{k1}^1 & \cdots & A_{kk}^{11} & A_{kk}^{12} & \cdots & A_{kn}^1 \\ A_{k1}^2 & \cdots & A_{kk}^{21} & A_{kk}^{22} & \cdots & A_{kn}^2 \\ \vdots & & \vdots & \vdots & & \vdots \\ A_{n1} & \cdots & A_{nk}^1 & A_{nk}^2 & \cdots & A_{nn} \end{pmatrix},$$

其中 $A_{ij}:H_j\to H_i, i,j=1,2,\cdots,n$, 并且有

$$A_{kk}=\begin{pmatrix} A_{kk}^{11} & A_{kk}^{12} \\ A_{kk}^{21} & A_{kk}^{22} \end{pmatrix}, A_{ki}=\begin{pmatrix} A_{ki}^1 \\ A_{ki}^2 \end{pmatrix}, A_{jk}=\begin{pmatrix} A_{jk}^1 & A_{jk}^2 \end{pmatrix}, i,j=1,\cdots,n,$$

其中 $A_{kk}^{st}:H_k^t\to H_k^s$, $A_{jk}^s:H_k^s\to H_j$, $A_{ki}^t:H_i\to H_k^t, s,t=1,2$. 根据矩阵的特征值包含于其数值域的性质, 可得

$$\begin{aligned} W_{H_1\times\cdots\times H_k^1\times H_k^2\times\cdots\times H_n}(\mathcal{A}) &= \bigcup\{\sigma(\mathcal{A}_x): x\in S_{H_1\times\cdots\times H_k^1\times H_k^2\times\cdots\times H_n}\} \\ &\subset \bigcup\{W_{\mathbb{C}\times\cdots\times\mathbb{C}^2\times\cdots\times\mathbb{C}}(\mathcal{A}_x): x\in S_{H_1\times\cdots\times H_k^1\times H_k^2\times\cdots\times H_n}\}. \end{aligned}$$

要证明该定理, 只需证明对于任意的 $x\in S_{H_1\times\cdots\times H_k^1\times H_k^2\times\cdots\times H_n}$,

$$W_{\mathbb{C}\times\cdots\times\mathbb{C}^2\times\cdots\times\mathbb{C}}(\mathcal{A}_x)\subset\bigcup\{\sigma(\mathcal{A}_y): y\in S_{H_1\times\cdots\times H_n}\}=W_{H_1\times\cdots\times H_n}(\mathcal{A}).$$

为此, 设 $x\in S_{H_1\times\cdots\times H_k^1\times H_k^2\times\cdots\times H_n}, x=(x_1\ \ldots\ x_k^1\ x_k^2\ \ldots\ x_n)^\top$ 使得 $\|x_1\|=\cdots=$

$\|x_k^1\| = \|x_k^2\| = \cdots = \|x_n\| = 1$. 则

$$\mathcal{A}_x = \left(\begin{array}{c|c|cc|c|c} (A_{11}x_1, x_1) & \cdots & (A_{1k}^1 x_k^1, x_1) & (A_{1k}^2 x_k^2, x_1) & \cdots & (A_{1n}x_n, x_1) \\ \hline \vdots & & \vdots & \vdots & & \vdots \\ \hline (A_{k1}^1 x_1, x_k^1) & \cdots & (A_{kk}^{11} x_k^1, x_k^1) & (A_{kk}^{12} x_k^2, x_k^1) & \cdots & (A_{kn}^1 x_n, x_k^1) \\ (A_{k1}^2 x_1, x_k^2) & \cdots & (A_{kk}^{21} x_k^1, x_k^2) & (A_{kk}^{22} x_k^2, x_k^2) & \cdots & (A_{kn}^2 x_n, x_k^2) \\ \hline \vdots & & \vdots & \vdots & & \vdots \\ \hline (A_{n1}x_1, x_n) & \cdots & (A_{nk}^1 x_k^1, x_n) & (A_{nk}^2 x_k^2, x_n) & \cdots & (A_{nn}x_n, x_n) \end{array}\right)$$

$$=: \begin{pmatrix} B_{11} & \cdots & B_{1k} & \cdots & B_{1n} \\ \vdots & & \vdots & & \vdots \\ B_{k1} & \cdots & B_{kk} & \cdots & B_{kn} \\ \vdots & & \vdots & & \vdots \\ B_{n1} & \cdots & B_{nk} & \cdots & B_{nn} \end{pmatrix} =: \mathcal{B},$$

其中 $\mathcal{B}$ 可视为 $\mathbb{C} \times \cdots \times \mathbb{C}^2 \times \cdots \times \mathbb{C}$ 上的线性变换.

如果对于任意的 $z \in S_{\mathbb{C}\times\cdots\times\mathbb{C}^2\times\cdots\times\mathbb{C}}$, 找到一个 $y \in S_{H_1\times\cdots\times H_n}$ 使得 $\mathcal{B}_z = \mathcal{A}_y$, 则 $\sigma((\mathcal{A}_x)_z) = \sigma(\mathcal{B}_z) = \sigma(\mathcal{A}_y)$, 因此

$$\begin{aligned} W_{\mathbb{C}\times\cdots\times\mathbb{C}^2\times\cdots\times\mathbb{C}}(\mathcal{A}_x) &= \bigcup\{\sigma((\mathcal{A}_x)_z) : z \in S_{\mathbb{C}\times\cdots\times\mathbb{C}^2\times\cdots\times\mathbb{C}}\} \\ &\subset \bigcup\{\sigma(\mathcal{A}_y) : y \in S_{H_1\times\cdots\times H_n}\}. \end{aligned}$$

为了证明这一点, 设 $z = (z_1 \ \ldots \ z_k \ \ldots \ z_n)^\top, z_i \in \mathbb{C}, i \neq k, z_k = (z_k^1 \ z_k^2)^\top \in \mathbb{C}^2$, 其中 $|z_1|^2 = \cdots = \|z_k\|^2 = \cdots = |z_n|^2 = 1$. 则

$$\mathcal{B}_z = \begin{pmatrix} (B_{11}z_1, z_1) & \cdots & (B_{1k}z_k, z_1) & \cdots & (B_{1n}z_n, z_1) \\ \vdots & & \vdots & & \vdots \\ (B_{k1}z_1, z_k) & \cdots & (B_{kk}z_k, z_k) & \cdots & (B_{kn}z_n, z_k) \\ \vdots & & \vdots & & \vdots \\ (B_{n1}z_1, x_n) & \cdots & (B_{nk}z_k, z_n) & \cdots & (B_{nn}z_n, z_n) \end{pmatrix}.$$

设 $y_k^i := z_k^i x_k^i, i = 1, 2$, 并且 $y = (y_1 \ \cdots \ y_k \ \cdots \ y_n)^\top := (z_1 x_1 \ \cdots \ (y_k^1 \ y_k^2) \ \cdots \ z_n x_n)^\top$, 则 $y_i \in X_i, i = 1, \cdots, n, \|y_i\| = 1, i \neq k$ 并且 $\|y_k\|^2 = \|z_k^1 x_k^1\|^2 + \|z_k^2 x_k^2\|^2 =$

$|z_k^1|^2\|x_k^1\|^2+|z_k^2|^2\|x_k^2\|^2=|z_k^1|^2+|z_k^2|^2=\|z_k\|^2=1$, 因此 $y\in S_{H_1\times\cdots\times H_n}$. 通过这种方式选取的 y, 可以满足所需的等式 $\mathcal{B}_z=\mathcal{A}_y$. 例如, 对于 $i=j=k$,

$$\begin{aligned}(B_z)_{kk}&=\left(\begin{pmatrix}(A_{kk}^{11}x_k^1,x_k^1)z_k^1+(A_{kk}^{12}x_k^2,x_k^1)z_k^2\\(A_{kk}^{21}x_k^1,x_k^2)z_k^1+(A_{kk}^{22}x_k^2,x_k^2)z_k^2\end{pmatrix},\begin{pmatrix}z_k^1\\z_k^2\end{pmatrix}\right)\\&=((A_{kk}^{11}y_k^1,x_k^1)+(A_{kk}^{12}y_k^2,x_k^1))\bar{z}_k^1+((A_{kk}^{21}y_k^1,x_k^2)+(A_{kk}^{22}y_k^2,x_k^2))\bar{z}_k^2\\&=(A_{kk}^{11}y_k^1+A_{kk}^{12}y_k^2,y_k^1)+(A_{kk}^{21}y_k^1+A_{kk}^{22}y_k^2,y_k^2)\\&=\left(\begin{pmatrix}A_{kk}^{11}y_k^1+A_{kk}^{12}y_k^2\\A_{kk}^{21}y_k^1+A_{kk}^{22}y_k^2\end{pmatrix},\begin{pmatrix}y_k^1\\y_k^2\end{pmatrix}\right)=(A_{kk}y_k,y_k)=(\mathcal{A}_y)_{kk}.\end{aligned}$$

其他情况的证明与此类似.

推论 2.4.3. 设 $\mathcal{A}$ 为由式 (2.40) 定义的有界分块算子矩阵, 则

$$W^n(\mathcal{A})\subset W(\mathcal{A}). \tag{2.43}$$

显然, 当 $n=2$ 时, $W^2(\mathcal{A})\subset W(\mathcal{A})$.

下面进一步分析 $W(\mathcal{A})$ 和 $W^n(\mathcal{A})$ 之间的关系.

先讨论 $n=2$ 的情形. 设 $\mathbb{U}(H)$ 为 $H=H_1\times H_2$ 上的所有酉算子构成的群, 则任意的 $U\in\mathbb{U}(H)$, 可写为

$$U=\begin{pmatrix}U_1&U_2\\U_3&U_4\end{pmatrix}:H_1\times H_2\to H_1\times H_2. \tag{2.44}$$

对于 $U\in\mathbb{U}(H)$, 根据数值域的定义, 易验证

$$W(\mathcal{A})=W(U\mathcal{A}U^*),$$

但对于二次数值域 $W^2(\mathcal{A})$, 一般情况下

$$W^2(U\mathcal{A}U^*)\neq W^2(\mathcal{A}).$$

为了描述方便, $n=2$ 时, $\mathcal{A}$ 的 2×2 阶的分块形式记为

$$\mathcal{A}=\begin{pmatrix}A&B\\C&D\end{pmatrix}:H_1\times H_2\to H_1\times H_2. \tag{2.45}$$

定理 2.4.4. 设 $\mathcal{A}$ 为由式 (2.45) 给出的分块算子矩阵. 若 $\dim H_1 \geqslant 2$ 或 $\dim H_2 \geqslant 2$, 则

$$\bigcup_{U\in\mathbb{U}(H)} W^2(U^*\mathcal{A}U) = W(\mathcal{A}). \tag{2.46}$$

证明 由数值域的酉相似性, 即对于任意的 $U \in \mathbb{U}(H)$ 有 $W(U\mathcal{A}U^*) = W(\mathcal{A})$, 再由 $W^2(\mathcal{A}) \subset W(\mathcal{A})$, 可知包含关系 $\bigcup_{U\in\mathbb{U}(H)} W^2(U^*\mathcal{A}U) \subset W(\mathcal{A})$ 显然成立.

下面只需证明 $W(\mathcal{A}) \subset \bigcup_{U\in\mathbb{U}(H)} W^2(U^*\mathcal{A}U)$. 不妨设 $\dim H_2 \geqslant 2$. 设 $\xi \in W(\mathcal{A})$, 则存在 $x = \binom{x_1}{x_2} \in S_H$, $x_1 \in H_1$ 且 $x_2 \in H_2$, 使得

$$\xi = (\mathcal{A}x, x) = (Ax_1, x_1) + (Bx_2, x_1) + (Cx_1, x_2) + (Dx_2, x_2).$$

设 $U \in \mathbb{U}(H)$ 满足 $Ux = (f\ \ 0)^\top$, 从而 $f \in S_{H_1}$. 将 U 分解为式 (2.44) 的分块算子矩阵, 并记

$$x_1 = U_1^* f, \quad x_2 = U_2^* f. \tag{2.47}$$

此时

$$\begin{aligned} U\mathcal{A}U^* &= \begin{pmatrix} U_1 & U_2 \\ U_3 & U_4 \end{pmatrix} \begin{pmatrix} A & B \\ C & D \end{pmatrix} \begin{pmatrix} U_1^* & U_3^* \\ U_2^* & U_4^* \end{pmatrix} \\ &= \begin{pmatrix} (U\mathcal{A}U^*)_{11} & (U\mathcal{A}U^*)_{12} \\ (U\mathcal{A}U^*)_{21} & (U\mathcal{A}U^*)_{22} \end{pmatrix}, \end{aligned}$$

其中

$$\begin{aligned} (U\mathcal{A}U^*)_{11} &= U_1AU_1^* + U_1BU_2^* + U_2CU_1^* + U_2DU_2^*, \\ (U\mathcal{A}U^*)_{12} &= U_1AU_3^* + U_1BU_4^* + U_2CU_3^* + U_2DU_4^*, \\ (U\mathcal{A}U^*)_{21} &= U_3AU_1^* + U_3BU_2^* + U_4CU_1^* + U_4DU_2^*, \\ (U\mathcal{A}U^*)_{22} &= U_3AU_3^* + U_3BU_4^* + U_4CU_3^* + U_4DU_4^*. \end{aligned}$$

因 $\dim H_2 \geqslant 2$, 则存在一个 $g \in S_{H_2}$ 使得

$$((U_3AU_1^* + U_3BU_2^* + U_4CU_1^* + U_4DU_2^*)f, g) = 0.$$

故

$$(U\mathcal{A}U^*)_{f,g}=\begin{pmatrix}((U\mathcal{A}U^*)_{f,g})_1 & ((U\mathcal{A}U^*)_{f,g})_2\\ ((U\mathcal{A}U^*)_{f,g})_3 & ((U\mathcal{A}U^*)_{f,g})_4\end{pmatrix},$$

其中

$$((U\mathcal{A}U^*)_{f,g})_1=((U_1AU_1^*+U_1BU_2^*+U_2CU_1^*+U_2DU_2^*)f,f),$$

$$((U\mathcal{A}U^*)_{f,g})_2=((U_1AU_3^*+U_1BU_4^*+U_2CU_3^*+U_2DU_4^*)g,f),$$

$$((U\mathcal{A}U^*)_{f,g})_3=0,$$

$$((U\mathcal{A}U^*)_{f,g})_4=((U_3AU_3^*+U_3BU_4^*+U_4CU_3^*+U_4DU_4^*)g,g),$$

进而可得

$$((U_1AU_1^*+U_1BU_2^*+U_2CU_1^*+U_2DU_2^*)f,f)\in\sigma_{\mathrm{p}}((U\mathcal{A}U^*)_{f,g})\subset W^2(U\mathcal{A}U^*).$$

由式 (2.47), 得

$$\begin{aligned}&((U_1AU_1^*+U_1BU_2^*+U_2CU_1^*+U_2DU_2^*)f,f)\\=&(AU_1^*f,U_1^*f)+(BU_2^*f,U_1^*f)+(CU_1^*f,U_2^*f)+(DU_2^*f,U_2^*f)\\=&(Ax_1,x_1)+(Bx_2,x_1)+(Cx_1,x_2)+(Dx_2,x_2)=\xi.\end{aligned}$$

综上结论成立.

推论 2.4.5. 若 $\dim H_1\geqslant 2$ 或 $\dim H_2\geqslant 2$, 则

$$W(\mathcal{A})=\bigcup_{U\in\mathbb{U}(H)}\ \bigcup_{\substack{f\in S_{H_1},\ g\in S_{H_2}\\ x=U^*\begin{pmatrix}f\\0\end{pmatrix},\ y=U^*\begin{pmatrix}0\\g\end{pmatrix}}}\sigma_{\mathrm{p}}\begin{pmatrix}(\mathcal{A}x,x) & (\mathcal{A}y,x)\\ (\mathcal{A}x,y) & (\mathcal{A}y,y)\end{pmatrix}.$$

证明 根据定理 2.4.4, 有 $W(\mathcal{A})=\bigcup_{U\in\mathbb{U}(H)}W^2(U\mathcal{A}U^*)$. 对于任意的 $U\in\mathbb{U}(H)$ 和 $f\in S_{H_1},g\in S_{H_2}$, 假设 $x=U^*\begin{pmatrix}f\\0\end{pmatrix}$, $y=U^*\begin{pmatrix}0\\g\end{pmatrix}$, 则

$$W^2(U\mathcal{A}U^*)=\bigcup_{\substack{f\in S_{H_1},\ g\in S_{H_2}\\ x=U^*\begin{pmatrix}f\\0\end{pmatrix},\ y=U^*\begin{pmatrix}0\\g\end{pmatrix}}}\sigma_{\mathrm{p}}\begin{pmatrix}(\mathcal{A}x,x) & (\mathcal{A}y,x)\\ (\mathcal{A}x,y) & (\mathcal{A}y,y)\end{pmatrix}.$$

故

$$\bigcup_{U\in\mathbb{U}(H)} W^2(U\mathcal{A}U^*) = \bigcup_{U\in\mathbb{U}(H)} \bigcup_{\substack{f\in S_{H_1},\ g\in S_{H_2} \\ x=U^*\begin{pmatrix} f\\0\end{pmatrix},\ y=U^*\begin{pmatrix}0\\g\end{pmatrix}}} \sigma_{\mathrm{p}}\begin{pmatrix} (\mathcal{A}x,x) & (\mathcal{A}y,x) \\ (\mathcal{A}x,y) & (\mathcal{A}y,y)\end{pmatrix}. \tag{2.48}$$

例 2.4.1. 考虑文献 [26] 中的 4×4 阶矩阵 $\mathcal{A}_3$, 在空间分解 $\mathbb{C}^4=\mathbb{C}^2\times\mathbb{C}^2$ 下, 有如下的分块形式

$$\mathcal{A}_3 = \left(\begin{array}{cc|cc} 0 & 0 & 1 & 0 \\ 0 & 0 & 0 & 1 \\ \hline -2 & -1 & \mathrm{i} & 5\mathrm{i} \\ -1 & -2 & -5\mathrm{i} & \mathrm{i} \end{array}\right). \tag{2.49}$$

图 2.4 由蒙特卡洛方法画出, 分别表示矩阵 $\mathcal{A}_3$ 的数值域和二次数值域. 其中 $\mathcal{A}_3$ 的数值域是在 $\mathbb{C}^4$ 的单位球面上随机均匀取向量 x 时画出; 在画 $\mathcal{A}_3$ 的二次数值域时, 随机向量 f 和 g 在 $\mathbb{C}^2$ 的单位球面上独立地进行均匀抽样. 称 $(\mathcal{A}_3)_{f,g}$ 的特征值的密度为矩阵 $\mathcal{A}_3$ 的二次数值域的密度. 图中用不同的颜色来区分不同的密度, 颜色越深表示密度越小.

图 2.5 表示当随机生成酉矩阵 U 时, 矩阵 $U\mathcal{A}_3U^*$ 的二次数值域 $W^2(U\mathcal{A}_3U^*)$ 的并集将会逐渐充满 $\mathcal{A}_3$ 的数值域. 图 2.5 中 (a), (b), (c), (d) 分别表示取 2、5、10、50 个酉矩阵 U 时, 取 $W^2(U\mathcal{A}_3U^*)$ 并集的情况. 图中深色区域表示数值域, 浅色区域表示二次数值域.

接下来讨论 $W^n(U\mathcal{A}U^*)$ 和 $W(\mathcal{A})$ 之间的关系.

定理 2.4.6. 设 $\mathcal{A}: H_1\times H_2\times\cdots\times H_n \to H_1\times H_2\times\cdots\times H_n$ 为由式 (2.40) 定义的有界分块算子矩阵. 若存在 H_i 满足 $\dim H_i > n-1$, $i=1,\cdots,n$, 则

$$\bigcup_{U\in\mathbb{U}(H)} W^n(U^*\mathcal{A}U) = W(\mathcal{A}).$$

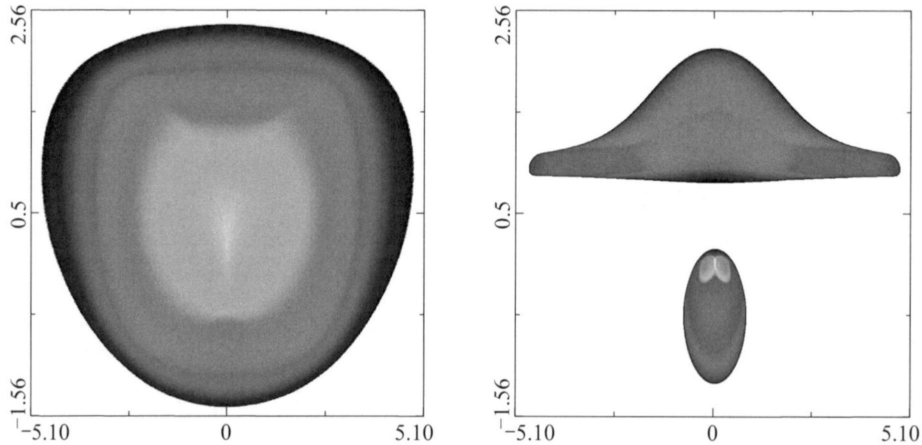

(a) $\mathcal{A}_3$ 的数值域 (b) $\mathcal{A}_3$ 的二次数值域

图 2.4 $\mathcal{A}_3$ 的数值域和二次数值域

证明 根据推论 2.4.5 有 $W^n(\mathcal{A}) \subset W(\mathcal{A})$. 又因对任意的 $U \in \mathbb{U}(H)$, 有 $W(U\mathcal{A}U^*) = W(\mathcal{A})$, 于是 $\bigcup_{U\in\mathbb{U}(H)} W^n(U^*\mathcal{A}U) \subset W(\mathcal{A})$ 显然成立. 因此下面只需证明 $W(\mathcal{A}) \subset \bigcup_{U\in\mathbb{U}(H)} W^n(U^*\mathcal{A}U)$.

设 $U \in \mathbb{U}(H)$, 具有如下的分块形式

$$U = \begin{pmatrix} U_{11} & \cdots & U_{1n} \\ \vdots & & \vdots \\ U_{n1} & \cdots & U_{nn} \end{pmatrix} : H_1 \times \cdots \times H_n \to H_1 \times \cdots \times H_n. \tag{2.50}$$

则

$$\begin{aligned} U\mathcal{A}U^* &= \begin{pmatrix} U_{11} & \cdots & U_{1n} \\ \vdots & & \vdots \\ U_{n1} & \cdots & U_{nn} \end{pmatrix} \begin{pmatrix} A_{11} & \cdots & A_{1n} \\ \vdots & & \vdots \\ A_{n1} & \cdots & A_{nn} \end{pmatrix} \begin{pmatrix} U_{11}^* & \cdots & U_{n1}^* \\ \vdots & & \vdots \\ U_{1n}^* & \cdots & U_{nn}^* \end{pmatrix} \\ &= \begin{pmatrix} (U\mathcal{A}U^*)_{11} & \cdots & (U\mathcal{A}U^*)_{1n} \\ \vdots & & \vdots \\ (U\mathcal{A}U^*)_{n1} & \cdots & (U\mathcal{A}U^*)_{nn} \end{pmatrix}, \end{aligned}$$

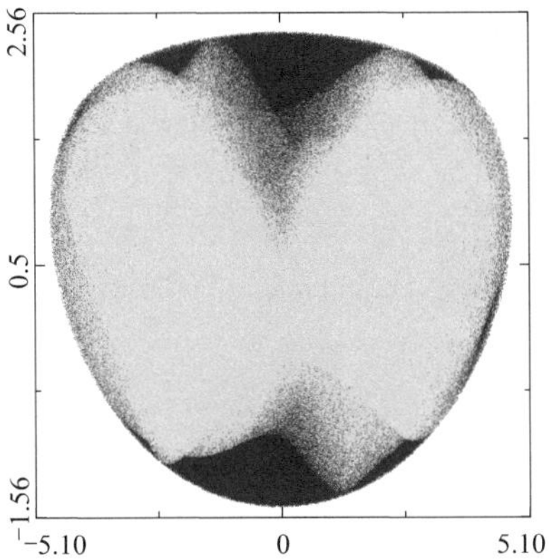

(a) 取 2 个酉矩阵时, $W^2(U\mathcal{A}_3U^*)$ 的并集

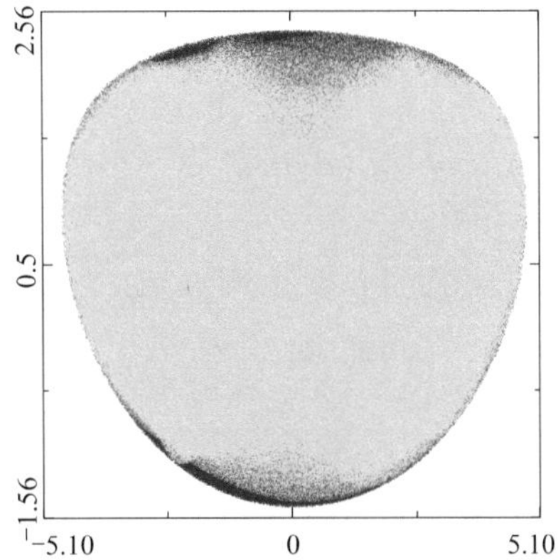

(b) 取 5 个酉矩阵时, $W^2(U\mathcal{A}_3U^*)$ 的并集

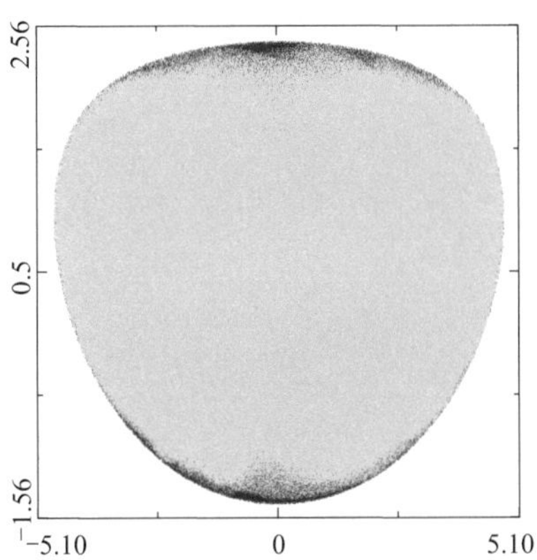

(c) 取 10 个酉矩阵时, $W^2(U\mathcal{A}_3U^*)$ 的并集

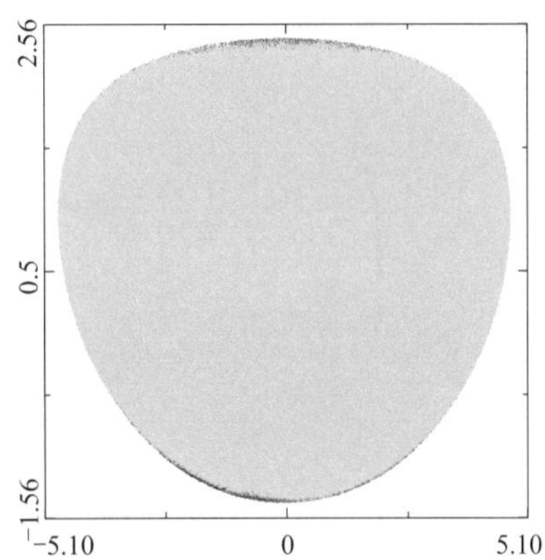

(d) 取 50 个酉矩阵时, $W^2(U\mathcal{A}_3U^*)$ 的并集

图 2.5　当取多个酉矩阵 U 时, $W^2(U\mathcal{A}_3U^*)$ 的并集与 $\mathcal{A}_3$ 数值域之间的关系

其中

$$
\begin{aligned}
(U\mathcal{A}U^*)_{11} &= U_{11}(A_{11}U_{11}^* + \cdots + A_{1n}U_{1n}^*) + \cdots + U_{1n}(A_{n1}U_{11}^* + \cdots + A_{nn}U_{1n}^*),\\
(U\mathcal{A}U^*)_{1n} &= U_{11}(A_{11}U_{n1}^* + \cdots + A_{1n}U_{nn}^*) + \cdots + U_{1n}(A_{n1}U_{n1}^* + \cdots + A_{nn}U_{nn}^*),\\
(U\mathcal{A}U^*)_{n1} &= U_{n1}(A_{11}U_{11}^* + \cdots + A_{1n}U_{1n}^*) + \cdots + U_{nn}(A_{n1}U_{11}^* + \cdots + A_{nn}U_{1n}^*),\\
(U\mathcal{A}U^*)_{nn} &= U_{n1}(A_{11}U_{n1}^* + \cdots + A_{1n}U_{nn}^*) + \cdots + U_{nn}(A_{n1}U_{n1}^* + \cdots + A_{nn}U_{nn}^*).
\end{aligned}
$$

不失一般性, 假设 $\dim H_n > n-1$. 则对于任意的 $x^{'} = (x_1 \ \cdots \ x_{n-1})^\top \in S_{H_1\times\cdots\times H_{n-1}}$, 可验证

$$\dim\,\mathrm{span}\{(U\mathcal{A}U^*)_{n1}x_1, \ldots, (U\mathcal{A}U^*)_{n(n-1)}x_{n-1}\} \leqslant n-1 < \dim H_n.$$

因此, 存在 $x_n \in S_{H_n}$ 使得

$$((U\mathcal{A}U^*)_{nj}x_j, x_n) = 0,\ j = 1, 2 \cdots n-1.$$

若记 $x = (x_1 \ x_2 \ \cdots \ x_n)^\top \in S_{H_1\times\cdots\times H_n}$, 且

$$(U\mathcal{A}U^*)_{x'}^{'} = \begin{pmatrix} ((U\mathcal{A}U^*)_{11}x_1, x_1) & \cdots & ((U\mathcal{A}U^*)_{1(n-1)}x_{n-1}, x_1) \\ \vdots & & \vdots \\ ((U\mathcal{A}U^*)_{(n-1)1}x_1, x_{n-1}) & \cdots & ((U\mathcal{A}U^*)_{(n-1)(n-1)}x_{n-1}, x_{n-1}) \end{pmatrix},$$

则

$$\det((U\mathcal{A}U^*)_x - \lambda) = \det((U\mathcal{A}U^*)_{x'}^{'} - \lambda)\det((U\mathcal{A}U^*)_{nn}x_n, x_n) - \lambda) = 0,$$

即

$$\bigcup_{x' \in S_{H_1\times\cdots\times H_{n-1}}} \sigma_{\mathrm{p}}(U\mathcal{A}U^*)_{x'}^{'} \subset W^n(U\mathcal{A}U^*).$$

从而

$$\bigcup_{U\in\mathbb{U}(H)} \bigcup_{x' \in S_{H_1\times\cdots\times H_{n-1}}} \sigma_{\mathrm{p}}(U\mathcal{A}U^*)_{x'}^{'} \subset \bigcup_{U\in\mathbb{U}(H)} W^n(U\mathcal{A}U^*). \tag{2.51}$$

假设

$$y_1 = (U_{11}^* x_1 \ \cdots \ U_{1n}^* x_1)^\top,$$

$$y_2 = (U_{21}^* x_2 \ \cdots \ U_{2n}^* x_2)^\top,$$

$$\vdots$$

$$y_{n-1} = (U_{(n-1)1}^* x_{n-1} \ \cdots \ U_{(n-1)n}^* x_{n-1})^\top.$$

则

$$\|y_1\| = \|y_2\| = \cdots = \|y_{n-1}\| = 1$$

且

$$\begin{aligned}
&\bigcup_{U\in\mathbb{U}(H)} \bigcup_{x'\in S_{H_1\times\cdots\times H_{n-1}}} \sigma_{\mathrm{p}}(U\mathcal{A}U^*)'_{x'} \\
&= \bigcup_{U\in\mathbb{U}(H)} \bigcup_{(y_1\cdots y_{n-1})^\top\in S_{H\times\cdots\times H}} \sigma_{\mathrm{p}}\begin{pmatrix} (\mathcal{A}y_1,y_1) & \cdots & (\mathcal{A}y_{n-1},y_1) \\ \vdots & & \vdots \\ (\mathcal{A}y_1,y_{n-1}) & \cdots & (\mathcal{A}y_{n-1},y_{n-1}) \end{pmatrix}.
\end{aligned} \tag{2.52}$$

下面在如下的空间分解 $H = \widetilde{H}_1 \times \widetilde{H}_2 \times \cdots \times \widetilde{H}_{n-1}$ 下继续研究式 (2.52), 其中 $\widetilde{H}_1 = H_1 \times H_2, \widetilde{H}_2 = H_3, \cdots, \widetilde{H}_{n-1} = H_n$. 在新的空间分解下, $U\mathcal{A}U^*$ 可以表示为 $(n-1)\times(n-1)$ 阶的分块形式

$$\begin{aligned}
U\mathcal{A}U^* &= \left(\begin{array}{cc|c|c} (U\mathcal{A}U^*)_{11} & (U\mathcal{A}U^*)_{12} & \cdots & (U\mathcal{A}U^*)_{1n} \\ (U\mathcal{A}U^*)_{21} & (U\mathcal{A}U^*)_{22} & \cdots & (U\mathcal{A}U^*)_{2n} \\ \hline \vdots & \vdots & \vdots & \vdots \\ \hline (U\mathcal{A}U^*)_{n1} & (U\mathcal{A}U^*)_{n2} & \cdots & (U\mathcal{A}U^*)_{nn} \end{array}\right) \\
&= \begin{pmatrix} (U\mathcal{A}U^*)'_{11} & \cdots & (U\mathcal{A}U^*)'_{1(n-1)} \\ \vdots & & \vdots \\ (U\mathcal{A}U^*)'_{(n-1)1} & \cdots & (U\mathcal{A}U^*)'_{(n-1)(n-1)} \end{pmatrix}.
\end{aligned} \tag{2.53}$$

设 $\tilde{z} = (\tilde{z}_1 \ \tilde{z}_2 \ \cdots \ \tilde{z}_{n-1})^\top \in S_{\widetilde{H}_1\times\widetilde{H}_2\times\cdots\times\widetilde{H}_{n-1}}$, 其中 $\tilde{z}_1 = \begin{pmatrix} z_1 \\ z_2 \end{pmatrix}$, $\tilde{z}_2 = z_3, \cdots,$

$\tilde{z}_{n-1}=z_n$, $\begin{pmatrix} z_1 \\ z_2 \end{pmatrix} \in H_1 \times H_2, z_3 \in H_3, \cdots, z_n \in H_n$, 则有

$$(U\mathcal{A}U^*)_{\tilde{z}} := \begin{pmatrix} ((U\mathcal{A}U^*)'_{11}\tilde{z}_1, \tilde{z}_1) & \cdots & ((U\mathcal{A}U^*)'_{1(n-1)}\tilde{z}_{n-1}, \tilde{z}_1) \\ \vdots & & \vdots \\ ((U\mathcal{A}U^*)'_{(n-1)1}\tilde{z}_1, \tilde{z}_{n-1}) & \cdots & ((U\mathcal{A}U^*)'_{(n-1)(n-1)}\tilde{z}_{n-1}, \tilde{z}_{n-1}) \end{pmatrix}, \tag{2.54}$$

其中

$$\begin{aligned} ((U\mathcal{A}U^*)'_{11}\tilde{z}_1, \tilde{z}_1) &= \left(\begin{pmatrix} (U\mathcal{A}U^*)_{11} & (U\mathcal{A}U^*)_{12} \\ (U\mathcal{A}U^*)_{21} & (U\mathcal{A}U^*)_{22} \end{pmatrix} \begin{pmatrix} z_1 \\ z_2 \end{pmatrix}, \begin{pmatrix} z_1 \\ z_2 \end{pmatrix} \right), \\ ((U\mathcal{A}U^*)'_{1(n-1)}\tilde{z}_{n-1}, \tilde{z}_1) &= \left(\begin{pmatrix} (U\mathcal{A}U^*)_{1n} \\ (U\mathcal{A}U^*)_{2n} \end{pmatrix} z_n, \begin{pmatrix} z_1 \\ z_2 \end{pmatrix} \right), \\ ((U\mathcal{A}U^*)'_{(n-1)1}\tilde{z}_1, \tilde{z}_{n-1}) &= \left(\begin{pmatrix} (U\mathcal{A}U^*)_{n1} & (U\mathcal{A}U^*)_{n2} \end{pmatrix} \begin{pmatrix} z_1 \\ z_2 \end{pmatrix}, z_n \right), \\ ((U\mathcal{A}U^*)'_{(n-1)(n-1)}\tilde{z}_{n-1}, \tilde{z}_{n-1}) &= ((U\mathcal{A}U^*)_{nn}z_n, z_n). \end{aligned}$$

设

$$f_1 = U^* \begin{pmatrix} z_1 \\ z_2 \\ 0 \\ \vdots \\ 0 \end{pmatrix}, f_2 = U^* \begin{pmatrix} 0 \\ 0 \\ z_3 \\ \vdots \\ 0 \end{pmatrix}, \cdots, f_{n-1} = U^* \begin{pmatrix} 0 \\ \vdots \\ 0 \\ z_n \end{pmatrix},$$

则

$$\|f_1\| = \|f_2\| = \cdots = \|f_{n-1}\| = 1$$

且

$$\begin{aligned}
&\bigcup_{U\in\mathbb{U}(H)}\ \bigcup_{x'\in S_{H_1\times\cdots\times H_{n-1}}}\sigma_{\mathrm{p}}(U\mathcal{A}U^*)'_{x'}\\
&=\bigcup_{U\in\mathbb{U}(H)}\ \bigcup_{(y_1\cdots y_{n-1})^\top\in S_{H\times\cdots\times H}}\sigma_{\mathrm{p}}\begin{pmatrix}(\mathcal{A}y_1,y_1) & \cdots & (\mathcal{A}y_{n-1},y_1)\\ \vdots & & \vdots\\ (\mathcal{A}y_1,y_{n-1}) & \cdots & (\mathcal{A}y_{n-1},y_{n-1})\end{pmatrix}\\
&=\bigcup_{U\in\mathbb{U}(H)}\ \bigcup_{(f_1\cdots f_{n-1})^\top\in S_{H\times\cdots\times H}}\sigma_{\mathrm{p}}\begin{pmatrix}(\mathcal{A}f_1,f_1) & \cdots & (\mathcal{A}f_{n-1},f_1)\\ \vdots & & \vdots\\ (\mathcal{A}f_1,f_{n-1}) & \cdots & (\mathcal{A}f_{n-1},f_{n-1})\end{pmatrix}\\
&=\bigcup_{U\in\mathbb{U}(H)}\ \bigcup_{\tilde{z}\in S_{\widetilde{H}_1\times\cdots\times\widetilde{H}_{n-1}}}\sigma_{\mathrm{p}}(U\mathcal{A}U^*)_{\tilde{z}}\\
&=\bigcup_{U\in\mathbb{U}(H)}W^{n-1}(U\mathcal{A}U^*).
\end{aligned}$$

根据式 (2.51), 在空间 $H_1\times\cdots\times H_n$ 和 $\widetilde{H}_1\times\cdots\times\widetilde{H}_{n-1}$ 下, 得

$$\bigcup_{U\in\mathbb{U}(H)}W^{n-1}(U\mathcal{A}U^*)\subset\bigcup_{U\in\mathbb{U}(H)}W^{n}(U\mathcal{A}U^*).$$

这样得到了一种 $\bigcup_{U\in\mathbb{U}(H)}W^{n}(U\mathcal{A}U^*)$ 的递推关系. 依此类推, 得到如下的包含关系

$$W(\mathcal{A})=\bigcup_{U\in\mathbb{U}(H)}W^{2}(U\mathcal{A}U^*)\subset\bigcup_{U\in\mathbb{U}(H)}W^{3}(U\mathcal{A}U^*)\subset\cdots\subset\bigcup_{U\in\mathbb{U}(H)}W^{n}(U\mathcal{A}U^*),$$

故结论得证.

2.4.2 谱包含关系

下面利用 n 次数值域给出有界分块算子矩阵 $\mathcal{A}$ 的包含谱关系.

定理 2.4.7. 设 $\mathcal{A}$ 为由式 (2.40) 定义的有界分块算子矩阵, 则

$$\sigma_{\mathrm{p}}(\mathcal{A})\subset W^n(\mathcal{A}).$$

证明 设 $\lambda \in \sigma_{\mathrm{p}}(\mathcal{A})$, 则存在 $f = (f_j)_{j=1}^n \in H, f \neq 0$, 使得 $\mathcal{A}f - \lambda f = 0$. 记 $f_i = \|f_i\|\hat{f}_i$ 且 $\|\hat{f}_i\| = 1, i = 1, \cdots, n$. 则有 $\hat{f} := (\hat{f}_1 \ \cdots \ \hat{f}_n)^\top \in S^n, (f_i, \hat{f}_i) = \|f_i\|, i = 1, \cdots, n$,

$$
\begin{aligned}
&(\mathcal{A}_{\hat{f}} - \lambda)\begin{pmatrix} \|f_1\| \\ \vdots \\ \|f_n\| \end{pmatrix} \\
=&\begin{pmatrix} (A_{11}\hat{f}_1, \hat{f}_1) & \cdots & (A_{1n}\hat{f}_n, \hat{f}_1) \\ \vdots & & \vdots \\ (A_{n1}\hat{f}_1, \hat{f}_n) & \cdots & (A_{nn}\hat{f}_n, \hat{f}_n) \end{pmatrix}\begin{pmatrix} \|f_1\| \\ \vdots \\ \|f_n\| \end{pmatrix} - \begin{pmatrix} \lambda\|f_1\| \\ \vdots \\ \lambda\|f_n\| \end{pmatrix} \\
=&\begin{pmatrix} (A_{11}f_1, \hat{f}_1) + \cdots + (A_{1n}f_n, \hat{f}_1) - \lambda(f_1, \hat{f}_1) \\ \vdots \\ (A_{n1}f_1, \hat{f}_n) + \cdots + (A_{nn}f_n, \hat{f}_n) - \lambda(f_n, \hat{f}_n) \end{pmatrix} \\
=&\begin{pmatrix} (\sum\limits_{j=1}^n A_{1j}f_j - \lambda f_1, \hat{f}_1) \\ \vdots \\ (\sum\limits_{j=1}^n A_{nj}f_j - \lambda f_n, \hat{f}_n) \end{pmatrix} \\
=&0,
\end{aligned}
$$

因此 $\lambda \in \sigma_{\mathrm{p}}(\mathcal{A}_{\hat{f}}) \subset W^n(\mathcal{A})$.

命题 2.4.8. 设 $\mathcal{A}$ 为由式 (2.40) 定义的有界分块算子矩阵, 则

$$\sigma(\mathcal{A}) \subset \overline{W^n(\mathcal{A})}.$$

证明 设 $\lambda \in \sigma(\mathcal{A})$, 则 $\lambda \in \sigma_{\mathrm{com}}(\mathcal{A})$ 或 $\lambda \in \sigma_{\mathrm{ap}}(\mathcal{A})$. 若 $\lambda \in \sigma_{\mathrm{com}}(\mathcal{A})$, 则 $\overline{\lambda} \in \sigma_{\mathrm{p}}(\mathcal{A}^*)$, 根据定理 2.4.7 和命题 2.4.1 (iii) 可得, $\overline{\lambda} \in W^n(\mathcal{A}^*) = W^n(\mathcal{A})^*$, 这表明 $\lambda \in W^n(\mathcal{A})$.

若 $\lambda \in \sigma_{\mathrm{ap}}(\mathcal{A})$, 则存在序列 $(x^{(\nu)})_{\nu=1}^\infty \subset H$, 使得对于 $\nu \to \infty$ 时, $\mathcal{A}x^{(\nu)} - \lambda x^{(\nu)} \longrightarrow 0$, 其中 $\|x^{(\nu)}\| = 1$. 记 $x_i^{(\nu)} = \|x_i^{(\nu)}\|\hat{x}_i^{(\nu)}$, 其中 $\|\hat{x}_i^{(\nu)}\| = 1, i =$

$1, \cdots, n, \nu = 1, 2, \cdots$, 可得 $\hat{x}^{(\nu)} := (\hat{x}_1^{(\nu)} \ \cdots \ \hat{x}_n^{(\nu)})^\top \in S^n$, 并且

$$(\mathcal{A}_{\hat{x}^{(\nu)}} - \lambda) \begin{pmatrix} \|x_1^{(\nu)}\| \\ \vdots \\ \|x_n^{(\nu)}\| \end{pmatrix} \longrightarrow 0, \nu \to \infty,$$

其中 $\varepsilon_\nu := \|(\mathcal{A}_{\hat{x}^{(\nu)}} - \lambda)(\|x_1^{(\nu)}\| \ \cdots \ \|x_n^{(\nu)}\|)^\top\| \longrightarrow 0, \nu \to \infty$. 由于

$$\|(\|x_1^{(\nu)}\| \ \cdots \ \|x_n^{(\nu)}\|)\| = \|x^{(\nu)}\| = 1,$$

根据命题 2.4.1 (i) 和文献 [26] 的引理 1.11.5, 可得

$$\begin{aligned} \operatorname{dist}(\lambda, \sigma(\mathcal{A}_{x^{(\nu)}})) &= \operatorname{dist}(0, \sigma(\mathcal{A}_{x^{(\nu)}} - \lambda)) \leqslant \sqrt[n]{\|\mathcal{A}_{x^{(\nu)}} - \lambda\|^{n-1}\varepsilon_\nu} \\ &= \sqrt[n]{(\|\mathcal{A}\| - |\lambda|)^{n-1}\varepsilon_\nu} \longrightarrow 0, \nu \to \infty, \end{aligned}$$

因此

$$\lambda \in \overline{\bigcup_{\nu \in \mathbb{N}} \sigma(\mathcal{A}_{x^{(\nu)}})} \subset \overline{\bigcup_{x \in S^n} \sigma(\mathcal{A}_x)} = \overline{W^n(\mathcal{A})}.$$

定理 2.4.9. 设 $\mathcal{A}$ 为由式 (2.40) 定义的有界分块算子矩阵, 则

$$\sigma(\mathcal{A}) \subset \bigcap_{U \in \mathbb{U}(H)} \overline{W^n(U^*\mathcal{A}U)}.$$

证明 对于任意的 $U \in \mathbb{U}(H)$, 易知 $\sigma(\mathcal{A}) = \sigma(U^*\mathcal{A}U)$. 根据命题 2.4.8, $\sigma(U^*\mathcal{A}U) \subset \overline{W^n(U^*\mathcal{A}U)}$, 故结论成立.

第 3 章　无界分块算子矩阵的谱估计

在理论和实际应用中遇到的许多算子并不是有界的, 特别是在物理学和力学中所涉及的大量的线性算子为无界算子. 因此下面介绍无界分块算子矩阵的谱估计方法. 本章讨论 Hilbert 空间 $H = H_1 \times H_2 \times \cdots \times H_n$ 上的 $n \times n$ 阶分块算子矩阵 $\mathcal{A}$, 有如下的形式

$$\mathcal{A} = \begin{pmatrix} A_{11} & A_{12} & \cdots & A_{1n} \\ A_{21} & A_{22} & \cdots & A_{2n} \\ \vdots & \vdots & & \vdots \\ A_{n1} & A_{n2} & \cdots & A_{nn} \end{pmatrix}, n \in \mathbb{N}^+, \tag{3.1}$$

即 $\mathcal{A} : \mathcal{D}(\mathcal{A}) \subset H_1 \times H_2 \times \cdots \times H_n \to H_1 \times H_2 \times \cdots \times H_n$ 的线性算子矩阵, 其中 $A_{ii} : \mathcal{D}(A_{ii}) \subset H_i \to H_i$ 的稠定线性算子, $A_{ij} : \mathcal{D}(A_{ij}) \subset H_j \to H_i$ 的稠定线性算子, $1 \leqslant i, j \leqslant n$.

先讨论 $n = 2$ 的无界分块算子矩阵

$$\mathcal{A} = \begin{pmatrix} A & B \\ C & D \end{pmatrix} : \mathcal{D}(\mathcal{A}) \subset H_1 \times H_2 \to H_1 \times H_2, \tag{3.2}$$

其中 H_1, H_2 为 Hilbert 空间, $A : \mathcal{D}(A) \subset H_1 \to H_1$, $B : \mathcal{D}(B) \subset H_2 \to H_1$, $C : \mathcal{D}(C) \subset H_1 \to H_2$, $D : \mathcal{D}(D) \subset H_2 \to H_2$ 为稠定的线性算子. 对于不同的定义域类型, 分别利用算子 $\mathcal{A}$ 的 Schur 补

$$S_1(\lambda) = A - \lambda I - B(D - \lambda I)^{-1} C, \quad \lambda \in \rho(D), \tag{3.3}$$

$$S_2(\lambda) = D - \lambda I - C(A - \lambda I)^{-1} B, \quad \lambda \in \rho(A),$$

和二次补

$$T_1(\lambda) = C - (D - \lambda I)B^{-1}(A - \lambda I), \quad 0 \in \rho(B),$$

$$T_2(\lambda) = B - (A - \lambda I)C^{-1}(D - \lambda I), \quad 0 \in \rho(C),$$

讨论其谱性质和谱包含关系. 在此基础上, 继续研究 $n \times n$ 阶主对角占优型和次对角占优型的无界分块算子矩阵的谱估计方法.

对于主对角占优型的算子矩阵

$$\mathcal{A} = (A_{ij})_{i,j=1}^n : \mathcal{D}(\mathcal{A}) = \mathcal{D}(A_{11}) \times \cdots \times \mathcal{D}(A_{nn}) \subset H \to H,$$

其中 A_{ij} $(i \neq j)$ 是 $A_{jj}-$ 有界的, 基于 Schur 补给出闭算子和一般算子的谱估计的 Gershgoin-型定理. 此外, 分析其 n 次数值域的性质, 最后利用 n 次数值域给出谱包含关系.

对于次对角占优型的算子矩阵

$$\mathcal{A} = (A_{ij})_{i,j=1}^n : \mathcal{D}(\mathcal{A}) = \mathcal{D}(A_{n1}) \times \mathcal{D}(A_{n-1,2}) \times \cdots \times \mathcal{D}(A_{1n}) \subset H \to H,$$

其中 A_{ij} 是 $A_{j'j}-$ 有界的 ($j \in \{1, \cdots, n\}$ 且 $i \neq j' = n - j + 1$), 分为奇数阶和偶数阶两种情形, 利用二次补算子的性质, 分别给出谱估计的 Gershgorin-型定理.

3.1 2×2 阶无界分块算子矩阵的谱

3.1.1 2×2 阶无界算子矩阵的谱性质

首先讨论一类 2×2 阶无界算子矩阵

$$\mathcal{A} = \begin{pmatrix} A & B \\ C & D \end{pmatrix} : \mathcal{D}(A) \times \mathcal{D}(D) \subset H_1 \times H_2 \to H_1 \times H_2, \tag{3.4}$$

进一步, 当 C 相对于 A 有界, B 相对于 D 有界, 此时 $\mathcal{A}$ 为主对角占优型的算子矩阵.

下面利用 Schur 补给出算子矩阵 $\mathcal{A}$ 的谱性质.

定理 3.1.1. 设 $\mathcal{A}$ 为由式 (3.4) 定义的闭算子矩阵.

(i) 若 $\rho(A) \neq \varnothing$, C 为可闭算子, 且对于任意的 $\lambda \in \rho(A)$, $S_2(\lambda)$ 具有有界逆, 则 $\lambda \in \rho(\mathcal{A})$;

(ii) 若 $\rho(D) \neq \varnothing$, B 为可闭算子, 且对于任意的 $\lambda \in \rho(D)$, $S_1(\lambda)$ 具有有界逆, 则 $\lambda \in \rho(\mathcal{A})$.

证明 下面证明 (i). (ii) 与 (i) 的证明过程类似.

由 $\lambda \in \rho(A)$ 知

$$\mathcal{A} - \lambda I = \begin{pmatrix} I & 0 \\ C(A-\lambda I)^{-1} & I \end{pmatrix} \begin{pmatrix} A-\lambda I & B \\ 0 & S_2(\lambda) \end{pmatrix} = \mathcal{L}_1 \mathcal{M}_1,$$

因 C 为可闭算子, 根据引理 1.1.4 知, $\mathcal{L}_1$ 具有有界逆. 由于 $\mathcal{A}$ 为闭算子, 要证明 $\lambda \in \rho(\mathcal{A})$, 只需证明 $\mathcal{A} - \lambda I$ 为双射, 故下面只需证明 $\mathcal{M}_1$ 为双射.

先证 $\mathcal{M}_1$ 为单射. 设 $(x_1\ y_1)^\top \in \mathcal{D}(A) \times \mathcal{D}(D)$ 满足 $\mathcal{M}_1(x_1\ y_1)^\top = (0\ 0)^\top$, 即

$$\begin{cases} (A-\lambda I)x_1 + By_1 = 0, \\ S_2(\lambda)y_1 = 0, \end{cases}$$

因 $S_2(\lambda)$ 为单射, 又因 $\lambda \in \rho(A)$, 易知 $\mathcal{M}_1$ 为单射.

再证 $\mathcal{M}_1$ 为满射. 任取 $(x\ y)^\top \in H_1 \times H_2$, 由 $S_2(\lambda)$ 为满射, 对于任意的 $y \in H_2$, 存在 $y_1 \in \mathcal{D}(D)$, 使得 $S_2(\lambda)y_1 = y$. 取 $x_1 = -(A-\lambda I)^{-1}By_1 + (A-\lambda I)^{-1}x \in \mathcal{D}(A)$, 有

$$\mathcal{M}_1 \begin{pmatrix} x_1 \\ y_1 \end{pmatrix} = \begin{pmatrix} A-\lambda I & B \\ 0 & S_2(\lambda) \end{pmatrix} \begin{pmatrix} x_1 \\ y_1 \end{pmatrix} = \begin{pmatrix} x \\ y \end{pmatrix},$$

故 $\mathcal{M}_1$ 为满射.

综上所述, 当 $S_2(\lambda)$ 具有有界逆时, 有 $\lambda \in \rho(\mathcal{A})$.

推论 3.1.2. 设 $\mathcal{A}$ 为由式 (3.4) 定义的闭算子矩阵.

(i) 若 $\rho(A) \neq \varnothing$, C 相对于 A 有界, 且对于任意的 $\lambda \in \rho(A)$, $S_2(\lambda)$ 具有有界逆, 则 $\lambda \in \rho(\mathcal{A})$;

(ii) 若 $\rho(D) \neq \varnothing$, B 相对于 D 有界, 且对于任意的 $\lambda \in \rho(D)$, $S_1(\lambda)$ 具有有界逆, 则 $\lambda \in \rho(\mathcal{A})$.

定理 3.1.3. 设 $\mathcal{A}$ 为由式 (3.4) 定义的算子矩阵, B, C 均为可闭算子.

(i) 若 $\rho(A) \neq \varnothing$, 且对于任意的 $\lambda \in \rho(A)$, $S_2(\lambda)$ 具有有界逆, 则 $\lambda \in \rho(\mathcal{A})$;

(ii) 若 $\rho(D) \neq \varnothing$, 且对于任意的 $\lambda \in \rho(D)$, $S_1(\lambda)$ 具有有界逆, 则 $\lambda \in \rho(\mathcal{A})$.

证明 下面先证明 (i).

由 $\lambda \in \rho(A)$ 知

$$\mathcal{A} - \lambda I = \begin{pmatrix} I & 0 \\ C(A-\lambda I)^{-1} & I \end{pmatrix} \begin{pmatrix} A-\lambda I & B \\ 0 & S_2(\lambda) \end{pmatrix} = \mathcal{L}_2 \mathcal{M}_2,$$

因 C 为可闭算子, 根据引理 1.1.4 知, $\mathcal{L}_2$ 具有有界逆. 由 $S_2(\lambda)$ 具有有界逆知

$$\mathcal{M}_2 = \begin{pmatrix} I & BS_2^{-1}(\lambda) \\ 0 & I \end{pmatrix} \begin{pmatrix} A-\lambda I & 0 \\ 0 & S_2(\lambda) \end{pmatrix} = \mathcal{M}_{21} \mathcal{M}_{22},$$

由 B 为可闭算子知, $\mathcal{M}_{21}$ 具有有界逆, 进而 $\lambda \in \rho(\mathcal{A})$.

(ii) 与 (i) 的证明过程类似.

定理 3.1.4. 设 $\mathcal{A}$ 为由式 (3.4) 定义的主对角占优型的算子矩阵, A, D 均为闭算子.

(i) 若 $\rho(A) \neq \varnothing$, 且对于任意的 $\lambda \in \rho(A)$, $S_2(\lambda)$ 具有有界逆, 则 $\lambda \in \rho(\mathcal{A})$;

(ii) 若 $\rho(D) \neq \varnothing$, 且对于任意的 $\lambda \in \rho(D)$, $S_1(\lambda)$ 具有有界逆, 则 $\lambda \in \rho(\mathcal{A})$.

证明 下面证明 (i).

由 $\lambda \in \rho(A)$ 知

$$\mathcal{A} - \lambda I = \begin{pmatrix} I & 0 \\ C(A-\lambda I)^{-1} & I \end{pmatrix} \begin{pmatrix} A-\lambda I & B \\ 0 & S_2(\lambda) \end{pmatrix} = \mathcal{L}_3 \mathcal{M}_3,$$

由 C 为 $A-$ 有界的, 根据引理 1.1.7 知, $\mathcal{L}_3$ 具有有界逆. 由 $S_2(\lambda)$ 具有有界逆知

$$\mathcal{M}_3 = \begin{pmatrix} I & BS_2^{-1}(\lambda) \\ 0 & I \end{pmatrix} \begin{pmatrix} A-\lambda I & 0 \\ 0 & S_2(\lambda) \end{pmatrix} = \mathcal{M}_{31} \mathcal{M}_{32}.$$

由 B 相对于 D 有界及引理 1.1.5 知, 任取 $x \in H_2$, 存在 $\alpha, \beta \geqslant 0$, 有

$$\begin{aligned}\|BS_2^{-1}(\lambda)x\| &\leqslant \alpha\|S_2^{-1}(\lambda)x\| + \beta\|DS_2^{-1}(\lambda)x\| \\ &\leqslant \max\{\alpha, \beta\}\|S_2^{-1}(\lambda)x\|_{\mathcal{D}(D)} \\ &\leqslant \max\{\alpha, \beta\}\|S_2^{-1}(\lambda)\|\|x\|_{H_2},\end{aligned}$$

故 $\mathcal{M}_{31}$ 具有有界逆, 进而 $\lambda \in \rho(\mathcal{A})$.

同理可证得 (ii).

定理 3.1.5. 设 $\mathcal{A}$ 为由式 (3.4) 定义的算子矩阵, B, C 均为可闭算子, $\rho(A) \cap \rho(D) \neq \varnothing$, 则对于 $\lambda \in \rho(A) \cap \rho(D)$, 下列 (i), (ii), (iii) 等价:

(i) $\lambda \in \rho(\mathcal{A})$,

(ii) $S_2(\lambda)$ 具有有界逆,

(iii) $S_1(\lambda)$ 具有有界逆.

证明 下面只证明 (i) 与 (ii) 等价.

由 $\lambda \in \rho(A) \cap \rho(D)$ 知

$$\mathcal{A} - \lambda I = \begin{pmatrix} I & B(D - \lambda I)^{-1} \\ C(A - \lambda I)^{-1} & I \end{pmatrix} \begin{pmatrix} A - \lambda I & 0 \\ 0 & D - \lambda I \end{pmatrix} = \mathcal{L}_4 \mathcal{M}_4,$$

显然, $\mathcal{M}_4$ 具有有界逆. 由 B, C 均为可闭算子可知, $B(D - \lambda I)^{-1}, C(A - \lambda I)^{-1}$ 均为有界算子. 根据文献 [27] 的引理 2.1 知, $\mathcal{L}_4$ 具有有界逆当且仅当 $S_2(\lambda)$ 具有有界逆, 进而 $\lambda \in \rho(\mathcal{A})$ 当且仅当 $S_2(\lambda)$ 具有有界逆.

同理可证 (i) 与 (iii) 的等价性.

推论 3.1.6. 设 $\mathcal{A}$ 为由式 (3.4) 定义的主对角占优型的算子矩阵, $\rho(A) \cap \rho(D) \neq \varnothing$, 则对于 $\lambda \in \rho(A) \cap \rho(D)$, 下列 (i), (ii), (iii) 等价:

(i) $\lambda \in \rho(\mathcal{A})$,

(ii) $S_2(\lambda)$ 具有有界逆,

(iii) $S_1(\lambda)$ 具有有界逆.

下面给出由式 (3.4) 定义的算子矩阵 $\mathcal{A}$ 的近似点谱的性质.

定理 3.1.7. 设 $\mathcal{A}$ 为由式 (3.4) 定义的闭算子矩阵.

(i) 若 $\rho(A) \neq \varnothing$, $\mathcal{D}(A^*) \subset \mathcal{D}(B^*)$, C 为 $A-$ 有界的, 则对于任意的 $\lambda \in \rho(A)$, 有 $\lambda \in \sigma_{\mathrm{ap}}(\mathcal{A})$ 当且仅当 $0 \in \sigma_{\mathrm{ap}}(S_2(\lambda))$;

(ii) 若 $\rho(D) \neq \varnothing$, $\mathcal{D}(D^*) \subset \mathcal{D}(C^*)$, B 为 $D-$ 有界的, 则对于任意的 $\lambda \in \rho(D)$, 有 $\lambda \in \sigma_{\mathrm{ap}}(\mathcal{A})$ 当且仅当 $0 \in \sigma_{\mathrm{ap}}(S_1(\lambda))$.

证明 下面证明 (i).

因 $\mathcal{D}(A^*) \subset \mathcal{D}(B^*)$ 和 C 为 $A-$ 有界, 由文献 [26] 的定理 2.2.14 知, $S_2(\lambda)$ 为闭算子. 由闭算子近似点谱的定义, 下面证明 $\mathcal{A} - \lambda I$ 为单射且 $\mathcal{R}(\mathcal{A} - \lambda I)$ 为闭集当且仅当 $S_2(\lambda)$ 为单射且 $\mathcal{R}(S_2(\lambda))$ 为闭集.

首先证明 $\mathcal{A} - \lambda I$ 为单射当且仅当 $S_2(\lambda)$ 为单射.

一方面, 设 $y_1 \in \mathcal{D}(D)$ 满足 $S_2(\lambda)y_1 = 0$, 取 $x_1 = -(A - \lambda I)^{-1}By_1 \in \mathcal{D}(A)$, 有

$$\begin{pmatrix} A - \lambda I & B \\ C & D - \lambda I \end{pmatrix} \begin{pmatrix} x_1 \\ y_1 \end{pmatrix} = \begin{pmatrix} 0 \\ 0 \end{pmatrix},$$

当 $\mathcal{A} - \lambda I$ 为单射时, $S_2(\lambda)$ 为单射.

另一方面, 设 $(x_1\ y_1)^\top \in \mathcal{D}(A) \times \mathcal{D}(D)$ 满足 $(\mathcal{A} - \lambda I)(x_1\ y_1)^\top = (0\ 0)^\top$, 即

$$(A - \lambda I)x_1 + By_1 = 0, \tag{3.5}$$

$$Cx_1 + (D - \lambda I)y_1 = 0. \tag{3.6}$$

由 C 为可闭算子知, $C(A - \lambda I)^{-1}$ 是 H_1 上的有界算子, 因此用 $C(A - \lambda I)^{-1}$ 分别作用于式 (3.5) 的两边得

$$Cx_1 + C(A - \lambda I)^{-1}By_1 = 0. \tag{3.7}$$

再由式 (3.6) 和式 (3.7) 可得

$$(D - \lambda I - C(A - \lambda I)^{-1}B)y_1 = 0.$$

当 $S_2(\lambda)$ 为单射时可得 $y_1 = 0$, 又由式 (3.5) 及 $\lambda \in \rho(A)$ 可知 $x_1 = 0$, 从而 $\mathcal{A} - \lambda I$ 为单射.

其次证明 $\mathcal{R}(\mathcal{A}-\lambda I)$ 为闭集当且仅当 $\mathcal{R}(S_2(\lambda))$ 为闭集.

先证 $\mathcal{R}(S_2(\lambda))$ 的闭性. 设任意的 $(x_n)_{n=1}^{\infty}\subset\mathcal{R}(S_2(\lambda))$, 且 $x_n\to x\ (n\to\infty)$, 则只需证明 $x\in\mathcal{R}(S_2(\lambda))$. 此时存在 $(y_n)_{n=1}^{\infty}\subset\mathcal{D}(D)$ 使得 $(D-\lambda I-C(A-\lambda I)^{-1}B)y_n\to x\ (n\to\infty)$, 即

$$(D-\lambda I)y_n-C(A-\lambda I)^{-1}By_n\to x\ (n\to\infty).$$

令 $z_n=-(A-\lambda I)^{-1}By_n$, 则有 $(z_n)_{n=1}^{\infty}\subset\mathcal{D}(A)$, 所以有 $By_n=-(A-\lambda I)z_n$, $(D-\lambda I)y_n+Cz_n\to x\ (n\to\infty)$, 即

$$\begin{pmatrix}A-\lambda I & B\\ C & D-\lambda I\end{pmatrix}\begin{pmatrix}z_n\\ y_n\end{pmatrix}\to\begin{pmatrix}0\\ x\end{pmatrix}\ (n\to\infty).$$

由于 $\mathcal{R}(\mathcal{A}-\lambda I)$ 为闭集, 于是 $(0\ x)^{\top}\in\mathcal{R}(\mathcal{A}-\lambda I)$, 即存在 $(x'\ y')^{\top}\in\mathcal{D}(A)\times\mathcal{D}(D)$, 使得

$$\begin{pmatrix}A-\lambda I & B\\ C & D-\lambda I\end{pmatrix}\begin{pmatrix}x'\\ y'\end{pmatrix}=\begin{pmatrix}0\\ x\end{pmatrix},$$

即

$$(A-\lambda I)x'+By'=0, \tag{3.8}$$

$$Cx'+(D-\lambda I)y'=x. \tag{3.9}$$

因 $C(A-\lambda I)^{-1}$ 是有界算子, 分别作用于式 (3.8) 的两边得

$$Cx'+C(A-\lambda I)^{-1}By'=0. \tag{3.10}$$

再由式 (3.9) 和式 (3.10) 可得

$$(D-\lambda I-C(A-\lambda I)^{-1}B)y'=x.$$

又因为 $y'\in\mathcal{D}(D)$, 则 $x\in\mathcal{R}(S_2(\lambda))$, 即 $\mathcal{R}(S_2(\lambda))$ 为闭集.

下面证明 $\mathcal{R}(A-\lambda I)$ 的闭性. 对于任意的 $((u_n\ v_n)^{\top})_{n=1}^{\infty}\subset\mathcal{R}(\mathcal{A}-\lambda I)$, 存在 $((x_n\ y_n)^{\top})_{n=1}^{\infty}\subset\mathcal{D}(A)\times\mathcal{D}(D)$, 使得

$$\begin{pmatrix}A-\lambda I & B\\ C & D-\lambda I\end{pmatrix}\begin{pmatrix}x_n\\ y_n\end{pmatrix}=\begin{pmatrix}u_n\\ v_n\end{pmatrix},$$

若 $(u_n\ v_n)^\top \to (u\ v)^\top (n \to \infty)$, 有

$$(A-\lambda I)x_n + By_n \to u, \tag{3.11}$$

$$Cx_n + (D-\lambda I)y_n \to v. \tag{3.12}$$

因 $C(A-\lambda I)^{-1}$ 是有界算子, 分别作用于式 (3.11) 的两边得

$$Cx_n + C(A-\lambda I)^{-1}By_n \to C(A-\lambda I)^{-1}u, \tag{3.13}$$

再由式 (3.12) 和式 (3.13) 可得

$$(D-\lambda I - C(A-\lambda I)^{-1}B)y_n \to v - C(A-\lambda I)^{-1}u,$$

由于 $\mathcal{R}(S_2(\lambda))$ 为闭集, 故存在 $y \in \mathcal{D}(D)$, 使得

$$(D-\lambda I - C(A-\lambda I)^{-1}B)y = v - C(A-\lambda I)^{-1}u.$$

若令 $x = (A-\lambda I)^{-1}u - (A-\lambda I)^{-1}By$, 则有

$$\begin{pmatrix} A-\lambda I & B \\ C & D-\lambda I \end{pmatrix}\begin{pmatrix} x \\ y \end{pmatrix} = \begin{pmatrix} u \\ v \end{pmatrix}.$$

易知 $x \in \mathcal{D}(A)$, 即 $(x\ y)^\top \in \mathcal{D}(A) \times \mathcal{D}(D)$, 因此 $(u\ v)^\top \in \mathcal{R}(\mathcal{A}-\lambda I)$, 于是 $\mathcal{R}(\mathcal{A}-\lambda I)$ 是闭集.

综上所述, 对于任意的 $\lambda \in \rho(A)$, 有 $\lambda \in \sigma_{\mathrm{ap}}(\mathcal{A})$ 当且仅当 $0 \in \sigma_{\mathrm{ap}}(S_2(\lambda))$.

(ii) 与 (i) 的证明过程类似.

注 3.1.1. 事实上, 定理 3.1.7 中 (i) 的条件可以保证 $S_2(\lambda)$ 为闭算子, 此时可以证明 $\lambda \in \rho(\mathcal{A})$ 当且仅当 $0 \in \rho(S_2(\lambda))$; (ii) 也类似.

下面讨论一类 2×2 阶无界算子矩阵

$$\mathcal{A} = \begin{pmatrix} A & B \\ C & D \end{pmatrix} : \mathcal{D}(C) \times \mathcal{D}(B) \subset H_1 \times H_2 \to H_1 \times H_2, \tag{3.14}$$

进一步, 当 A 相对于 C 有界且 D 相对于 B 有界, 此时 $\mathcal{A}$ 为次对角占优型算子矩阵.

利用二次补给出算子矩阵 $\mathcal{A}$ 的谱性质.

定理 3.1.8. 设 $\mathcal{A}$ 为由式 (3.14) 定义的闭算子矩阵.

(i) 当 A 为可闭算子且 $0\in\rho(C)$, 若对于 $\lambda\in\mathbb{C}$, $T_2(\lambda)$ 具有有界逆, 则 $\lambda\in\rho(\mathcal{A})$;

(ii) 当 D 为可闭算子且 $0\in\rho(B)$, 若对于 $\lambda\in\mathbb{C}$, $T_1(\lambda)$ 具有有界逆, 则 $\lambda\in\rho(\mathcal{A})$.

证明 下面先证 (i).

由 $0\in\rho(C)$ 知

$$\mathcal{A}-\lambda I=\begin{pmatrix} I & (A-\lambda I)C^{-1} \\ 0 & I \end{pmatrix}\begin{pmatrix} 0 & T_2(\lambda) \\ C & D-\lambda I \end{pmatrix}=\mathcal{L}_5\mathcal{M}_5,$$

因 A 为可闭算子, 根据引理 1.1.4 知, $\mathcal{L}_5$ 具有有界逆, 则 $\mathcal{A}-\lambda I$ 具有有界逆等价于 $\mathcal{M}_5$ 具有有界逆. 由闭算子正则集的定义, 下面只需证明 $\mathcal{M}_5$ 为双射.

先证 $\mathcal{M}_5$ 为单射. 设 $(x_1\ y_1)^\top\in\mathcal{D}(C)\times\mathcal{D}(B)$ 满足 $\mathcal{M}_5(x_1\ y_1)^\top=(0\ 0)^\top$, 即

$$\begin{cases} T_2(\lambda)y_1=0, \\ Cx_1+(D-\lambda I)y_1=0, \end{cases}$$

因 $T_2(\lambda)$ 为单射, 又因 $0\in\rho(C)$, 易知 $\mathcal{M}_5$ 为单射.

再证 $\mathcal{M}_5$ 为满射. 任取 $(x\ y)^\top\in H_1\times H_2$, 由 $T_2(\lambda)$ 为满射, 对于任意的 $x\in H_1$, 存在 $y_1\in\mathcal{D}(B)$, 使得 $T_2(\lambda)y_1=x$. 取 $x_1=-C^{-1}(D-\lambda I)y_1+C^{-1}y\in\mathcal{D}(C)$, 有

$$\mathcal{M}_1\begin{pmatrix} x_1 \\ y_1 \end{pmatrix}=\begin{pmatrix} 0 & T_2(\lambda) \\ C & D-\lambda I \end{pmatrix}\begin{pmatrix} x_1 \\ y_1 \end{pmatrix}=\begin{pmatrix} x \\ y \end{pmatrix},$$

故 $\mathcal{M}_5$ 为满射.

综上所述, 当 $T_2(\lambda)$ 具有有界逆时, 有 $\lambda\in\rho(\mathcal{A})$.

(ii) 与 (i) 的证明过程类似.

推论 3.1.9. 设 $\mathcal{A}$ 为由式 (3.14) 定义的闭算子矩阵.

(i) 若 A 相对于 C 有界, 且对于 $\lambda\in\mathbb{C}$, $T_2(\lambda)$ 具有有界逆, 则 $\lambda\in\rho(\mathcal{A})$;

(ii) 若 D 相对于 B 有界, 且对于 $\lambda\in\mathbb{C}$, $T_1(\lambda)$ 具有有界逆, 则 $\lambda\in\rho(\mathcal{A})$.

定理 3.1.10. 设 $\mathcal{A}$ 为由式 (3.14) 定义的算子矩阵, A, D 均为可闭算子.

(i) 若 $0 \in \rho(C)$, 且对于 $\lambda \in \mathbb{C}$, $T_2(\lambda)$ 具有有界逆, 则 $\lambda \in \rho(\mathcal{A})$;

(ii) 若 $0 \in \rho(B)$, 且对于 $\lambda \in \mathbb{C}$, $T_1(\lambda)$ 具有有界逆, 则 $\lambda \in \rho(\mathcal{A})$.

证明 下面只证 (i), 同理可证得 (ii).

由 $0 \in \rho(C)$ 知

$$\mathcal{A} - \lambda I = \begin{pmatrix} I & (A - \lambda I)C^{-1} \\ 0 & I \end{pmatrix} \begin{pmatrix} 0 & T_2(\lambda) \\ C & D - \lambda I \end{pmatrix} = \mathcal{L}_6 \mathcal{M}_6,$$

因 A 为可闭算子知, $\mathcal{L}_6$ 具有有界逆. 由 $T_2(\lambda)$ 具有有界逆知

$$\mathcal{M}_6 = \begin{pmatrix} I & 0 \\ (D - \lambda I)T_2^{-1}(\lambda) & I \end{pmatrix} \begin{pmatrix} 0 & T_2(\lambda) \\ C & 0 \end{pmatrix} = \mathcal{M}_{61} \mathcal{M}_{62},$$

由 D 为可闭算子知, $\mathcal{M}_{61}$ 具有有界逆, 于是 $\lambda \in \rho(\mathcal{A})$.

定理 3.1.11. 设 $\mathcal{A}$ 为由式 (3.14) 定义的次对角占优型的算子矩阵, B, C 均为闭算子.

(i) 若 $0 \in \rho(C)$, 且对于 $\lambda \in \mathbb{C}$, $T_2(\lambda)$ 具有有界逆, 则 $\lambda \in \rho(\mathcal{A})$;

(ii) 若 $0 \in \rho(B)$, 且对于 $\lambda \in \mathbb{C}$, $T_1(\lambda)$ 具有有界逆, 则 $\lambda \in \rho(\mathcal{A})$.

证明 下面先证 (i).

由 $0 \in \rho(C)$ 知

$$\mathcal{A} - \lambda I = \begin{pmatrix} I & (A - \lambda I)C^{-1} \\ 0 & I \end{pmatrix} \begin{pmatrix} 0 & T_2(\lambda) \\ C & D - \lambda I \end{pmatrix} = \mathcal{L}_7 \mathcal{M}_7,$$

因 A 为 $C-$ 有界的, 根据引理 1.1.7 知, $\mathcal{L}_7$ 具有有界逆. 由 $T_2(\lambda)$ 具有有界逆知

$$\mathcal{M}_7 = \begin{pmatrix} I & 0 \\ (D - \lambda I)T_2^{-1}(\lambda) & I \end{pmatrix} \begin{pmatrix} 0 & T_2(\lambda) \\ C & 0 \end{pmatrix} = \mathcal{M}_{71} \mathcal{M}_{72},$$

因 B 为闭算子, 由引理 1.1.5 知, 任取 $x \in H_1$, 存在 $\alpha, \beta \geqslant 0$, 有

$$\begin{aligned} \|(D - \lambda I)T_2^{-1}(\lambda)x\| &\leqslant \alpha\|T_2^{-1}(\lambda)x\| + \beta\|BT_2^{-1}(\lambda)x\| \\ &\leqslant \max\{\alpha, \beta\}\|T_2^{-1}(\lambda)x\|_{\mathcal{D}(B)} \\ &\leqslant \max\{\alpha, \beta\}\|T_2^{-1}(\lambda)\|\|x\|_{H_1}. \end{aligned}$$

于是 $\mathcal{M}_{71}$ 具有有界逆, 故 $\lambda \in \rho(\mathcal{A})$.

(ii) 与 (i) 的证明过程类似.

定理 3.1.12. 设 $\mathcal{A}$ 为由式 (3.14) 定义的算子矩阵, A, D 均为可闭算子, $0 \in \rho(B) \cap \rho(C)$, 则下列 (i), (ii), (iii) 等价:

(i) $\lambda \in \rho(\mathcal{A})$,

(ii) $T_2(\lambda)$ 具有有界逆,

(iii) $T_1(\lambda)$ 具有有界逆.

证明 下面只证明 (i) 与 (ii) 等价.

由 $0 \in \rho(B) \cap \rho(C)$ 知

$$\mathcal{A} - \lambda I = \begin{pmatrix} I & (A - \lambda I)C^{-1} \\ (D - \lambda I)B^{-1} & I \end{pmatrix} \begin{pmatrix} 0 & B \\ C & 0 \end{pmatrix} = \mathcal{L}_8 \mathcal{M}_8,$$

显然, $\mathcal{M}_8$ 具有有界逆. 由 A, D 均为可闭算子可知, $(A - \lambda I)C^{-1}, (D - \lambda I)B^{-1}$ 均为有界算子, 根据文献 [27] 的引理 2.1 知, $\mathcal{L}_8$ 具有有界逆当且仅当 $T_2(\lambda)$ 具有有界逆, 进而 $\lambda \in \rho(\mathcal{A})$ 当且仅当 $T_2(\lambda)$ 具有有界逆.

(i) 与 (iii) 等价的证明过程类似.

推论 3.1.13. 设 $\mathcal{A}$ 为由式 (3.14) 定义的次对角占优型的算子矩阵, $0 \in \rho(B) \cap \rho(C)$, 则下列 (i), (ii), (iii) 等价:

(i) $\lambda \in \rho(\mathcal{A})$,

(ii) $T_2(\lambda)$ 具有有界逆,

(iii) $T_1(\lambda)$ 具有有界逆.

3.1.2　2×2 阶无界分块算子矩阵的谱包含关系

基于上一节谱性质的研究, 本节继续刻画谱包含关系.

首先给出由式 (3.4) 定义的算子矩阵 $\mathcal{A} = \begin{pmatrix} A & B \\ C & D \end{pmatrix}$ $(\mathcal{D}(\mathcal{A}) = \mathcal{D}(A) \times \mathcal{D}(D))$ 的谱包含关系.

定理 3.1.14. 设 $\mathcal{A}$ 为由式 (3.4) 定义的算子矩阵, B, C 均为可闭算子, 则

$$\sigma(\mathcal{A}) \subset \sigma(A) \cup \sigma(D) \cup \{\lambda \in \rho(A) \cap \rho(D) : \min\{R_{12}(\lambda), R_{21}(\lambda)\} \geqslant 1\},$$

其中 $R_{12}(\lambda) = \|C(A-\lambda I)^{-1}B(D-\lambda I)^{-1}\|$, $R_{21}(\lambda) = \|B(D-\lambda I)^{-1}C(A-\lambda I)^{-1}\|$.

证明 当 $\lambda \in \sigma(A) \cup \sigma(D)$ 时, 结论显然成立. 当 $\lambda \notin \sigma(A) \cup \sigma(D)$ 时, 可知

$$S_1(\lambda)(A-\lambda I)^{-1} = I - B(D-\lambda I)^{-1}C(A-\lambda I)^{-1}.$$

当 $R_{21}(\lambda) < 1$ 时, 根据引理 1.1.3 知 $S_1(\lambda)$ 具有有界逆, 再根据定理 3.1.3 的 (ii) 可得 $\lambda \in \rho(\mathcal{A})$, 进而

$$\sigma(\mathcal{A}) \subset \sigma(A) \cup \sigma(D) \cup \{\lambda \in \rho(A) \cap \rho(D) : R_{21}(\lambda) \geqslant 1\}.$$

又由 $\lambda \in \rho(D)$ 知

$$S_2(\lambda)(D-\lambda I)^{-1} = I - C(A-\lambda I)^{-1}B(D-\lambda I)^{-1},$$

当 $R_{12}(\lambda) < 1$ 时, 根据引理 1.1.3 知 $S_2(\lambda)$ 具有有界逆, 再根据定理 3.1.3 的 (i) 可得 $\lambda \in \rho(\mathcal{A})$, 进而

$$\sigma(\mathcal{A}) \subset \sigma(A) \cup \sigma(D) \cup \{\lambda \in \rho(A) \cap \rho(D) : R_{12}(\lambda) \geqslant 1\}.$$

于是

$$\sigma(\mathcal{A}) \subset \sigma(A) \cup \sigma(D) \cup \{\lambda \in \rho(A) \cap \rho(D) : \min\{R_{21}(\lambda), R_{12}(\lambda)\} \geqslant 1\}.$$

推论 3.1.15. 设 $\mathcal{A}$ 为由式 (3.4) 定义的主对角占优型的算子矩阵, 则

$$\sigma(\mathcal{A}) \subset \sigma(A) \cup \sigma(D) \cup \{\lambda \in \rho(A) \cap \rho(D) : \min\{R_{12}(\lambda), R_{21}(\lambda)\} \geqslant 1\},$$

其中 $R_{12}(\lambda) = \|C(A-\lambda I)^{-1}B(D-\lambda I)^{-1}\|$, $R_{21}(\lambda) = \|B(D-\lambda I)^{-1}C(A-\lambda I)^{-1}\|$.

下面刻画由式 (3.14) 定义的算子矩阵 $\mathcal{A} = \begin{pmatrix} A & B \\ C & D \end{pmatrix}$ $(\mathcal{D}(\mathcal{A}) = \mathcal{D}(C) \times \mathcal{D}(B))$ 的谱包含关系.

定理 3.1.16. 设 $\mathcal{A}$ 为由式 (3.14) 定义的算子矩阵, A, D 均为可闭算子. 若 $0 \in \rho(B) \cap \rho(C)$, 则

$$\sigma(\mathcal{A}) \subset \{\lambda \in \mathbb{C} : \min\{M_{12}(\lambda), M_{21}(\lambda)\} \geqslant 1\},$$

其中 $M_{12}(\lambda) = \|(A-\lambda I)C^{-1}(D-\lambda I)B^{-1}\|$, $M_{21}(\lambda) = \|(D-\lambda I)B^{-1}(A-\lambda I)C^{-1}\|$.

证明 一方面, 由 $0 \in \rho(B)$ 知

$$T_2(\lambda)B^{-1} = I - (A - \lambda I)C^{-1}(D - \lambda I)B^{-1},$$

当 $M_{12}(\lambda) < 1$ 时, 根据引理 1.1.3 知 $T_2(\lambda)B^{-1}$ 具有有界逆, 进一步 $T_2(\lambda)$ 具有有界逆. 再根据定理 3.1.10 的 (i) 可得 $\lambda \in \rho(\mathcal{A})$, 进而

$$\sigma(\mathcal{A}) \subset \{\lambda \in \mathbb{C} : M_{12}(\lambda) \geqslant 1\}.$$

另一方面, 由 $0 \in \rho(C)$ 知

$$T_1(\lambda)C^{-1} = I - (D - \lambda I)B^{-1}(A - \lambda I)C^{-1},$$

当 $M_{21} < 1$ 时, 有 $T_1(\lambda)$ 具有有界逆, 再根据定理 3.1.10 的 (ii) 可得 $\lambda \in \rho(\mathcal{A})$, 进而

$$\sigma(\mathcal{A}) \subset \{\lambda \in \mathbb{C} : M_{21} \geqslant 1\}.$$

因此

$$\sigma(\mathcal{A}) \subset \{\lambda \in \mathbb{C} : \min\{M_{12}(\lambda), M_{21}(\lambda)\} \geqslant 1\}.$$

推论 3.1.17. 设 $\mathcal{A}$ 为由式 (3.14) 定义的次对角占优型的算子矩阵. 若 $0 \in \rho(B) \cap \rho(C)$, 则

$$\sigma(\mathcal{A}) \subset \{\lambda \in \mathbb{C} : \min\{M_{12}(\lambda), M_{21}(\lambda)\} \geqslant 1\},$$

其中 $M_{12}(\lambda) = \|(A-\lambda I)C^{-1}(D-\lambda I)B^{-1}\|$, $M_{21}(\lambda) = \|(D-\lambda I)B^{-1}(A-\lambda I)C^{-1}\|$.

3.1.3 一类 2×2 阶对角占优型算子矩阵的谱包含关系

本节讨论一类主对角占优型的分块算子矩阵

$$\mathcal{A}=\begin{pmatrix} A & B \\ -B^* & D \end{pmatrix}:\mathcal{D}(A)\times\mathcal{D}(D)\subset H_1\times H_2\to H_1\times H_2, \tag{3.15}$$

其中 H_1, H_2 为 Hilbert 空间, A, D 均为自伴算子, B 为稠定闭算子. 这类算子矩阵在数学物理问题中有重要的应用. 当 C 为相对于 A 有界且相对界小于 1, 当 B 相对于 D 有界且相对界小于 1 时, 该类算子矩阵为一类 $\mathcal{J}$-自伴算子, 其中 $\mathcal{J}=\left(\begin{smallmatrix} I & 0 \\ 0 & -I \end{smallmatrix}\right)$.

定理 3.1.18. 设 $\mathcal{A}$ 为由式 (3.15) 给定的闭算子矩阵, 则

$$\sigma_{\mathrm{ap}}(\mathcal{A})\setminus\mathbb{R}\subset\{\lambda\in\mathbb{C}\setminus\mathbb{R}:\|B^*(A-\lambda I)^{-1}\|\geqslant 1\text{且}\|B(D-\lambda I)^{-1}\|\geqslant 1\}.$$

证明 根据式 (3.3) 知, 对于 $\lambda\in\rho(D)$,

$$S_1(\lambda)=A-\lambda I+B(D-\lambda I)^{-1}B^*,$$

进而

$$S_1^*(\lambda)|_{\mathcal{D}(A)}=A-\overline{\lambda}I+B(D-\overline{\lambda}I)^{-1}B^*.$$

令 $T=B(D-\lambda I)^{-1}$, 则 $T^*|_{\mathcal{D}(B^*)}=(D-\overline{\lambda}I)^{-1}B^*$, 且

$$\begin{aligned} S_1(\lambda)-S_1^*(\lambda)|_{\mathcal{D}(A)}&=\overline{\lambda}I-\lambda I+B((D-\lambda I)^{-1}-(D-\overline{\lambda}I)^{-1})B^* \\ &=(\lambda I-\overline{\lambda}I)(TT^*|_{\mathcal{D}(A)}-I). \end{aligned}$$

任取 $h\in\mathcal{D}(A)$, 假设 $\|h\|=1$, 则

$$\begin{aligned} \mathrm{Im}(S_1(\lambda)h,h)&=\frac{1}{2\mathrm{i}}\big((S_1(\lambda)-S_1^*(\lambda)|_{\mathcal{D}(A)})h,h\big) \\ &=(\mathrm{Im}\lambda)(\|T^*|_{\mathcal{D}(A)}h\|^2-1) \\ &=(\mathrm{Im}\lambda)(\|Th\|^2-1) \\ &\leqslant(\mathrm{Im}\lambda)(\|T\|^2-1). \end{aligned}$$

当 $\|T\|<1$ 时, 由 $\mathrm{Im}\lambda\neq 0$ 可得 $0\notin\overline{W(S_1(\lambda))}$, 从而 $0\notin\sigma_{\mathrm{ap}}(S_1(\lambda))$, 根据定理 3.1.7 知 $\lambda\notin\sigma_{\mathrm{ap}}(\mathcal{A})$, 故

$$\sigma_{\mathrm{ap}}(\mathcal{A})\setminus\mathbb{R}\subset\{\lambda\in\mathbb{C}\setminus\mathbb{R}:\|B(D-\lambda I)^{-1}\|\geqslant 1\}.$$

同理可证 $\sigma_{\mathrm{ap}}(\mathcal{A})\setminus\mathbb{R}\subset\{\lambda\in\mathbb{C}\setminus\mathbb{R}:\|B^*(A-\lambda I)^{-1}\|\geqslant 1\}$, 故结论成立.

下面给出由式 (3.15) 定义的算子矩阵 $\mathcal{A}$ 的谱包含关系.

对于由式 (3.15) 定义的算子矩阵 $\mathcal{A}$, 假设存在 $a_{B^*},b_{B^*}\geqslant 0$, 使得对任意的 $x\in\mathcal{D}(A)$, 有 $\|B^*x\|\leqslant a_{B^*}\|x\|+b_{B^*}\|Ax\|$; 并设存在 $a_B,b_B\geqslant 0$, 使得对任意的 $x\in\mathcal{D}(D)$, 有 $\|Bx\|\leqslant a_B\|x\|+b_B\|Dx\|$.

定理 3.1.19. 设 $\mathcal{A}$ 为由式 (3.15) 给定的算子矩阵, 对于上述的 a_{B^*},b_{B^*}, a_B, b_B, 若满足

(i) 当 $\lambda\in\rho(A)$ 时, $((a_{B^*}+|\lambda|b_{B^*})\|(A-\lambda I)^{-1}\|+b_{B^*})b_B<1$,

(ii) 当 $\lambda\in\rho(D)$ 时, $((a_B+|\lambda|b_B)\|(D-\lambda I)^{-1}\|+b_B)b_{B^*}<1$,

则

$$\sigma(\mathcal{A})\setminus\mathbb{R}\subset\{\lambda\in\mathbb{C}\setminus\mathbb{R}:\|B^*(A-\lambda I)^{-1}\|\geqslant 1\text{且}\|B(D-\lambda I)^{-1}\|\geqslant 1\}.$$

证明 由式 (3.3) 知, 对于 $\lambda\in\rho(D)$,

$$S_1(\lambda)=A-\lambda I+B(D-\lambda I)^{-1}B^*.$$

由 (ii) 知, $B(D-\lambda I)^{-1}B^*$ 是 $A-$ 有界的, 且 $A-$ 界小于 1, 从而 $S_1(\lambda)$ 为闭算子. 根据文献 [26] 的推论 2.2.27 可知, $\mathcal{A}$ 为闭算子. 另一方面, $(B(D-\lambda I)^{-1}B^*)^*$ 是 A^*- 有界的, 且 A^*- 界小于 1, 因此, 根据文献 [28] 的推论 1 可得

$$S_1^*(\lambda)=A-\overline{\lambda}I+B(D-\overline{\lambda}I)^{-1}B^*,$$

令 $T=B(D-\lambda I)^{-1}$, 则 $T^*|_{\mathcal{D}(B^*)}=(D-\overline{\lambda}I)^{-1}B^*$, 且

$$\begin{aligned}S_1(\lambda)-S_1^*(\lambda)&=\overline{\lambda}I-\lambda I+B((D-\lambda I)^{-1}-(D-\overline{\lambda}I)^{-1})B^*\\&=(\lambda I-\overline{\lambda}I)(TT^*-I).\end{aligned}$$

任取 $h \in \mathcal{D}(A)$, 假设 $\|h\| = 1$, 则

$$\begin{aligned}\operatorname{Im}(S_1(\lambda)h, h) &= \frac{1}{2\mathrm{i}}\big((S_1(\lambda) - S_1^*(\lambda))h, h\big) \\ &= (\operatorname{Im}\lambda)(\|Th\|^2 - 1) \\ &\leqslant (\operatorname{Im}\lambda)(\|T\|^2 - 1).\end{aligned}$$

当 $\|T\| < 1$ 时, 又因 $\operatorname{Im}\lambda \neq 0$, 则有

$$0 \notin \overline{W(S_1(\lambda))}, \tag{3.16}$$

从而

$$0 \notin \sigma_{\mathrm{ap}}(S_1(\lambda)). \tag{3.17}$$

以下用反证法证明 $0 \notin \sigma_{\mathrm{r}}(S_1(\lambda))$.

假设 $0 \in \sigma_{\mathrm{r}}(S_1(\lambda))$, 于是

$$0 \in \sigma_{\mathrm{p}}(S_1^*(\lambda)) \subset W(S_1^*(\lambda)),$$

则存在 $h \in \mathcal{D}(A)$, 有 $(S_1^*(\lambda)h, h) = 0$, 于是 $\overline{(S_1(\lambda)h, h)} = 0$, 从而 $0 \in \overline{W(S_1(\lambda))}$, 与式 (3.16) 矛盾, 故假设错误, 即

$$0 \notin \sigma_{\mathrm{r}}(S_1(\lambda)). \tag{3.18}$$

结合式 (3.17) 和式 (3.18) 可知, $0 \notin \sigma(S_1(\lambda))$, 由定理 3.1.4 可得 $\lambda \in \rho(\mathcal{A})$, 于是

$$\sigma(\mathcal{A}) \setminus \mathbb{R} \subset \{\lambda \in \mathbb{C} \setminus \mathbb{R} : \|B(D - \lambda I)^{-1}\| \geqslant 1\}.$$

同理可证 $\sigma(\mathcal{A}) \setminus \mathbb{R} \subset \{\lambda \in \mathbb{C} \setminus \mathbb{R} : \|B^*(A - \lambda I)^{-1}\| \geqslant 1\}$, 故结论成立.

推论 3.1.20. 设 $\mathcal{A}$ 为由式 (3.15) 给定的算子矩阵, 其中 B 为有界算子, 则

$$\sigma(\mathcal{A}) \setminus \mathbb{R} \subset \{\lambda \in \mathbb{C} \setminus \mathbb{R} : \|B^*(A - \lambda I)^{-1}\| \geqslant 1且\|B(D - \lambda I)^{-1}\| \geqslant 1\}.$$

3.2 主对角占优型算子矩阵的谱估计

在上一节研究工作的基础上, 本节将 2×2 阶无界算子矩阵的谱包含关系推广到 $n\times n$ $(n\in\mathbb{N}, n\geqslant 2)$ 阶主对角占优型的算子矩阵

$$\mathcal{A}=(A_{ij})_{i,j=1}^{n}:\mathcal{D}(\mathcal{A})=\mathcal{D}(A_{11})\times\cdots\times\mathcal{D}(A_{nn})\subset H\to H, \tag{3.19}$$

其中, $H=H_1\times\cdots\times H_n$ 为 Hilbert 空间, A_{ij} $(i\neq j)$ 是 $A_{jj}-$ 有界的. 下面分 $\mathcal{A}$ 为闭算子和一般算子两种情形, 利用 Schur 补给出谱估计的 Gershgorin-型定理. 最后, 讨论 $\mathcal{A}$ 的 n 次数值域, 并利用 n 次数值域刻画 $\mathcal{A}$ 的谱分布.

本节考虑 Hilbert 空间 H 上的 $\infty-$ 范数, 即: 任取 $x=(x_1\ \cdots\ x_n)\in H$, 有 $\|x\|=\max\limits_{i=1,\cdots,n}\|x_i\|_{H_i}$.

为了方便阅读, 对于无界算子矩阵 $\mathcal{A}$, 定义以下符号:

对于任意的 $i,k\in\{1,\cdots,n\}$ 且 $i\neq k$, 当 $\bigcup\limits_{l=1}^{n}\sigma(A_{ll})\neq\mathbb{C}$ 时, 记

$$\mathcal{S}_k(\mathcal{A}):=\bigcup_{i=1,i\neq k}^{n}\mathcal{S}_{ki}(\mathcal{A}),$$

其中

$$\mathcal{S}_{ki}(\mathcal{A}):=\sigma(A_{kk})\cup\sigma(A_{ii})\cup\{\lambda\in\bigcap_{l=1}^{n}\rho(A_{ll}):\mathcal{R}_{ki}(\lambda)\geqslant 1\},$$

$$\mathcal{R}_{ki}(\lambda):=\sum_{j=1,j\neq k}^{n}\|A_{ik}(A_{kk}-\lambda I)^{-1}A_{kj}(A_{jj}-\lambda I)^{-1}-(1-\bar{\delta}_{ij})A_{ij}(A_{jj}-\lambda I)^{-1}\|, \tag{3.20}$$

其中 $\bar{\delta}_{ij}$ 为克罗内克函数, 即

$$\bar{\delta}_{ij}:=\begin{cases}0,\ i\neq j,\\ 1,\ i=j.\end{cases} \tag{3.21}$$

引理 3.2.1. 设 $\mathcal{A}$ 为 Hilbert 空间 $(H,\|\cdot\|_\infty)$ 上的 $n\times n$ 阶有界算子矩阵, 记 $\|\mathcal{A}\|_\infty$ 为算子 $\mathcal{A}$ 的范数, 则

$$\|\mathcal{A}\|_\infty\leqslant\max_{1\leqslant i\leqslant n}\sum_{j=1}^{n}\|A_{ij}\|_\infty.$$

证明 根据算子范数的定义可知

$$\begin{aligned}\|\mathcal{A}\|_\infty &= \sup_{x\in H, x\neq 0}\frac{\|\mathcal{A}x\|_\infty}{\|x\|_\infty}\\ &= \sup_{x\in H, x\neq 0}\frac{\max\limits_{1\leqslant i\leqslant n}\|\sum\limits_{j=1}^{n}A_{ij}x_j\|_\infty}{\|x\|_\infty}\\ &\leqslant \sup_{x\in H, x\neq 0}\frac{\max\limits_{1\leqslant i\leqslant n}\sum\limits_{j=1}^{n}\|A_{ij}\|_\infty\cdot\|x_j\|_\infty}{\|x\|_\infty}\\ &\leqslant \max_{1\leqslant i\leqslant n}\sum_{j=1}^{n}\|A_{ij}\|_\infty.\end{aligned}$$

3.2.1 闭算子矩阵的谱估计

下面讨论 $\mathcal{A}$ 为闭算子时的谱包含关系.

定理 3.2.2. 设 $\mathcal{A}$ 为 Hilbert 空间 H 上由式 (3.19) 定义的闭算子矩阵. 若 $\bigcup\limits_{k=1}^{n}\sigma(A_{kk})\neq\mathbb{C}$, 则

$$\sigma(\mathcal{A})\subset\mathcal{S}_n(\mathcal{A}).$$

证明 当 $n=2$ 时, 结论显然成立.

下面证明 $n>2$ 的情形. 重新记

$$\mathcal{A}=\begin{pmatrix}A & B\\ C & D\end{pmatrix},$$

其中

$$A:=(A_{ij})_{i,j=1}^{n-1},\ B:=(A_{in})_{i=1}^{n-1},\ C:=(A_{nj})_{j=1}^{n-1},\ D:=A_{nn}.$$

取 $\lambda\notin\mathcal{S}_n(\mathcal{A})$, 令

$$L=\begin{pmatrix}A_{11}-\lambda I & & \\ & \ddots & \\ & & A_{n-1,n-1}-\lambda I\end{pmatrix},$$

则 L 具有有界逆且

$$\begin{aligned}S_1(\lambda) =&A-\lambda I-B(D-\lambda I)^{-1}C\\=&L+((1-\bar{\delta}_{ij})A_{ij})_{i,j=1}^{n-1}-(A_{in}(A_{nn}-\lambda I)^{-1}A_{nj})_{i,j=1}^{n-1}\\=&(I-(A_{in}(A_{nn}-\lambda I)^{-1}A_{nj}-(1-\bar{\delta}_{ij})A_{ij})_{i,j=1}^{n-1}L^{-1})L.\end{aligned}$$

记 $Q:=(Q_{ij})_{i,j=1}^{n-1}$, 其中

$$Q_{ij}=(A_{in}(A_{nn}-\lambda I)^{-1}A_{nj}-(1-\bar{\delta}_{ij})A_{ij})(A_{jj}-\lambda I)^{-1},$$

故 $S_1(\lambda)=(I-Q)L$. 又

$$\begin{aligned}\|Q\|_\infty &\leqslant \max_{1\leqslant i\leqslant n-1}\sum_{j=1}^{n-1}\|Q_{ij}\|\\&=\max_{1\leqslant i\leqslant n-1}\sum_{j=1}^{n-1}\|(A_{in}(A_{nn}-\lambda I)^{-1}A_{nj}-(1-\bar{\delta}_{ij})A_{ij})(A_{jj}-\lambda I)^{-1}\|\\&=\max_{1\leqslant i\leqslant n-1}\{\mathcal{R}_{ni}(\lambda)\}<1,\end{aligned}$$

根据引理 1.1.3 知, $I-Q$ 具有有界逆, 进而 $S_1(\lambda)$ 具有有界逆. 由 A_{ij} $(i\neq j)$ 相对于 A_{jj}- 有界知, B 相对于 D 有界. 根据推论 3.1.2 可知, $\lambda\in\rho(\mathcal{A})$, 故 $\sigma(\mathcal{A})\subset\mathcal{S}_n(\mathcal{A})$.

如果在 Hilbert 空间 H 上的 1- 范数 (对于任意的 $x=(x_1\ \cdots\ x_n)\in H$, $\|x\|=\sum\limits_{i=1}^{n}\|x_i\|_{H_i}$) 意义下讨论, 也可以得到类似的谱估计结果. 下面给出定理 3.2.2 在 1- 范数意义下的描述.

推论 3.2.3. 设 $\mathcal{A}$ 为 Hilbert 空间 H 上由式 (3.19) 定义的闭算子矩阵, 则

$$\sigma(\mathcal{A})\subset\tilde{\mathcal{S}}_n(\mathcal{A}).$$

其中

$$\tilde{\mathcal{S}}_n(\mathcal{A}):=\bigcup_{j=1}^{n-1}\tilde{\mathcal{S}}_{nj}(\mathcal{A}),$$

$$\tilde{\mathcal{S}}_{nj}(\mathcal{A}):=\sigma(A_{nn})\cup\sigma(A_{jj})\cup\{\lambda\in\rho(A_{nn})\cap\rho(A_{jj}):\tilde{\mathcal{R}}_{nj}(\lambda)\geqslant 1\},$$

$$\tilde{\mathcal{R}}_{nj}(\lambda) := \sum_{i=1}^{n-1} \|A_{in}(A_{nn}-\lambda I)^{-1}A_{nj}(A_{jj}-\lambda I)^{-1}-(1-\bar{\delta}_{ij})A_{ij}(A_{jj}-\lambda I)^{-1}\|,$$

且 $\bar{\delta}_{ij}$ 为式 (3.21) 定义的克罗内克函数.

注 3.2.1. 后续的相关谱估计结果也均可在 1− 范数意义下讨论.

下面引入置换 π, 给出更精确的谱估计定理.

对于无界算子矩阵 $\mathcal{A}$, 考虑集合 $\{1,\cdots,n\}$ 的一个置换 π, 并记 $\mathcal{A}(\pi) := (A_{\pi^{-1}(i),\pi^{-1}(j)})_{i,j=1}^{n}$ 为引入置换后的算子矩阵. 易验证, 当 $\mathcal{A}$ 是闭算子时, $\mathcal{A}(\pi)$ 也是闭算子且 $\sigma(\mathcal{A})=\sigma(\mathcal{A}(\pi))$. 事实上, 令 $\mathcal{P}$ 为 n 阶置换算子矩阵,

$$\mathcal{P} := (P_{ij})_{i,j=1}^{n} : H_1\times\cdots\times H_n \to H_{\pi^{-1}(1)}\times\cdots\times H_{\pi^{-1}(n)},$$

其中

$$P_{ij} := \begin{cases} 0, & i\neq\pi(j), \\ I, & i=\pi(j), \end{cases}$$

则有 $\mathcal{A}(\pi)=\mathcal{P}\mathcal{A}\mathcal{P}^{\top}$.

定理 3.2.4. 设 $\mathcal{A}$ 为 Hilbert 空间 H 上由式 (3.19) 定义的闭算子矩阵, $\bigcup\limits_{k=1}^{n}\sigma(A_{kk})\neq\mathbb{C}$. 对于任意的 $m\in\{1,\cdots,n\}$, π 为集合 $\{1,\cdots,n\}$ 的一个置换且满足 $\pi(m)=n$, 则

$$\sigma(\mathcal{A})\subset\bigcap_{m=1}^{n}\mathcal{S}_m(\mathcal{A}).$$

证明 由 $\mathcal{A}$ 为闭算子知, $\mathcal{A}(\pi)$ 为闭算子. 又因 $\bigcup\limits_{k=1}^{n}\sigma(A_{kk})\neq\mathbb{C}$, 易知

$$\bigcup_{k=1}^{n}\sigma(\mathcal{A}(\pi)_{kk})\neq\mathbb{C}.$$

根据定理 3.2.2 知

$$\sigma(\mathcal{A})=\sigma(\mathcal{A}(\pi))\subset\mathcal{S}_n(\mathcal{A}(\pi)).$$

对于 $m\in\{1,\cdots,n\}$, $\pi(m)=n$, 当取 $k,i\in\{1,\cdots,n\}$ 满足 $i\neq m$ 且 $\pi(i)=k$ 时, 有

$$\begin{aligned}
&\mathcal{R}_{mi}(\lambda;\mathcal{A})\\
=&\sum_{j=1,j\neq m}^{n}\|A_{im}(A_{mm}-\lambda I)^{-1}A_{mj}(A_{jj}-\lambda I)^{-1}-(1-\bar{\delta}_{ij})A_{ij}(A_{jj}-\lambda I)^{-1}\|\\
=&\sum_{j=1,j\neq\pi^{-1}(n)}^{n}\|A_{\pi^{-1}(k),\pi^{-1}(n)}(A_{\pi^{-1}(n),\pi^{-1}(n)}-\lambda I)^{-1}A_{\pi^{-1}(n),j}(A_{jj}-\lambda I)^{-1}-\\
&(1-\bar{\delta}_{\pi^{-1}(k),j})A_{\pi^{-1}(k),j}(A_{jj}-\lambda I)^{-1}\|\\
=&\sum_{j=1,j\neq\pi^{-1}(n)}^{n}\|\mathcal{A}(\pi)_{kn}(\mathcal{A}(\pi)_{nn}-\lambda I)^{-1}\mathcal{A}(\pi)_{nj}(\mathcal{A}(\pi)_{jj}-\lambda I)^{-1}-\\
&(1-\bar{\delta}_{kj})\mathcal{A}(\pi)_{kj}(\mathcal{A}(\pi)_{jj}-\lambda I)^{-1}\|\\
=&\mathcal{R}_{nk}(\lambda;\mathcal{A}(\pi)),
\end{aligned}$$

则对于任意的 $m\in\{1,\cdots,n\}$, 有

$$\sigma(\mathcal{A})\subset\mathcal{S}_n(\mathcal{A}(\pi))=\mathcal{S}_m(\mathcal{A}),$$

于是

$$\sigma(\mathcal{A})\subset\bigcap_{m=1}^{n}\mathcal{S}_m(\mathcal{A}).$$

下面利用 Cassini 卵形域刻画闭算子矩阵 $\mathcal{A}$ 的谱包含关系. 定义以下符号: 对于任意的 $i,j\in\{1,\cdots,n\}$ 且 $i\neq j$, 当 $\bigcup_{k=1}^{n}\sigma(A_{kk})\neq\mathbb{C}$ 时, 记

$$\mathcal{C}(\mathcal{A}):=\bigcup_{1\leqslant i<j\leqslant n}\mathcal{C}_{ij}(\mathcal{A}),$$

其中

$$\mathcal{C}_{ij}(\mathcal{A}):=\sigma(A_{ii})\cup\sigma(A_{jj})\cup\{\lambda\in\bigcap_{k=1}^{n}\rho(A_{kk}):\mathcal{N}_{ij}(\lambda)\geqslant 1\},\tag{3.22}$$

$$\mathcal{N}_{ij}(\lambda):=\Big(\sum_{l=1,l\neq i}^{n}\|A_{il}(A_{ll}-\lambda I)^{-1}\|\Big)\Big(\sum_{l=1,l\neq j}^{n}\|A_{jl}(A_{ll}-\lambda I)^{-1}\|\Big).\tag{3.23}$$

定理 3.2.5. 设 $\mathcal{A}$ 为 Hilbert 空间 H 上由式 (3.19) 定义的闭算子矩阵. 若 $\bigcup\limits_{k=1}^{n} \sigma(A_{kk}) \neq \mathbb{C}$, 则

$$\sigma(\mathcal{A}) \subset \mathcal{C}(\mathcal{A}).$$

证明 当 $n=2$ 时, 由推论 3.1.15 和范数的相容性可得

$$\begin{aligned}\sigma(\mathcal{A}) \subset & \sigma(A_{11}) \cup \sigma(A_{22}) \\ & \cup \{\lambda \in \rho(A_{11}) \cap \rho(A_{22}) : \|A_{21}(A_{11}-\lambda I)^{-1}A_{12}(A_{22}-\lambda I)^{-1}\| \geqslant 1\} \\ \subset & \sigma(A_{11}) \cup \sigma(A_{22}) \cup \{\lambda \in \rho(A_{11}) \cap \rho(A_{22}) : \mathcal{N}_{12}(\lambda) \geqslant 1\} \\ = & \mathcal{C}_{12}(\mathcal{A}) \\ = & \mathcal{C}(\mathcal{A}).\end{aligned}$$

当 $n>2$ 时, 可以证明 $\bigcap\limits_{k=1}^{n} \mathcal{S}_k(\mathcal{A}) \subset \mathcal{C}(\mathcal{A})$, 再由定理 3.2.4 可得结论. 取 $\lambda \notin \mathcal{C}(\mathcal{A})$, 用反证法证明 $\lambda \notin \bigcap\limits_{k=1}^{n} \mathcal{S}_k(\mathcal{A})$. 假设对任意的 $k \in \{1,\cdots,n\}$, 有 $\lambda \in \mathcal{S}_k(\mathcal{A})$. 由 $\lambda \notin \mathcal{C}(\mathcal{A})$ 知, 当 $\lambda \in \bigcap\limits_{k=1}^{n} \rho(A_{kk})$ 时, 对于任意的 $i,j \in \{1,\cdots,n\}$ $(i<j)$, 有

$$\Big(\sum_{l=1,l\neq i}^{n} \|A_{il}(A_{ll}-\lambda I)^{-1}\|\Big)\Big(\sum_{l=1,l\neq j}^{n} \|A_{jl}(A_{ll}-\lambda I)^{-1}\|\Big) < 1. \tag{3.24}$$

于是, 存在一个 $m \in \{1,\cdots,n\}$, 使得对于任意的 i $(i \neq m)$ 有

$$\sum_{l=1,l\neq i}^{n} \|A_{il}(A_{ll}-\lambda I)^{-1}\| < 1. \tag{3.25}$$

即使得 $\sum\limits_{l=1,l\neq i}^{n} \|A_{il}(A_{ll}-\lambda I)^{-1}\| \geqslant 1$ 的 i 至多只有一个.

先考虑 $k \neq m$, 此时对于 $i \neq k,m$, 根据式 (3.25), 有

$$\mathcal{R}_{ki}(\lambda) = \sum_{j=1,j\neq k}^{n} \|A_{ik}(A_{kk}-\lambda I)^{-1}A_{kj}(A_{jj}-\lambda I)^{-1} - (1-\bar{\delta}_{ij})A_{ij}(A_{jj}-\lambda I)^{-1}\|$$

$$
\begin{aligned}
&\leqslant \sum_{j=1,j\neq k}^{n}\left(\|A_{ik}(A_{kk}-\lambda I)^{-1}\|\|A_{kj}(A_{jj}-\lambda I)^{-1}\|\right)+\sum_{j=1,j\neq k,i}^{n}\|A_{ij}(A_{jj}-\lambda I)^{-1}\| \\
&=\|A_{ik}(A_{kk}-\lambda I)^{-1}\|\left(\sum_{j=1,j\neq k}^{n}\|A_{kj}(A_{jj}-\lambda I)^{-1}\|\right)+\sum_{j=1,j\neq k,i}^{n}\|A_{ij}(A_{jj}-\lambda I)^{-1}\| \\
&<\|A_{ik}(A_{kk}-\lambda I)^{-1}\|\cdot 1+\sum_{j=1,j\neq k,i}^{n}\|A_{ij}(A_{jj}-\lambda I)^{-1}\| \\
&=\sum_{j=1,j\neq i}^{n}\|A_{ij}(A_{jj}-\lambda I)^{-1}\|<1,
\end{aligned}
$$

因此, 当 $k\neq m$ 时, 对于任意的 $i\neq k$ 有 $\lambda\notin\mathcal{S}_{ki}(\mathcal{A})$. 另外, 由反证假设知 $\lambda\in\mathcal{S}_k(\mathcal{A})$, 于是 $\lambda\in\mathcal{S}_{km}(\mathcal{A})$, 从而

$$
\begin{aligned}
&1\leqslant \mathcal{R}_{km}(\lambda) \\
&\leqslant\|A_{mk}(A_{kk}-\lambda I)^{-1}\|\left(\sum_{j=1,j\neq k}^{n}\|A_{kj}(A_{jj}-\lambda I)^{-1}\|\right)+\sum_{j=1,j\neq k,m}^{n}\|A_{mj}(A_{jj}-\lambda I)^{-1}\| \\
&<\|A_{mk}(A_{kk}-\lambda I)^{-1}\|\cdot 1+\sum_{j=1,j\neq k,m}^{n}\|A_{mj}(A_{jj}-\lambda I)^{-1}\| \\
&=\sum_{j=1,j\neq m}^{n}\|A_{mj}(A_{jj}-\lambda I)^{-1}\|.
\end{aligned}
\tag{3.26}
$$

当 $k=m$ 时, 根据反证假设 $\lambda\in\mathcal{S}_m(\mathcal{A})$, 则存在一个 $i\neq m$, 使得 $\lambda\in\mathcal{S}_{mi}(\mathcal{A})$. 由式 (3.24) 和式 (3.26) 可知,

$$
\begin{aligned}
1\leqslant&\mathcal{R}_{mi}(\lambda) \\
\leqslant&\sum_{j=1,j\neq m}^{n}\left(\|A_{im}(A_{mm}-\lambda I)^{-1}\|\|A_{mj}(A_{jj}-\lambda I)^{-1}\|\right) \\
&+\sum_{j=1,j\neq m,i}^{n}\|A_{ij}(A_{jj}-\lambda I)^{-1}\| \\
\leqslant&\left(\sum_{j=1,j\neq m}^{n}\|A_{mj}(A_{jj}-\lambda I)^{-1}\|\right)\cdot \\
&\left(\|A_{im}(A_{mm}-\lambda I)^{-1}\|+\sum_{j=1,j\neq m,i}^{n}\|A_{ij}(A_{jj}-\lambda I)^{-1}\|\right)
\end{aligned}
$$

$$=\Big(\sum_{j=1,j\neq m}^{n}\|A_{mj}(A_{jj}-\lambda I)^{-1}\|\Big)\cdot\Big(\sum_{j=1,j\neq i}^{n}\|A_{ij}(A_{jj}-\lambda I)^{-1}\|\Big)$$
$$<1,$$

即上式产生矛盾. 故对于任意的 $k\in\{1,\cdots,n\}$ 有 $\lambda\notin\mathcal{S}_k(\mathcal{A})$, 即 $\lambda\notin\bigcap\limits_{k=1}^{n}\mathcal{S}_k(\mathcal{A})$. 因此

$$\sigma(\mathcal{A})\subset\bigcap_{k=1}^{n}\mathcal{S}_k(\mathcal{A})\subset\mathcal{C}(\mathcal{A}).$$

定理 3.2.4 和定理 3.2.5 分别利用两种方法刻画了主对角占优型闭算子矩阵 $\mathcal{A}$ 的谱包含关系. 显然, 定理 3.2.4 比定理 3.2.5 给出的谱估计范围更加精确. 下面通过数值算例比较定理 3.2.4 与定理 3.2.5.

例 3.2.1. 设矩阵

$$\mathcal{A}=\begin{pmatrix}4&-2&3\\2&0&4\\-1&1&2\end{pmatrix},$$

经计算矩阵 $\mathcal{A}$ 的特征值为 $\lambda_1=1,\lambda_2=2,\lambda_3=3$.

根据式 (3.20), 可计算得

(i)$\mathcal{R}_{12}(\lambda)=4|\lambda|^{-1}|\lambda-4|^{-1}+|4\lambda-10||\lambda-2|^{-1}|\lambda-4|^{-1}$;

(ii)$\mathcal{R}_{13}(\lambda)=3|\lambda-2|^{-1}|\lambda-4|^{-1}+|\lambda-2||\lambda|^{-1}|\lambda-4|^{-1}$;

(iii)$\mathcal{R}_{21}(\lambda)=4|\lambda|^{-1}|\lambda-4|^{-1}+|3\lambda-8||\lambda|^{-1}|\lambda-2|^{-1}$;

(iv)$\mathcal{R}_{23}(\lambda)=4|\lambda|^{-1}|\lambda-2|^{-1}+|\lambda-2||\lambda|^{-1}|\lambda-4|^{-1}$;

(v)$\mathcal{R}_{31}(\lambda)=3|\lambda-2|^{-1}|\lambda-4|^{-1}+|2\lambda-7||\lambda|^{-1}|\lambda-2|^{-1}$;

(vi)$\mathcal{R}_{32}(\lambda)=4|\lambda|^{-1}|\lambda-2|^{-1}+|2\lambda-8||\lambda-2|^{-1}|\lambda-4|^{-1}$.

由定理 3.2.4 知, $\sigma(\mathcal{A})\subset\mathcal{S}_1(\mathcal{A})\cap\mathcal{S}_2(\mathcal{A})\cap\mathcal{S}_3(\mathcal{A})$, 其中

$$\mathcal{S}_1(\mathcal{A})=\mathcal{S}_{12}(\mathcal{A})\cup\mathcal{S}_{13}(\mathcal{A})=\{\lambda\in\mathbb{C}:\mathcal{R}_{12}(\lambda)\geqslant1\}\cup\{\lambda\in\mathbb{C}:\mathcal{R}_{13}(\lambda)\geqslant1\},$$
$$\mathcal{S}_2(\mathcal{A})=\mathcal{S}_{21}(\mathcal{A})\cup\mathcal{S}_{23}(\mathcal{A})=\{\lambda\in\mathbb{C}:\mathcal{R}_{21}(\lambda)\geqslant1\}\cup\{\lambda\in\mathbb{C}:\mathcal{R}_{23}(\lambda)\geqslant1\},$$
$$\mathcal{S}_3(\mathcal{A})=\mathcal{S}_{31}(\mathcal{A})\cup\mathcal{S}_{32}(\mathcal{A})=\{\lambda\in\mathbb{C}:\mathcal{R}_{31}(\lambda)\geqslant1\}\cup\{\lambda\in\mathbb{C}:\mathcal{R}_{32}(\lambda)\geqslant1\}.$$

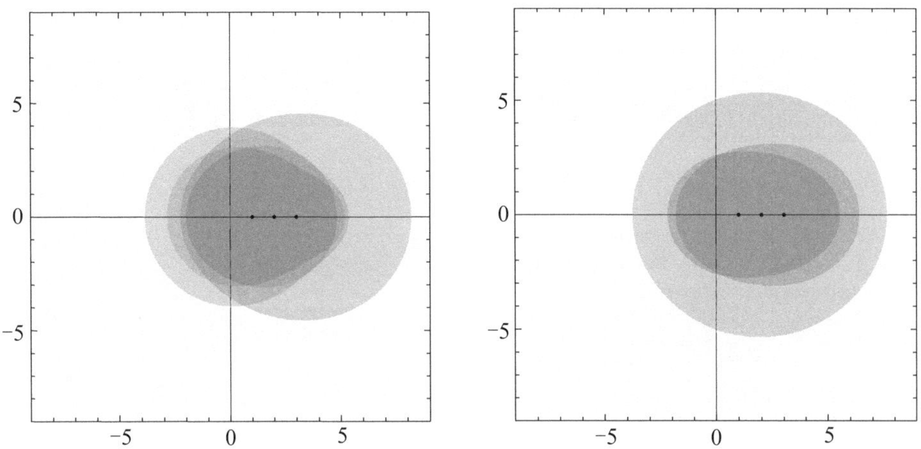

(a) 定理 3.2.4　　(b) 定理 3.2.5

图 3.1　比较定理 3.2.4 和定理 3.2.5

根据式 (3.23), 可计算得

(i)$\mathcal{N}_{12}(\lambda)=(2|\lambda|^{-1}+3|\lambda-2|^{-1})(2|\lambda-4|^{-1}+4|\lambda-2|^{-1})$;

(ii)$\mathcal{N}_{13}(\lambda)=(2|\lambda|^{-1}+3|\lambda-2|^{-1})(|\lambda-4|^{-1}+|\lambda|^{-1})$;

(iii)$\mathcal{N}_{23}(\lambda)=(2|\lambda-4|^{-1}+4|\lambda-2|^{-1})(|\lambda-4|^{-1}+|\lambda|^{-1})$.

由定理 3.2.5 知, $\sigma(\mathcal{A})\subset\mathcal{C}_{12}(\mathcal{A})\cup\mathcal{C}_{13}(\mathcal{A})\cup\mathcal{C}_{23}(\mathcal{A})$, 其中

$$\mathcal{C}_{12}(\mathcal{A})=\{\lambda\in\mathbb{C}:\mathcal{N}_{12}(\lambda)\geqslant 1\},$$

$$\mathcal{C}_{13}(\mathcal{A})=\{\lambda\in\mathbb{C}:\mathcal{N}_{13}(\lambda)\geqslant 1\},$$

$$\mathcal{C}_{23}(\mathcal{A})=\{\lambda\in\mathbb{C}:\mathcal{N}_{23}(\lambda)\geqslant 1\}.$$

下面分别利用定理 3.2.4 与定理 3.2.5 给出矩阵 $\mathcal{A}$ 的特征值估计范围, 分别对应于图 3.1(a) 与图 3.1(b). 其中, 集合 $\mathcal{S}_1(\mathcal{A})$, $\mathcal{S}_2(\mathcal{A})$, $\mathcal{S}_3(\mathcal{A})$ 的区域分别对应于图 3.1(a) 中的浅灰色, 灰色, 深灰色阴影部分; 集合 $\mathcal{C}_{12}(\mathcal{A})$, $\mathcal{C}_{13}(\mathcal{A})$, $\mathcal{C}_{23}(\mathcal{A})$ 的区域分别对应于图 3.1(b) 中的浅灰色, 灰色, 深灰色阴影部分.

定理 3.2.4 给出的特征值包含范围是三种颜色区域的交集部分, 而定理 3.2.5 给出的特征值包含范围是三种颜色区域的并集部分. 因此, 定理 3.2.4 能够给出更

精确的特征值估计范围.

3.2.2 一般算子矩阵的谱估计

当 $\mathcal{A}$ 不一定是闭算子时, 下面在一定条件下描述其谱包含关系. 记

$$\mathcal{A}_k = (A_{ij})_{i,j=1}^k : \mathcal{D}(\mathcal{A}_k) \subset H_1 \times H_2 \times \cdots \times H_k \to H_1 \times H_2 \times \cdots \times H_k,$$

其中 $\mathcal{D}(\mathcal{A}_k) = \mathcal{D}(A_{11}) \times \cdots \times \mathcal{D}(A_{kk})$, $k \in \{1, \cdots, n\}$.

引理 3.2.6. 设 $\mathcal{A}$ 为 Hilbert 空间 H 上由式 (3.19) 定义的算子矩阵, $\mathcal{A}_k$ $(k \in \{1, \cdots, n-1\})$ 为闭算子, 并设

$$T := (T_1 \ \ T_2 \ \ \cdots \ \ T_{n-1}) : \mathcal{D}(T_1) \times \cdots \times \mathcal{D}(T_{n-1}) \to H_n,$$

且 T_j $(j \in \{1, \cdots, n-1\})$ 是 $A_{jj}-$ 有界的. 若

$$\rho(A_{kk}) \cap \rho(\mathcal{A}_{k-1}) \cap \rho(\mathcal{A}_k) \neq \varnothing, \forall k \in \{2, \cdots, n-1\}, \tag{3.27}$$

则 T 是 $\mathcal{A}_{n-1}-$ 有界的.

证明 用数学归纳法证明结论成立. 假设 m 为分块算子矩阵 $\mathcal{A}$ 的阶数.

当 $m = 2$ 时, 由 A_{ij} $(i \neq j)$ 相对于 A_{jj} 有界可知, 结论显然成立.

当 $m = n-1$ 时, 假设结论成立. 令

$$\mathcal{A}_{n-1} := \begin{pmatrix} A & B \\ C & D \end{pmatrix},$$

其中

$$A := (A_{ij})_{i,j=1}^{n-2}, B := (A_{in})_{i=1}^{n-2}, C := (A_{n-1,j})_{j=1}^{n-2}, D := A_{n-1,n-1}.$$

记

$$\widehat{T} := (T_1 \ \cdots \ T_{n-2}) : \mathcal{D}(T_1) \times \cdots \times \mathcal{D}(T_{n-2}) \to H_n,$$

若对于任意的 $k\in\{2,\cdots,n-1\}$, $\rho(A_{kk})\cap\rho(\mathcal{A}_k)\cap\rho(\mathcal{A}_{k-1})\neq\varnothing$, 则 $\widehat{T}$ 是 $\mathcal{A}_{n-2}-$ 有界的, 进而 C 相对于 A 有界. 根据推论 3.1.6, 取 $\lambda\in\rho(A_{n-1,n-1})\cap\rho(\mathcal{A}_{n-1})\cap\rho(\mathcal{A}_{n-2})$, 则 $S_1(\lambda)=A-\lambda I-B(D-\lambda I)^{-1}C$ 具有有界逆.

下面证明 $m=n$ 的情形. 令 $T:=(\widehat{T}\quad T_{n-1})$, 则根据引理 1.1.7, 下面只需证明 $T(\mathcal{A}_{n-1}-\lambda I)^{-1}$ 有界即可.

由推论 3.1.6 可知 $\mathcal{A}_{n-1}-\lambda I$ 可逆, 且

$$(\mathcal{A}_{n-1}-\lambda I)^{-1}=$$
$$\begin{pmatrix} S_1^{-1}(\lambda) & -S_1^{-1}(\lambda)B(D-\lambda I)^{-1} \\ -(D-\lambda I)^{-1}CS_1^{-1}(\lambda) & (D-\lambda I)^{-1}(I+CS_1^{-1}(\lambda)B(D-\lambda I)^{-1}) \end{pmatrix},$$

则

$$T(\mathcal{A}_{n-1}-\lambda I)^{-1}=(V_1,V_2),$$

其中

$$V_1=\widehat{T}S_1^{-1}(\lambda)-T_{n-1}(D-\lambda I)^{-1}CS_1^{-1}(\lambda),$$

$$V_2=-\widehat{T}S_1^{-1}(\lambda)B(D-\lambda I)^{-1}+T_{n-1}(D-\lambda I)^{-1}(I+CS_1^{-1}(\lambda)B(D-\lambda I)^{-1}).$$

下面只需证明 $\widehat{T}S_1^{-1}(\lambda)$ 和 $CS_1^{-1}(\lambda)$ 有界. 由 $\widehat{T}$ 是 $A-$ 有界的, 则存在两个非负常数 α,β, 对于任意的 $x\in H_1\times\cdots\times H_{n-2}$, 有

$$\begin{aligned}\|\widehat{T}S_1^{-1}(\lambda)x\|_{H_n}&\leqslant\alpha\|S_1^{-1}(\lambda)x\|_{H_1\times\cdots\times H_{n-2}}+\beta\|AS_1^{-1}(\lambda)x\|_{H_1\times\cdots\times H_{n-2}}\\&\leqslant\max\{\alpha,\beta\}\|S_1^{-1}(\lambda)x\|_{\mathcal{D}(A)}\\&\leqslant\max\{\alpha,\beta\}\|S_1^{-1}(\lambda)\|\|x\|_{H_1\times\cdots\times H_{n-2}},\end{aligned}$$

故 $\widehat{T}S_1^{-1}(\lambda)$ 有界. 同理可证 $CS_1^{-1}(\lambda)$ 有界, 于是 T 是 $\mathcal{A}_{n-1}-$ 有界的.

定理 3.2.7. 设 $\mathcal{A}$ 为 Hilbert 空间 H 上由式 (3.19) 定义的算子矩阵. 若 $\bigcup\limits_{k=1}^{n}\sigma(A_{kk})\neq\mathbb{C}$, 行算子 $(A_{n1}\ A_{n2}\ \cdots\ A_{n,n-1})$ 可闭, 则

$$\sigma(\mathcal{A})\subset\mathcal{S}_n(\mathcal{A}).$$

证明 当 $n=2$ 时, 结论显然成立.

下面证明 $n>2$ 的情形. 记

$$\mathcal{A}=\begin{pmatrix} A & B \\ C & D \end{pmatrix},$$

其中

$$A:=(A_{ij})_{i,j=1}^{n-1}, B:=(A_{in})_{i=1}^{n-1}, C:=(A_{nj})_{j=1}^{n-1}, D:=A_{nn}.$$

取 $\lambda\notin\mathcal{S}_n(\mathcal{A})$, 则类似于定理 3.2.2 的证明, 可以验证 $S_1(\lambda)$ 具有有界逆. 由 $(A_{1n}\ A_{2n}\ \cdots\ A_{n-1,n})^\top$ 相对于 $A_{n,n}$ 有界, 且 $(A_{n1}\ A_{n2}\ \cdots\ A_{n,n-1})$ 为可闭算子, 根据推论 3.1.2 和定理 3.1.3 可知, $\lambda\in\rho(\mathcal{A})$, 故 $\sigma(\mathcal{A})\subset\mathcal{S}_n(\mathcal{A})$.

推论 3.2.8. 设 $\mathcal{A}$ 为 Hilbert 空间 H 上由式 (3.19) 定义的算子矩阵, A_{ij} $(i\neq j)$ 为可闭算子. 若 $\bigcup\limits_{k=1}^{n}\sigma(A_{kk})\neq\mathbb{C}$, 行算子 $(A_{n1}\ A_{n2}\ \cdots\ A_{n,n-1})$ 可闭, 则

$$\sigma(\mathcal{A})\subset\mathcal{S}_n(\mathcal{A}).$$

定理 3.2.9. 设 $\mathcal{A}$ 为 Hilbert 空间 H 上由式 (3.19) 定义的算子矩阵, $\mathcal{A}_k$ $(k=1,\cdots,n-1)$ 为闭算子. 若 $\bigcup\limits_{k=1}^{n}\sigma(A_{kk})\neq\mathbb{C}$, 且对于任意的 $k\in\{2,\cdots,n-1\}$, $\rho(A_{kk})\cap\rho(\mathcal{A}_{k-1})\cap\rho(\mathcal{A}_k)\neq\varnothing$, 则

$$\sigma(\mathcal{A})\subset\mathcal{S}_n(\mathcal{A}).$$

证明 当 $n=2$ 时, 结论显然成立.

下面证明 $n>2$ 的情形. 同上述定理, 记

$$\mathcal{A}=\begin{pmatrix} A & B \\ C & D \end{pmatrix},$$

其中

$$A:=(A_{ij})_{i,j=1}^{n-1}, B:=(A_{in})_{i=1}^{n-1}, C:=(A_{nj})_{j=1}^{n-1}, D:=A_{nn}.$$

且对 $\lambda\notin\mathcal{S}_n(\mathcal{A})$, 可得 $S_1(\lambda)$ 具有有界逆. 由 $A_{ij}(i\neq j)$ 相对于 A_{jj} 有界知, B 相对于 D 有界. 又因 $\mathcal{A}_k$ $(k=1,\cdots,n-1)$ 为闭算子, $\rho(A_{kk})\cap\rho(\mathcal{A}_k)\cap\rho(\mathcal{A}_{k-1})\neq\varnothing$,

由引理 3.2.6 可知 C 相对于 A 有界. 由 $\rho(A_{nn}) \neq \varnothing$ 且 $\rho(\mathcal{A}_{n-1}) \neq \varnothing$ 可知, A, D 为闭算子. 根据定理 3.1.4 可知, $\lambda \in \rho(\mathcal{A})$, 故 $\sigma(\mathcal{A}) \subset \mathcal{S}_n(\mathcal{A})$.

定理 3.2.10. 设 $\mathcal{A}$ 为 Hilbert 空间 H 上由式 (3.19) 定义的算子矩阵, 并且满足 $\bigcup\limits_{k=1}^{n} \sigma(A_{kk}) \neq \mathbb{C}$. 对于 $m \in \{1, \cdots, n\}$, 设 π 是集合 $\{1, \cdots, n\}$ 的一个置换且满足

(i) $\pi(m) = n$,

(ii) 算子向量 $(A_{\pi^{-1}(n),\pi^{-1}(1)} \quad A_{\pi^{-1}(n),\pi^{-1}(2)} \quad \cdots \quad A_{\pi^{-1}(n),\pi^{-1}(n-1)})$ 可闭,

并记 $\mathcal{G}_1$ 为满足以上两条的 m 构成的集合, 则

$$\sigma(\mathcal{A}) \subset \bigcap_{m \in \mathcal{G}_1} \mathcal{S}_m(\mathcal{A}).$$

证明 因 π 是集合 $\{1, \cdots, n\}$ 的一个置换, 则 $\sigma(\mathcal{A}) = \sigma(\mathcal{A}(\pi))$. 又由 (ii), 根据定理 3.2.7 知 $\sigma(\mathcal{A}(\pi)) \subset \mathcal{S}_n(\mathcal{A}(\pi))$. 类似于定理 3.2.4 的证明可知结论成立.

推论 3.2.11. 设 $\mathcal{A}$ 为 Hilbert 空间 H 上由式 (3.19) 定义的算子矩阵, A_{ij} $(i \neq j)$ 为可闭算子, $\bigcup\limits_{k=1}^{n} \sigma(A_{kk}) \neq \mathbb{C}$. 对于 $m \in \{1, \cdots, n\}$, π 是集合 $\{1, \cdots, n\}$ 的一个置换且满足

(i) $\pi(m) = n$,

(ii) 算子向量 $(A_{\pi^{-1}(n),\pi^{-1}(1)} \quad A_{\pi^{-1}(n),\pi^{-1}(2)} \quad \cdots \quad A_{\pi^{-1}(n),\pi^{-1}(n-1)})$ 可闭,

并记 $\mathcal{G}_1'$ 为满足以上两条的 m 构成的集合, 则

$$\sigma(\mathcal{A}) \subset \bigcap_{m \in \mathcal{G}_1'} \mathcal{S}_m(\mathcal{A}).$$

定理 3.2.12. 设 $\mathcal{A}$ 为 Hilbert 空间 H 上由式 (3.19) 定义的算子矩阵, 并且 $\bigcup\limits_{k=1}^{n} \sigma(A_{kk}) \neq \mathbb{C}$. 对于 $m \in \{1, \cdots, n\}$, 设 π 是集合 $\{1, \cdots, n\}$ 的一个置换且满足

(i) $\pi(m) = n$,

(ii) $\mathcal{A}(\pi)_k$ $(k \in \{1, \cdots, n-1\})$ 为闭算子,

(iii) $\rho(A_{\pi^{-1}(k),\pi^{-1}(k)}) \cap \rho(\mathcal{A}(\pi)_{k-1}) \cap \rho(\mathcal{A}(\pi)_k) \neq \varnothing, k \in \{1, \cdots, n\} \setminus \{1, n\}$,

并记 $\mathcal{G}_2$ 为满足以上三条的 m 构成的集合, 则

$$\sigma(\mathcal{A}) \subset \bigcap_{m \in \mathcal{G}_2} \mathcal{S}_m(\mathcal{A}).$$

证明 因 π 是集合 $\{1,\cdots,n\}$ 的一个置换, 则 $\sigma(\mathcal{A})=\sigma(\mathcal{A}(\pi))$. 又由 (ii), (iii), 根据定理 3.2.9 可知 $\sigma(\mathcal{A}(\pi))\subset\mathcal{S}_n(\mathcal{A}(\pi))$. 类似于定理 3.2.4 的证明可知结论成立.

由于上述定理中的条件 $\mathcal{A}(\pi)_k$ $(k\in\{1,\cdots,n-1\})$ 是否为闭算子不易验证, 下面结合算子矩阵 $\mathcal{A}$ 的内部算子的相对有界性, 给出算子矩阵 $\mathcal{A}(\pi)_k$ 为闭算子的充分条件. 对于由式 (3.19) 定义的算子矩阵 $\mathcal{A}$, 设对于任意的 $x_j\in\mathcal{D}(A_{jj})$, 存在两个非负常数 c_{ij},d_{ij} $(i\neq j)$ 且满足

$$\sum_{j=1,j\neq i}^{n}c_{ij}<1, \tag{3.28}$$

使得 $\|A_{ij}x_j\|_{H_i}\leqslant c_{ij}\|A_{jj}x_j\|_{H_j}+d_{ij}\|x_j\|_{H_j}$.

命题 3.2.13. 设 $\mathcal{A}$ 为 Hilbert 空间 H 上由式 (3.19) 定义的算子矩阵. A_{ii} $(i\in\{1,\cdots,n\})$ 为闭算子, π 为集合 $\{1,\cdots,n\}$ 的一个置换. 若式 (3.28) 成立, 则对于任意的 $k\in\{1,\cdots,n\}$, $\mathcal{A}(\pi)_k$ 为 $\mathcal{D}(\mathcal{A}(\pi)_k)$ 上的闭算子.

证明 (i) 当 π 为单位置换时, 令

$$D:=(\bar{\delta}_{ij}A_{ij})_{i,j=1}^{k}:\mathcal{D}(D)\subset H_1\times\cdots\times H_k\to H_1\times\cdots\times H_k,$$

其中

$$\bar{\delta}_{ij}=\begin{cases}0, & i\neq j,\\ 1, & i=j.\end{cases}$$

即 D 为对角形算子矩阵. 由 A_{ij} 相对于 A_{jj} 有界可知,

$$\mathcal{D}(D)=\mathcal{D}(\mathcal{A}_k)=\mathcal{D}(A_{11})\times\cdots\times\mathcal{D}(A_{kk}).$$

又因 A_{ii} $(i\in\{1,\cdots,n\})$ 是闭算子, 则 D 为闭算子. 根据闭图像定理, 要证明 $\mathcal{A}_k$ 为 $(\mathcal{D}(\mathcal{A}_k),\|\cdot\|_{\mathcal{D}(\mathcal{A}_k)})$ 上的闭算子, 只需验证范数 $\|\cdot\|_{\mathcal{D}(\mathcal{A}_k)}$ 与 $\|\cdot\|_{\mathcal{D}(D)}$ 等价.

因 D 为闭算子, 根据引理 1.1.5 知, 对于任意的 $x\in\mathcal{D}(D)$, 有

$$\begin{aligned}\|x\|_{\mathcal{D}(D)}&=\|x\|_{H_1\times\cdots\times H_k}+\|Dx\|_{H_1\times\cdots\times H_k}\\&=\max_{1\leqslant j\leqslant k}\|x_j\|_{H_j}+\max_{1\leqslant j\leqslant k}\|A_{jj}x_j\|_{H_j}.\end{aligned}$$

一方面, 对于任意的 $x \in \mathcal{D}(\mathcal{A}_k)$, 有

$$
\begin{aligned}
&\|x\|_{\mathcal{D}(\mathcal{A}_k)} = \|x\|_{H_1\times\cdots\times H_k} + \|\mathcal{A}_k x\|_{H_1\times\cdots\times H_k}\\
\leqslant& \max_{1\leqslant j\leqslant k}\|x_j\|_{H_j} + \max_{1\leqslant i\leqslant k}\sum_{j=1}^{k}\|A_{ij}x_j\|_{H_i}\\
\leqslant& \max_{1\leqslant j\leqslant k}\|x_j\|_{H_j} + \max_{1\leqslant i\leqslant k}\sum_{j=1,j\neq i}^{k}(c_{ij}\|A_{jj}x_j\|_{H_j} + d_{ij}\|x_j\|_{H_j})\\
\leqslant&\Big(1+\max_{1\leqslant i\leqslant k}\sum_{j=1,j\neq i}^{k}d_{ij}\Big)\max_{1\leqslant j\leqslant k}\|x_j\|_{H_j} + \Big(\max_{1\leqslant i\leqslant k}\sum_{j=1,j\neq i}^{k}c_{ij}\Big)\Big(\max_{1\leqslant j\leqslant k}\|A_{jj}x_j\|_{H_j}\Big)\\
\leqslant&\max\Big\{\Big(1+\max_{1\leqslant i\leqslant k}\sum_{j=1,j\neq i}^{k}d_{ij}\Big),\max_{1\leqslant i\leqslant k}\sum_{j=1,j\neq i}^{k}c_{ij}\Big\}\|x\|_{\mathcal{D}(D)}\\
=&\Big(1+\max_{1\leqslant i\leqslant k}\sum_{j=1,j\neq i}^{k}d_{ij}\Big)\|x\|_{\mathcal{D}(D)},
\end{aligned}
$$

令 $c_1 = 1+\max\limits_{1\leqslant i\leqslant k}\sum\limits_{j=1,j\neq i}^{k}d_{ij} > 0$, 则有

$$
\|x\|_{\mathcal{D}(\mathcal{A}_k)} \leqslant c_1\|x\|_{\mathcal{D}(D)}. \tag{3.29}
$$

另一方面, 取 $\delta = 1+\max\limits_{1\leqslant i\leqslant k}\sum\limits_{j=1,j\neq i}^{k}d_{ij}$, 则

$$
\begin{aligned}
&\delta\|x\|_{\mathcal{D}(\mathcal{A}_k)} = \delta\|x\|_{H_1\times\cdots\times H_k} + \delta\|\mathcal{A}_k x\|_{H_1\times\cdots\times H_k}\\
\geqslant&\delta\max_{1\leqslant j\leqslant k}\|x_j\|_{H_j} + \max_{1\leqslant i\leqslant k}\|\sum_{j=1}^{k}A_{ij}x_j\|_{H_i}\\
\geqslant&\delta\max_{1\leqslant j\leqslant k}\|x_j\|_{H_j} + \max_{1\leqslant i\leqslant k}\Big(\|A_{ii}x_i\|_{H_i} - \sum_{j=1,j\neq i}^{k}\|A_{ij}x_j\|_{H_i}\Big)\\
\geqslant&\delta\max_{1\leqslant j\leqslant k}\|x_j\|_{H_j} + \max_{1\leqslant i\leqslant k}\|A_{ii}x_i\|_{H_i} - \max_{1\leqslant i\leqslant k}\sum_{j=1,j\neq i}^{k}(c_{ij}\|A_{jj}x_j\|_{H_j} + d_{ij}\|x_j\|_{H_j})\\
\geqslant&\Big(\delta-\max_{1\leqslant i\leqslant k}\sum_{j=1,j\neq i}^{k}d_{ij}\Big)\max_{1\leqslant j\leqslant k}\|x_j\|_{H_j} + \Big(1-\max_{1\leqslant i\leqslant k}\sum_{j=1,j\neq i}^{k}c_{ij}\Big)\max_{1\leqslant j\leqslant k}\|A_{jj}x_j\|_{H_j}\\
=&\Big(1-\max_{1\leqslant i\leqslant k}\sum_{j=1,j\neq i}^{k}c_{ij}\Big)\|x\|_{\mathcal{D}(D)},
\end{aligned}
$$

令 $c_2 = 1 - \max\limits_{1\leqslant i\leqslant k} \sum\limits_{j=1,j\neq i}^{k} c_{ij} > 0$, 则有

$$\|x\|_{\mathcal{D}(\mathcal{A}_k)} \geqslant \frac{1}{\delta} c_2 \|x\|_{\mathcal{D}(D)}. \tag{3.30}$$

结合式 (3.29) 和式 (3.30) 可知, 范数 $\|\cdot\|_{\mathcal{D}(\mathcal{A}_k)}$ 与 $\|\cdot\|_{\mathcal{D}(D)}$ 等价.

(ii) 当 π 为非单位置换时, 需证明 $\mathcal{A}(\pi)_k$ 为 $(\mathcal{D}(\mathcal{A}(\pi)_k), \|\cdot\|_{\mathcal{D}(\mathcal{A}(\pi)_k)})$ 上的闭算子. 令 $D' := (\bar{\delta}_{ij} A_{\pi^{-1}(i),\pi^{-1}(j)})_{i,j=1}^{k}$ 且定义域为

$$\begin{aligned}\mathcal{D}(D') &= \mathcal{D}(\mathcal{A}(\pi)_k)\\ &= \mathcal{D}(A_{\pi^{-1}(1),\pi^{-1}(1)}) \times \cdots \times \mathcal{D}(A_{\pi^{-1}(k),\pi^{-1}(k)}),\\ &\subset H_{\pi^{-1}(1)} \times \cdots \times H_{\pi^{-1}(k)} \to H_{\pi^{-1}(1)} \times \cdots \times H_{\pi^{-1}(k)},\end{aligned}$$

则 D' 为闭算子. 根据引理 1.1.5 知, 对于任意的 $x \in \mathcal{D}(D')$, 有

$$\begin{aligned}\|x\|_{\mathcal{D}(D')} =& \|x\|_{H_{\pi^{-1}(1)}\times\cdots\times H_{\pi^{-1}(k)}} + \|D'x\|_{H_{\pi^{-1}(1)}\times\cdots\times H_{\pi^{-1}(k)}}\\ =& \max_{1\leqslant j\leqslant k} \|x_{\pi^{-1}(j)}\|_{H_{\pi^{-1}(j)}} + \max_{1\leqslant j\leqslant k} \|A_{\pi^{-1}(j),\pi^{-1}(j)} x_{\pi^{-1}(j)}\|_{H_{\pi^{-1}(j)}}.\end{aligned}$$

下面同理可证得范数 $\|\cdot\|_{\mathcal{D}(\mathcal{A}(\pi)_k)}$ 与 $\|\cdot\|_{\mathcal{D}(D')}$ 等价.

综上所述, $\mathcal{A}(\pi)_k$ 为 $\mathcal{D}(\mathcal{A}(\pi)_k)$ 上的闭算子.

推论 3.2.14. 设 $\mathcal{A}$ 为 Hilbert 空间 H 上由式 (3.19) 定义的算子矩阵, 并且 $\bigcup\limits_{k=1}^{n} \sigma(A_{kk}) \neq \mathbb{C}$, 及式 (3.28) 成立. 对于 $m \in \{1, \cdots, n\}$, 设 π 是集合 $\{1, \cdots, n\}$ 的一个置换且满足

(i) $\pi(m) = n$,

(ii) $\rho(A_{\pi^{-1}(k),\pi^{-1}(k)}) \cap \rho(\mathcal{A}(\pi)_{k-1}) \cap \rho(\mathcal{A}(\pi)_k) \neq \varnothing, k \in \{1, \cdots, n\} \setminus \{1, n\}$,

并记 $\mathcal{G}_3$ 为满足以上两条的 m 构成的集合, 则

$$\sigma(\mathcal{A}) \subset \bigcap_{m\in\mathcal{G}_3} \mathcal{S}_m(\mathcal{A}).$$

3.2.3 n 次数值域及谱包含关系

下面讨论由式 (3.19) 给出的主对角占优型无界分块算子矩阵 $\mathcal{A}$ 的 n 次数值域, 并用 n 次数值域给出谱包含关系. 先给出无界情形的 n 次数值域的定义.

设 $S^n := S_{H_1\times\cdots\times H_n} = \{f = (f_1 \ \cdots \ f_n)^\top \in H_1\times\cdots\times H_n, \|f_j\|_j = 1, j = 1,\cdots,n\}$ 为 H 的单位球面.

定义 3.2.1. 设 $\mathcal{A}$ 为由式 (3.19) 定义的主对角占优型算子矩阵. 对于 $f \in \mathcal{D}(\mathcal{A})\cap S^n$, 定义 $n\times n$ 阶矩阵

$$\mathcal{A}_f := ((A_{ij}f_j, f_i))_{i,j=1}^n \in M_n(\mathbb{C}),$$

则称

$$W_{H_1\times\cdots\times H_n}(\mathcal{A}) := \bigcup\{\sigma_{\mathrm{p}}(\mathcal{A}_f) : f\in\mathcal{D}(\mathcal{A})\cap S^n\}$$

为 $\mathcal{A}$ 的 n 次数值域.

当 H 的分解固定时, 也记为

$$W^n(\mathcal{A}) = W_{H_1\times\cdots\times H_n}(\mathcal{A}).$$

等价地, 对于 $f = (f_j)_{j=1}^n \in \mathcal{D}(\mathcal{A}), f_j \neq 0, j = 1,\cdots,n$, 定义

$$\mathcal{A}_f := \left(\frac{(A_{ij}f_j, f_i)_i}{\|f_i\|_i\|f_j\|_j}\right)_{i,j=1}^n \in M_n(\mathbb{C})$$

和

$$\Delta(f_1,\cdots,f_n;\lambda) := \|f_1\|_1^2\cdots\|f_n\|_n^2\det(\mathcal{A}_f-\lambda I),$$

则有

$$\begin{aligned}W^n(\mathcal{A}) &= \bigcup\{\sigma_{\mathrm{p}}(\mathcal{A}_f) : f = (f_j)_{j=1}^n \in \mathcal{D}(\mathcal{A}), f_j\neq 0, j=1,\cdots,n\}\\ &= \{\lambda\in\mathbb{C} : \text{存在 } f = (f_j)_{j=1}^n \in \mathcal{D}(\mathcal{A}), f_j\neq 0, j=1,\cdots,n, \det(\mathcal{A}_f-\lambda I)=0\}\\ &= \{\lambda\in\mathbb{C} : \text{存在 } f = (f_j)_{j=1}^n \in \mathcal{D}(\mathcal{A}), f_j\neq 0, j=1,\cdots,n, \Delta(f_1,\cdots,f_n;\lambda)=0\}.\end{aligned}$$

类似于有界分块算子矩阵的 $W^n(\mathcal{A})$, 主对角占优型算子矩阵的 n 次数值域 $W^n(\mathcal{A})$ 也有如下的性质:

命题 3.2.15. 设 $\mathcal{A}$ 为由式 (3.19) 定义的主对角占优型算子矩阵.

(i) 若 $\mathcal{A}$ 是下三角型或上三角型算子矩阵, 则 $W^n(\mathcal{A}) = W(A_{11})\cup\cdots\cup W(A_{nn})$;

(ii) 若 $\mathcal{A}$ 是对称的, $\mathcal{A}\subset\mathcal{A}^*$, 则 $W^n(\mathcal{A})\subset\mathbb{R}$;

(iii) $W^n(\mathcal{A})\subset W(\mathcal{A})$;

(iv) $\sigma_{\rm p}(\mathcal{A})\subset W^n(\mathcal{A})$.

证明 证明方法完全类似于有界情形.

命题 3.2.16. 设 $k\in\mathbb{N},1\leqslant k\leqslant n,\mathcal{I}:=\{i_1,\cdots,i_k\}\subset\mathbb{N},1\leqslant i_1<\cdots<i_k\leqslant n$, 定义 $P_{\mathcal{I}}:H_1\times\cdots\times H_n\longrightarrow H_{i_1}\times\cdots\times H_{i_k}$ 为 H 在分量 $i_1,\cdots,i_k$ 所构成子空间上的投影, 如果 $\bigoplus_{i\in\mathcal{I}}\mathcal{D}(A_{ii})$ 为 $P_{\mathcal{I}}\mathcal{A}P_{\mathcal{I}}^*$ 的一个核, 且存在 $i'_1,\cdots,i'_{n-k}$ 为集合 $\{1,\cdots,n\}\backslash\{i_1,\cdots,i_k\}=:\{i'_1,\cdots,i'_{n-k}\}$ 的元素的排序, 满足 $\dim H_{i'_j}>n-j,\ j=1,\cdots,n-k$, 则

$$\overline{W_{H_{i_1}\times\cdots\times H_{i_k}}(P_{\mathcal{I}}\mathcal{A}P_{\mathcal{I}}^*)}\subset\overline{W_{H_1\times\cdots\times H_n}(\mathcal{A})}. \tag{3.31}$$

其中 $\bigoplus_{i\in\mathcal{I}}\mathcal{D}(A_{ii}):=\mathcal{D}(A_{i_1i_1})\times\mathcal{D}(A_{i_2i_2})\cdots\times\mathcal{D}(A_{i_ki_k})$. 如果 $\mathcal{A}$ 是主对角占优的, 那么

$$W_{H_{i_1}\times\cdots\times H_{i_k}}(P_{\mathcal{I}}\mathcal{A}P_{\mathcal{I}}^*)\subset W_{H_1\times\cdots\times H_n}(\mathcal{A}). \tag{3.32}$$

证明 设 $\mathcal{A}_{\mathcal{I}}:=P_{\mathcal{I}}\mathcal{A}P_{\mathcal{I}}^*$, 则其定义域满足

$$\mathcal{D}(\mathcal{A}_{\mathcal{I}})=\bigoplus_{j\in\mathcal{I}}\bigcap_{i\in\mathcal{I}}\mathcal{D}(A_{ij})\supset\bigoplus_{j\in\mathcal{I}}\bigcap_{i=1}^{n}\mathcal{D}(A_{ij})=\bigoplus_{j\in\mathcal{I}}\mathcal{D}_j.$$

如果能证明

$$W_{H_{i_1}\times\cdots\times H_{i_k}}(P_{\mathcal{I}}\mathcal{A}P_{\mathcal{I}}^*|_{\bigoplus_{i\in\mathcal{I}}\mathcal{D}_i})\subset W_{H_1\times\cdots\times H_n}(\mathcal{A}), \tag{3.33}$$

那么式 (3.31) 和式 (3.32) 显然成立. 事实上, 由 $\bigoplus_{i\in\mathcal{I}}\mathcal{D}_i$ 为 $P_{\mathcal{I}}\mathcal{A}P_{\mathcal{I}}^*$ 的核的性质得出

$$\begin{aligned}\overline{W_{H_{i_1}\times\cdots\times H_{i_k}}(P_{\mathcal{I}}\mathcal{A}P_{\mathcal{I}}^*)}&=\overline{W_{H_{i_1}\times\cdots\times H_{i_k}}(P_{\mathcal{I}}\mathcal{A}P_{\mathcal{I}}^*|_{\bigoplus_{i\in\mathcal{I}}\mathcal{D}_i})}\\&\subset\overline{W_{H_1\times\cdots\times H_n}(\mathcal{A})};\end{aligned}$$

如果 $\mathcal{A}$ 是主对角占优的, 那么

$$\mathcal{D}(\mathcal{A}_{\mathcal{I}})=\bigoplus_{i\in\mathcal{I}}\mathcal{D}(A_{ii})=\bigoplus_{i\in\mathcal{I}}\mathcal{D}_i,$$

此时, 式 (3.33) 中的 $P_{\mathcal{I}}\mathcal{A}P_{\mathcal{I}}^*|_{\bigoplus_{i\in\mathcal{I}}\mathcal{D}_i}=P_{\mathcal{I}}\mathcal{A}P_{\mathcal{I}}^*$.

下面用归纳法证明式 (3.33). 若 $k=n$, 结论显然成立. 若 $k=n-1$, 存在一个 $l\in\{1,\cdots,n\}$ 使得 $\mathcal{I}\cup\{l\}=\{i_1,\cdots,i_{n-1}\}\cup\{l\}=\{1,\cdots,n\}$. 通过删除 $\mathcal{A}$ 的第 l 行和第 l 列得到 $\mathcal{A}_{\mathcal{I}}=P_{\mathcal{I}}\mathcal{A}P_{\mathcal{I}}^*$. 记 $H_{\mathcal{I}}:=H_1\times\cdots\times H_{l-1}\times H_{l+1}\times\cdots\times H_n$. 如果 $\lambda\in W_{H_1\times\cdots\times H_{l-1}\times H_{l+1}\times\cdots\times H_n}(\mathcal{A}_{\mathcal{I}}|_{\bigoplus_{i\in\mathcal{I}}\mathcal{D}_i})$, 那么存在元素 $x'=(x_1\ \cdots\ x_{l-1}\ x_{l+1}\ \cdots\ x_n)^\top\in S_{H_{\mathcal{I}}}, x'\in\bigoplus_{i\in\mathcal{I}}\mathcal{D}_i=\bigoplus\limits_{i=1,i\neq l}^{n}\bigcap\limits_{j=1,j\neq l}^{n}\mathcal{D}(A_{ji})$, 使得 $\det((\mathcal{A}_{\mathcal{I}})_{x'}-\lambda)=0$. 根据假设,

$$\dim\operatorname{span}\{A_{l1}x_1,\cdots,A_{l,l-1}x_{l-1},A_{l,l+1}x_{l+1},\cdots,A_{in}x_n\}\leqslant n-1<\dim H_l,$$

且 $\mathcal{D}_l=\bigcap_{j=1}^n\mathcal{D}(A_{lj})$ 在 H_l 中稠密. 因此, 存在 $x_l\in\mathcal{D}_l,\|x_l\|_l=1$, 使得

$$(\mathcal{A}_x)_{lj}=(A_{lj}x_j,x_l)_l=0,\quad j=1,\cdots,l-1,l+1,\cdots,n. \tag{3.34}$$

事实上, H_l 存在一组正交系 $\{e_1,\cdots,e_n\}\subset H_l$, 及 $\{e_1',\cdots,e_n'\}\subset\mathcal{D}_l$, 满足 $\|e_i-e_i'\|_l<\frac{1}{2}, i=1,2,\cdots,n$, 那么 $\{e_1',e_2',\cdots,e_n'\}$ 是线性无关的. 若设 $y=\alpha_1e_1'+\cdots+\alpha_ne_n'\in\mathcal{D}_l$, 则 $(A_{lj}x_j,y)_l=0$ $(j=1,\cdots,l-1,l+1,\cdots,n)$ 为系数由 $\alpha_1,\cdots,\alpha_n$ 构成的 $n-1$ 个线性方程组. 当选取非平凡解, 并记为 $x_l:=y/\|y\|$, 于是 x_l 满足条件 (3.34). 当 x_l 选定以后, 有 $x:=(x_1\ \cdots\ x_{l-1}\ x_l\ x_{l+1}\ \cdots\ x_n)^\top\in S_H\cap\mathcal{D}(\mathcal{A})$, 且

$$\mathcal{A}_x=\begin{pmatrix}(\mathcal{A}_x)_{11}&\cdots&(\mathcal{A}_x)_{1,l-1}&(\mathcal{A}_x)_{1l}&(\mathcal{A}_x)_{1,l+1}&\cdots&(\mathcal{A}_x)_{1n}\\ \vdots&&\vdots&\vdots&\vdots&&\vdots\\ (\mathcal{A}_x)_{l-1,1}&\cdots&(\mathcal{A}_x)_{l-1,l-1}&(\mathcal{A}_x)_{l-1,l}&(\mathcal{A}_x)_{l-1,l+1}&\cdots&(\mathcal{A}_x)_{l-1,n}\\ 0&\cdots&0&(\mathcal{A}_x)_{ll}&0&\cdots&0\\ (\mathcal{A}_x)_{l+1,1}&\cdots&(\mathcal{A}_x)_{l+1,l-1}&(\mathcal{A}_x)_{l+1,l}&(\mathcal{A}_x)_{l+1,l+1}&\cdots&(\mathcal{A}_x)_{l+1,n}\\ \vdots&&\vdots&\vdots&\vdots&&\vdots\\ (\mathcal{A}_x)_{n1}&\cdots&(\mathcal{A}_x)_{n,l-1}&(\mathcal{A}_x)_{nl}&(\mathcal{A}_x)_{n,l+1}&\cdots&(\mathcal{A}_x)_{nn}\end{pmatrix}.$$

因此 $\det(\mathcal{A}_x-\lambda)=((\mathcal{A}_x)_{ll}-\lambda)\det((\mathcal{A}_{\mathcal{I}})_{x'}-\lambda)=0$, 进而 $\lambda\in W_{H_1\times\cdots\times H_n}(\mathcal{A})$. 类似地, 对于 $k<n-1$ 的情况, 通过归纳法可得到相应的结果.

定义 3.2.2. 设 $\mathcal{A}=(A_{ij})_{i,j=1}^{n}$ 为 Hilbert 空间 H 中的 $n\times n$ 阶无界算子矩阵. 记算子矩阵 $\mathcal{A}$ 的主对角元所构成的矩阵为 T, 即 $T:=\mathrm{diag}(A_{11},\cdots,A_{nn})$, 除对角元外其余算子所构成的矩阵记为 S, 若 S 相对 T 有界且相对界记为 δ_S, 则称 δ_S 为 $\mathcal{A}$ 的占优阶.

定理 3.2.17. 如果 $\mathcal{A}$ 是 $n\times n$ 阶主对角占优型算子矩阵且占优阶为 0, 那么

$$\sigma_{\mathrm{ap}}(\mathcal{A})\subset\overline{W^n(\mathcal{A})}.$$

如果 Ω 是 $\mathbb{C}\setminus\overline{W^n(\mathcal{A})}$ 的一个分量, 并且包含点 $\mu\in\rho(\mathcal{A})$, 那么有 $\Omega\subset\rho(\mathcal{A})$; 特别地, 如果 $\mathbb{C}\setminus\overline{W^n(\mathcal{A})}$ 的每个分量都包含点 $\mu\in\rho(\mathcal{A})$, 那么有 $\sigma(\mathcal{A})\subset\overline{W^n(\mathcal{A})}$.

证明 设

$$\mathcal{T}:=\begin{pmatrix}A_{11}&&\\&\ddots&\\&&A_{nn}\end{pmatrix},$$

$$\mathcal{S}=\mathcal{A}-\mathcal{T}:=\begin{pmatrix}0&A_{12}&\cdots&A_{1n}\\A_{21}&0&\cdots&A_{2n}\\\vdots&\vdots&&\vdots\\A_{n1}&A_{n2}&\cdots&0\end{pmatrix}.$$

设 $\lambda_0\in\sigma_{\mathrm{ap}}(\mathcal{A})$, 则存在点列 $(f^{(\nu)})_{\nu=1}^{\infty}=((f_1^{(\nu)}\ \cdots\ f_n^{(\nu)})^{\top})_{\nu=1}^{\infty}\subset\mathcal{A}$ 且 $\|f^{(\nu)}\|=1$, 使得

$$(\mathcal{A}-\lambda_0)f^{(\nu)}=:h^{(\nu)}\longrightarrow 0,\nu\to\infty. \tag{3.35}$$

因 $\mathcal{A}$ 的占优阶为 0, 所以 $\mathcal{A}$ 的非对角部分 $\mathcal{S}$ 相对 $\mathcal{A}$ 有界且 $\mathcal{A}-$ 界为 0. 因此由式 (3.35) 可得 $(\mathcal{S}f^{(\nu)})_1^{\infty}$ 是有界的, $(\mathcal{T}f^{(\nu)})_1^{\infty}=((\mathcal{A}-\mathcal{S})f^{(\nu)})_1^{\infty}$ 是有界的, 即 $(A_{jj}f_j^{(\nu)})_1^{\infty}, j=1,\cdots,n$ 是有界的. 因为 A_{ij} 相对 A_{jj} 有界, 所以存在 $a_{ij},b_{ij}\geqslant 0$ 和 $C>0$, 使得

$$\|A_{ij}f_j^{(\nu)}\|_i\leqslant a_{ij}\|f_j^{(\nu)}\|_j+b_{ij}\|A_{jj}f_j^{(\nu)}\|_j\leqslant C,$$

其中 $i,j=1,\cdots,n,i\neq j,\nu\in\mathbb{N}$. 综上, 对所有的 $i,j=1,\cdots,n$, 序列 $(A_{ij}f_j^{(\nu)})_{\nu=1}^{\infty}$ 都是有界的.

选取 $\hat{f}^{(\nu)}=(\hat{f}_1^{(\nu)}\ \cdots\ \hat{f}_n^{(\nu)})^{\top}\in\mathcal{D}(\mathcal{A})\cap S^n$, 使得

$$f_j^{(\nu)}=\|f_j^{(\nu)}\|_j\hat{f}_j^{(\nu)},j=1,\cdots,n; \tag{3.36}$$

如果 $f_j^{(\nu)}=0$, 那么 $\hat{f}_j^{(\nu)}$ 可以任意选择. 如果 $\lim\limits_{\nu\to\infty}\inf\|f_j^{(\nu)}\|_j>0,j=1,\cdots,n$, 那么设 $k:=0$ 且 $\{j_1,\cdots,j_k\}:=\varnothing$. 如果存在一个 $j_1\in\{1,\cdots,n\}$ 且

$$\lim_{\nu\to\infty}\inf\|f_{j_1}^{(\nu)}\|_{j_1}=0,$$

那么存在子序列 $(f^{(\nu_l)})_{l=1}^{\infty}$ 使得 $\lim\limits_{l\to\infty}\|f_{j_1}^{(\nu_l)}\|_{j_1}=0$. 如果存在 $j_2\in\{1,\cdots,n\}\backslash\{j_1\}$ 且 $\lim\limits_{\nu\to\infty}\inf\|f_{j_2}^{(\nu_l)}\|_{j_2}=0$, 那么选取一个子序列 $(f_{j_2}^{(\nu_{l_m})})_{m=1}^{\infty}$ 使得 $\lim\limits_{m\to\infty}\|f_{j_2}^{(\nu_{l_m})}\|_{j_2}=0$. 继续这个过程, 直到找到子序列 $(f^{(\nu_\mu)})_{\mu=1}^{\infty}$ 且 $\{j_1,\cdots,j_k\}\subset\{1,\cdots,n\}$ 使得

$$\lim_{\mu\to\infty}\|f_j^{(\nu_\mu)}\|_j=0,\ j\in\{j_1,\cdots,j_k\}, \tag{3.37}$$

$$\lim_{\mu\to\infty}\inf\|f_i^{(\nu_\mu)}\|_i>0,\ i\in\{1,\cdots,n\}\backslash\{j_1,\cdots,j_k\}. \tag{3.38}$$

由于 $\|f^{\nu}\|=1$, 集合 $\{i_1,\cdots,i_{n-k}\}:=\{1,\cdots,n\}\backslash\{j_1,\cdots,j_k\}$ 是非空的. 不失一般性, 假设序列 $(f^{(\nu)})_{\nu=1}^{\infty}$ 本身具有上述性质, 并且进一步假设,

$$\{j_1,\cdots,j_k\}=\{1,\cdots,k\},$$

$$\{i_1,\cdots,i_{n-k}\}:=\{1,\cdots,n\}\backslash\{j_1,\cdots,j_k\}=\{k+1,\cdots,n\},$$

$$\dim H_1\geqslant\cdots\geqslant\dim H_k,$$

$$\|f_i^{(\nu)}\|_i\geqslant\gamma_i>0,\nu\in\mathbb{N},i=k+1,\cdots,n,$$

其中 $\gamma_i>0,\ i\in\{k+1,\cdots,n\}$. 设 $k_0\in\{0,1,\cdots,k\}$, 使得

$$\dim H_j>n-j,\ j=1,\cdots,k_0, \tag{3.39}$$

$$\dim H_{k_0+1}\leqslant n-(k_0+1), \tag{3.40}$$

并设 P 为 H 在后 $n-k_0$ 个分量所构成子空间上的投影,

$$P:H_1\times\cdots\times H_n\longrightarrow H_{k_0+1}\times\cdots\times H_n.$$

下面将证明

$$\lambda_0 \in \overline{W^{n-k_0}(P\mathcal{A}P^*)}. \tag{3.41}$$

由于 k_0 满足式 (3.39), 根据性质 (3.2.16) 可得 $\overline{W^{n-k_0}(P\mathcal{A}P^*)} \subset \overline{W^n(\mathcal{A})}$, 因此可得 $\lambda_0 \in \overline{W^n(\mathcal{A})}$.

为了证明式 (3.41), 首先证明 $\mathcal{A} = (A_{ij})_{i,j=1}^n$ 的前 k_0 列所有非对角元素

$$A_{ij} f_j^{(\nu)} \longrightarrow 0,\ i = 1, \cdots, n,\ j = 1, \cdots, k_0,\ i \neq j. \tag{3.42}$$

设 $i \in \{1, \cdots, n\}$, $j \in \{1, \cdots, k_0\}$, $i \neq j$, 任意的 $\varepsilon > 0$. 由于序列 $((A_{jj} - \lambda_0) f_j^{(\nu)})_{\nu=1}^\infty$ 是有界的, 所以存在 $M > 0$ 使得

$$\|(A_{jj} - \lambda_0) f_j^{(\nu)}\|_j \leqslant M,\ \nu \in \mathbb{N}.$$

又因为 $\mathcal{A}$ 是 0 阶对角占优的, 所以当 $i \neq j$ 时, 算子 A_{ij} 是 A_{jj}– 有界的且 A_{jj}–界为 0. 因此, 存在常数 $a_{ij}, b_{ij} \geqslant 0$ 使得 $b_{ij} < \varepsilon/(2M)$ 且

$$\begin{aligned}\|A_{ij} f_j^{(\nu)}\|_i &\leqslant a_{ij} \|f_j^{(\nu)}\|_j + b_{ij} \|A_{jj} f_j^{(\nu)}\|_j \\ &\leqslant (a_{ij} + b_{ij}|\lambda_0|) \|f_j^{(\nu)}\|_j + b_{ij} \|(A_{jj} - \lambda_0) f_j^{(\nu)}\|_j,\ \nu \in \mathbb{N}.\end{aligned}$$

根据式 (3.37), 选取 $N \in \mathbb{N}$ 且 $\|f_j^{(\nu)}\|_j < \varepsilon/(2(a_{ij} + b_{ij}|\lambda_0|))$, $\nu \geqslant N$. 由此得出, 对于 $\nu \geqslant N$, $\|A_{ij} f_j^{(\nu)}\|_i < \varepsilon$, 从而证明了式 (3.42).

对式 (3.35) 的后 $n - k_0$ 个分量中的 $i = k_0 + 1, \cdots, n$, 利用式 (3.42), 当 $\nu \to \infty$ 时得到

$$(P\mathcal{A}P^* - \lambda_0 I_{n-k_0})(f_{k_0+1}^{(\nu)} \cdots f_n^{(\nu)})^\top =: (g_{k_0+1}^{(\nu)} \cdots g_n^{(\nu)})^\top \longrightarrow 0. \tag{3.43}$$

设 $\hat{f}_0^{(\nu)} := (\hat{f}_{k_0+1}^{(\nu)} \cdots \hat{f}_n^{(\nu)})^\top$, 考虑行列式

$$\begin{aligned}\Delta(\hat{f}_{k_0+1}^{(\nu)} \cdots \hat{f}_n^{(\nu)}; \lambda_0) &= \det((P\mathcal{A}P^*)_{\hat{f}_0^{(\nu)}} - \lambda_0 I_{n-k_0}) \\ &= \det\left(((A_{ij} \hat{f}_j^{(\nu)}, \hat{f}_i^{(\nu)})_i)_{i,j=k_0+1}^n - \lambda_0 I_{n-k_0}\right).\end{aligned} \tag{3.44}$$

其中矩阵序列 $(((A_{ij} \hat{f}_j^{(\nu)}, \hat{f}_i^{(\nu)})_i)_{i,j=k_0+1}^n - \lambda_0 I_{n-k_0})_{\nu=1}^\infty$ 是有界的. 事实上, 前 $k - k_0$ 列的所有元素都是有界的, 因为, 根据式 (3.40) 可知, 分量 $H_{k_0+1}, \cdots, H_k$ 是有

限维的, 所以算子 A_{ij}, $i\in\{k_0+1,\cdots,k\}$ 是有界的, 并且 $\|\hat{f}_j^{(\nu)}\|_j=1, j=k_0+1,\cdots,n$; 又因为

$$\|A_{ij}\hat{f}_j^{(\nu)}\|_i=\frac{1}{\|f_j^{(\nu)}\|_j}\|A_{ij}f_j^{(\nu)}\|_i\leqslant\frac{1}{\gamma_j}\|A_{ij}f_j^{(\nu)}\|_i, j=k+1,\cdots,n,$$

其中序列 $(A_{ij}f_j^{(\nu)})_{\nu=1}^{\infty}$ 的所有项是有界的 (同前面), 因此后 $n-k$ 列的所有项也均有界.

下面对式 (3.43) 中的 $n-k_0$ 个方程与 $\hat{f}_{k_0+1}^{(\nu)},\cdots,\hat{f}_n^{(\nu)}$ 作标量积. 例如, 对于 $(A_{in}\hat{f}_n^{(\nu)},\hat{f}_i^{(\nu)})_i$, $i=k_0+1,\cdots,n$, 可得

$$\begin{aligned}&(A_{in}\hat{f}_n^{(\nu)},\hat{f}_i^{(\nu)})_i\\=&\frac{1}{\|f_n^{(\nu)}\|_n}\left((g_i^{(\nu)},\hat{f}_i^{(\nu)})_i-\sum_{j=k_0+1}^{n-1}\|f_j^{(\nu)}\|_j(A_{ij}\hat{f}_j^{(\nu)},\hat{f}_i^{(\nu)})_i+\|f_i^{(\nu)}\|_i\lambda_0\right),\\&(A_{nn}\hat{f}_n^{(\nu)},\hat{f}_n^{(\nu)})_n-\lambda_0\\=&\frac{1}{\|f_n^{(\nu)}\|_n}\left((g_n^{(\nu)},\hat{f}_n^{(\nu)})_n-\sum_{j=k_0+1}^{n-1}\|f_j^{(\nu)}\|_j(A_{nj}\hat{f}_j^{(\nu)},\hat{f}_n^{(\nu)})_n\right).\end{aligned}$$

将式 (3.44) 中行列式的前 $n-k_0-1$ 列的相应倍数加到最后一列, 可得

$$\begin{aligned}&\Delta(\hat{f}_{k_0+1}^{(\nu)},\cdots,\hat{f}_n^{(\nu)};\lambda_0)\\=&\det\left(((A_{ij}\hat{f}_j^{(\nu)},\hat{f}_i^{(\nu)})_i)_{i=k_0+1,j=k_0+1}^{nn-1}\frac{1}{\|f_n^{(\nu)}\|_n}((g_i^{(\nu)},\hat{f}_i^{(\nu)})_i)_{i=k_0+1}^{n}\right).\end{aligned}$$

除最后一列外, 其余列所有元素都是有界的. 又因为 $g_i^{(\nu)}\to 0,\nu\to\infty$ 并且 $\|f_n^{(\nu)}\|_n\geqslant\gamma_n>0$, $\nu\in\mathbb{N}$, 所以最后一列的元素趋于 0. 按最后一列展开行列式, 可得

$$\Delta(\hat{f}_{k_0+1}^{(\nu)},\cdots,\hat{f}_n^{(\nu)};\lambda_0)\longrightarrow 0,\nu\to\infty.$$

由于 $\Delta(\hat{f}_{k_0+1}^{(\nu)},\cdots,\hat{f}_n^{(\nu)};\cdot)$ 是一元多项式, 记作

$$\Delta(\hat{f}_{k_0+1}^{(\nu)},\cdots,\hat{f}_n^{(\nu)};\lambda)=\prod_{i=1}^{n-k_0}(\lambda-\lambda_i^{(\nu)}),\ \nu\in\mathbb{N},$$

其中 $\lambda_i^{(\nu)} \in \mathbb{C}\ (i=1,\cdots,n-k_0)$ 是 $\Delta(\hat{f}_{k_0+1}^{(\nu)},\cdots,\hat{f}_n^{(\nu)};\lambda)=0$ 的解, 因此, $\lambda_i^{(\nu)} \in W^{n-k_0}(P\mathcal{A}P^*), i=1,\cdots,n-k_0$. 由 Hurwitz's 定理可知

$$\mathrm{dist}(\lambda_0, W^{n-k_0}(P\mathcal{A}P^*)) \leqslant \min\{|\lambda_1^{(\nu)}-\lambda_0|,\cdots,|\lambda_{n-k_0}^{(\nu)}-\lambda_0|\} \longrightarrow 0, \nu\to\infty.$$

因此, 由于维数满足式 (3.39), 通过命题 3.2.16 可得, $\lambda_0 \in \overline{W^{n-k_0}(P\mathcal{A}P^*)} \subset \overline{W^n(\mathcal{A})}$.

根据闭图像定理, 近似点谱 $\sigma_{\mathrm{ap}}(\mathcal{A})$ 是 $\mathcal{A}$ 的正则型点集 $\tilde{r}(\mathcal{A})$ 的补集, 即 $\sigma_{\mathrm{ap}}(\mathcal{A})=\mathbb{C}\backslash\tilde{r}(\mathcal{A})$, 其中 $\tilde{r}(\mathcal{A}):=\{\lambda\in\mathbb{C}:$ 存在 $C_\lambda>0, \|(\mathcal{A}-\lambda)f\|\geqslant C_\lambda\|f\|, f\in\mathcal{D}(\mathcal{A})\}$. 对于任意的 $\lambda\in\tilde{r}(\mathcal{A})$, 满足 $\mathcal{A}-\lambda$ 是单射, 且 $\lambda\mapsto \dim\mathcal{R}(\mathcal{A}-\lambda)^\perp$ 在 $\tilde{r}(\mathcal{A})$ 的每个分支上都是常数. 所以根据假设, 对所有的 $\lambda\in\mathbb{C}\setminus\overline{W^n(\mathcal{A})}$ 有 $\mathcal{R}(\mathcal{A}-\lambda)=H$, 即 $\mathbb{C}\setminus\overline{W^n(\mathcal{A})}\subset\rho(\mathcal{A})$.

推论 3.2.18. 如果 A_{ij} 是有界的或者 A_{ij} 相对 $A_{jj}-$ 紧 $(i,j=1,\cdots,n,i\neq j)$, 那么 $\sigma_{\mathrm{ap}}(\mathcal{A})\subset\overline{W^n(\mathcal{A})}$.

对于具有特殊结构的算子矩阵, 不满足定理 3.2.17 的条件时也可以得到类似的结果. 下面以无穷维 Hamilton 算子举例说明.

设 $H_1=H_2$ 为 Hilbert 空间, 称 $H=H_1\times H_1$ 上的 2×2 阶无界分块算子矩阵

$$\mathcal{H}=\begin{pmatrix} A & B \\ C & -A^* \end{pmatrix},\quad \mathcal{D}(\mathcal{H})=(\mathcal{D}(A)\cap\mathcal{D}(C))\times(\mathcal{D}(B)\cap\mathcal{D}(-A^*)) \tag{3.45}$$

为无穷维 Hamilton 算子, 其中 A 为闭算子且 B,C 为 H_1 上的自伴算子. 特别地, 若 $C=0$, 称 $\mathcal{H}$ 为上三角型 Hamilton 算子.

定理 3.2.19. 设 $\mathcal{H}$ 为由式 (3.45) 给定的上三角型 Hamilton 算子, 其中 $C=0$. 如果 $-A^*|_{\mathcal{D}(B)\cap\mathcal{D}(-A^*)}$ 为可闭算子, 那么 $\sigma_{\mathrm{ap}}(\mathcal{H})\subset\overline{W^2(\mathcal{H})}$.

证明 为了方便, 记 $-A_1^*:=-A^*|_{\mathcal{D}(B)\cap\mathcal{D}(-A^*)}$. 因 $-A_1^*$ 是可闭算子, 根据文献 [26] 的引理 2.5.16 可得 $\sigma_{\mathrm{ap}}(-A_1^*)=\sigma_{\mathrm{ap}}(-\overline{A_1^*})$. 由 $-A_1^*$ 的可闭性还可得 $\overline{W(-\overline{A_1^*})}=\overline{W(-A_1^*)}$. 事实上, 包含关系 $\overline{W(-A_1^*)}\subset\overline{W(-\overline{A_1^*})}$ 是显然的. 反之,

若 $\lambda\in\overline{W(-\overline{A_1^*})}$, 则存在 $g\in\mathcal{D}(-\overline{A_1^*})$, $\|g\|=1$ 使得 $\lambda=(-\overline{A_1^*}g,g)$. 从而, 存在序列 $(g_n)_1^\infty\subset\mathcal{D}(-A_1^*)$ 满足 $g_n\to g$, 且使得

$$(-\overline{A_1^*}g,g)=(\lim_{n\to\infty}-A_1^*g_n,\lim_{n\to\infty}g_n)=\lim_{n\to\infty}(-A_1^*g_n,g_n).$$

所以 $\lambda\in\overline{W(A_1^*)}$, 即 $\overline{W(-\overline{A_1^*})}\subset\overline{W(-A_1^*)}$. 故

$$\begin{aligned}\sigma_{\mathrm{ap}}(\mathcal{H})&\subset\sigma_{\mathrm{ap}}(A)\cup\sigma_{\mathrm{ap}}(-A_1^*)\subset\overline{W(A)}\cup\overline{W(-\overline{A_1^*})}\\&\subset\overline{W(A)}\cup\overline{W(-A_1^*)}=\overline{W(A)\cup W(-A_1^*)}\\&=\overline{W^2(\mathcal{H})}.\end{aligned}\tag{3.46}$$

注 3.2.2. 定理 3.2.19 中算子 $\mathcal{H}$ 的定义域为 $\mathcal{D}(\mathcal{H})=\mathcal{D}(A)\times(\mathcal{D}(B)\cap\mathcal{D}(-A^*))$, 此时 $\mathcal{H}$ 不一定是主对角占优型算子矩阵, 更不满足占优阶为 0 的条件.

推论 3.2.20. 设 $\mathcal{H}$ 为由式 (3.45) 给定的上三角型 Hamilton 算子, 其中 $C=0$. 若 $\mathcal{D}(B)\cap\mathcal{D}(-A^*)$ 为 $-A^*$ 的核或 $W(-A^*|_{\mathcal{D}(B)\cap\mathcal{D}(-A^*)})\neq\mathbb{C}$, 则 $\sigma_{\mathrm{ap}}(\mathcal{H})\subset\overline{W^2(\mathcal{H})}$.

对于主对角占优型的上三角型 Hamilton 算子, 有下面的结果.

定理 3.2.21. 设 $\mathcal{H}$ 为由式 (3.45) 给定的主对角占优型上三角型 Hamilton 算子. 若 $\mathbb{C}\setminus\overline{W(A)}$ 的每一个分支包含一个 $\lambda\in\rho(A)$, 且 $\mathbb{C}\setminus\overline{W(-A^*)}$ 的每一个分支包含一个 $\mu\in\rho(-A^*)$, 则 $\sigma(\mathcal{H})\subset\overline{W^2(\mathcal{H})}$.

证明 若 $\mathbb{C}\setminus\overline{W(A)}$ 的每一个分支包含一个 $\lambda\in\rho(A)$, 且 $\mathbb{C}\setminus\overline{W(-A^*)}$ 的每一个分支包含一个 $\mu\in\rho(-A^*)$, 则根据文献 [3] 中定理 V.3.2 可得 $\sigma(A)\subset\overline{W(A)}$ 且 $\sigma(-A^*)\subset\overline{W(-A^*)}$. 故, $\sigma(\mathcal{H})\subset\sigma(A)\cup\sigma(-A^*)\subset\overline{W(A)}\cup\overline{W(-A^*)}=\overline{W^2(\mathcal{H})}$.

对于主对角占优型的上三角型 Hamilton 算子, 当占优阶小于 1 时, 有下面的结论.

定理 3.2.22. 设 $\mathcal{H}$ 为由式 (3.45) 给定的主对角占优型上三角型 Hamilton 算子, 且占优阶 $\delta<1$. 若 $\mathcal{D}(A)=\mathcal{D}(A^*)$, 则 $\sigma(\mathcal{H})\subset\overline{W^2(\mathcal{H})}$.

证明 由于 $\mathcal{H}$ 为对角占优型算子矩阵且占优阶 $\delta<1$, 所以 $\mathcal{H}^*$ 可以表示为

$$\mathcal{H}^*=\begin{pmatrix} A^* & 0 \\ B & -A \end{pmatrix}.$$

此时, 对于 $f\in\mathcal{D}(A), g\in\mathcal{D}(A^*), \|f\|=\|g\|=1$, 由 $\mathcal{D}(A)=\mathcal{D}(A^*)$, 可得

$$\begin{aligned}(\mathcal{H}^*)_{f,g}&=\begin{pmatrix} (A^*f,f) & 0 \\ (Bf,g) & (-Ag,g) \end{pmatrix}\\ &=\begin{pmatrix} (Af,f) & (Bg,f) \\ 0 & (-A^*g,g) \end{pmatrix}^* \\ &=(\mathcal{H}_{f,g})^*,\end{aligned}\tag{3.47}$$

因此 $W^2(\mathcal{H}^*)=W^2(\mathcal{H})^*$. 根据定理 3.2.19, $\sigma_{\mathrm{ap}}(\mathcal{H})\subset\overline{W^2(\mathcal{H})}$, 所以只需证明 $\sigma_{\mathrm{r}}(\mathcal{H})\subset\overline{W^2(\mathcal{H})}$. 若 $\lambda\in\sigma_{\mathrm{r}}(\mathcal{H})$, 则 $\overline{\lambda}\in\sigma_{\mathrm{p}}(\mathcal{H}^*)\subset W^2(\mathcal{H}^*)=W^2(\mathcal{H})^*$, 即 $\lambda\in W^2(\mathcal{H})$. 故 $\sigma(\mathcal{H})\subset\overline{W^2(\mathcal{H})}$.

定理 3.2.23. 设 $\mathcal{H}$ 为由式 (3.45) 给定的主对角占优型上三角型 Hamilton 算子, 且占优阶 $\delta<1$. 若以下条件之一成立:

(i) $\sigma_{\mathrm{r}}(\mathcal{H})=\varnothing$;

(ii) $\sigma_{\mathrm{p}}(\mathcal{H})$ 关于虚轴对称;

(iii) $\sigma_{\mathrm{r}}(A)=\varnothing$ 且 $\sigma_{\mathrm{p}}(A)$ 关于虚轴对称.

则 $\sigma(\mathcal{H})\subset\overline{W^2(\mathcal{H})}$.

证明 因 $\mathcal{H}$ 为主对角占优的且占优阶 $\delta<1$, 所以 $\mathcal{H}$ 是辛自伴算子, 即 $J\mathcal{H}=(J\mathcal{H})^*$, 其中 $J=\left(\begin{smallmatrix} 0 & I \\ -I & 0 \end{smallmatrix}\right)$.

(i) 若 $\sigma_{\mathrm{r}}(\mathcal{H})=\varnothing$, 则根据定理 3.2.19, $\sigma(\mathcal{H})=\sigma_{\mathrm{ap}}(\mathcal{H})\subset\overline{W^2(\mathcal{H})}$.

(ii) 对于辛自伴算子矩阵 $\mathcal{H}$, $\sigma_{\mathrm{p}}(\mathcal{H})\cup\sigma_{\mathrm{r}}(\mathcal{H})$ 关于虚轴对称, 且 $\sigma_{\mathrm{r}}(\mathcal{H})$ 不包含关于虚轴对称的点. 于是 $\sigma_{\mathrm{r}}(\mathcal{H})=\varnothing$ 当且仅当 $\sigma_{\mathrm{p}}(\mathcal{H})$ 关于虚轴对称. 所以, 由 (i) 有 $\sigma(\mathcal{H})\subset\overline{W^2(\mathcal{H})}$.

(iii) 根据 $\sigma_{\mathrm{r}}(A)=\varnothing$, 有

$$\sigma_{\mathrm{p}}(\mathcal{H})\cup\sigma_{\mathrm{r}}(\mathcal{H})=\{\lambda\in\mathbb{C}:\lambda\in\sigma_{\mathrm{p}}(A)\text{ 或 }-\overline{\lambda}\in\sigma_{\mathrm{p}}(A)\}.$$

若 $\sigma_{\rm p}(A)$ 关于虚轴对称, 则 $\sigma_{\rm p}(\mathcal{H})\cup\sigma_{\rm r}(\mathcal{H})=\sigma_{\rm p}(A)$. 注意到 $\sigma_{\rm p}(A)\subseteq\sigma_{\rm p}(\mathcal{H})$, 因此 $\sigma_{\rm r}(\mathcal{H})=\varnothing$, 故结论成立.

对于一般的 2×2 阶 Hamilton 算子, 有下面的谱包含结果.

定理 3.2.24. 设 $\mathcal{H}$ 为由式 (3.45) 给定的主对角占优型 Hamilton 算子且占优阶为 0. 若 $\mathcal{D}(A)=\mathcal{D}(A^*)$, 则 $\sigma(\mathcal{H})\subset\overline{W^2(\mathcal{H})}$.

证明 根据定理 3.2.17, $\sigma_{\rm ap}(\mathcal{H})\subset\overline{W^2(\mathcal{H})}$. 类似于定理 3.2.22 的证明, 可得 $\sigma_{\rm r}(\mathcal{H})\subset\overline{W^2(\mathcal{H})}$, 于是 $\sigma(\mathcal{H})\subset\overline{W^2(\mathcal{H})}$.

推论 3.2.25. 设 $\mathcal{H}$ 为由式 (3.45) 给定的 Hamilton 算子, 且 $\mathcal{D}(A)=\mathcal{D}(A^*)$. 若 B 有界或相对于 $-A^*$ 紧, 且 C 有界或相对于 A 紧, 则 $\sigma(\mathcal{H})\subset\overline{W^2(\mathcal{H})}$.

对于扇形算子 T, T 的分数阶记为 T^γ, $\gamma\in(0,1)$, 定义参见文献 [29] 中 2.6 节, 文献 [30] 中 1.5.8.

推论 3.2.26. 设 $\mathcal{H}$ 为由式 (3.45) 给定的 Hamilton 算子, 且 $\mathcal{D}(A)=\mathcal{D}(A^*)$.

(i) 若 A 和 A^* 是扇形算子, 且存在 $\gamma,\eta\in(0,1)$ 使得 $\mathcal{D}(A^\gamma)\subset\mathcal{D}(C)$ 且 $\mathcal{D}((A^*)^\eta)\subset\mathcal{D}(B)$, 则 $\sigma(\mathcal{H})\subset\overline{W^2(\mathcal{H})}$;

(ii) 若存在 $\gamma,\eta\in(0,1)$ 使得 $\mathcal{D}(|A|^\gamma)\subset\mathcal{D}(C)$ 且 $\mathcal{D}(|A^*|^\eta)\subset\mathcal{D}(B)$, 则 $\sigma(\mathcal{H})\subset\overline{W^2(\mathcal{H})}$.

证明 (i) 因 A^γ 和 C 均为闭算子, 则包含关系 $\mathcal{D}(A^\gamma)\subset\mathcal{D}(C)$ 蕴含 C 相对于 A^γ 有界. 根据文献 [29] 中推论 2.6.11, 存在 $K>0$, 对于任意 $\varepsilon>0$, 有

$$\|A^\gamma x\|\leqslant K(\varepsilon^{-\gamma}\|x\|+\varepsilon^{1-\gamma}\|Ax\|),\ x\in\mathcal{D}(A)\subset\mathcal{D}(A^\gamma).$$

再结合 $\gamma<1$ 可得 A^γ 相对于 A 有界且 $A-$ 界为 0. 因 C 相对于 A^γ 有界, 则 C 相对于 A 有界且 $C-$ 界为 0. 类似地, 可以证明 B 相对于 A^* 有界且 A^*- 界为 0. 于是根据定理 3.2.24 可得 $\sigma(\mathcal{H})\subset\overline{W^2(\mathcal{H})}$.

(ii) 根据文献 [26] 中推论 2.1.20, $\mathcal{H}$ 为主对角占优型且占优阶为 0, 从而 $\sigma(\mathcal{H})\subset\overline{W^2(\mathcal{H})}$.

下面给出具体的例子, 利用二次数值域对无穷维 Hamilton 算子的谱进行估计.

例 3.2.2. 设 $H=\mathrm{L}^2([a,b],\mathbb{C})$ 且 $K=\mathrm{AC}([a,b],\mathbb{C})$ 为 $[a,b]$ 上绝对连续函数的空间. 考虑 Hamilton 算子 $\mathcal{H}=\begin{pmatrix} A & B \\ 0 & -A^* \end{pmatrix}$, 其中 $Au=p_0(x)u''+p_1(x)u'+p_2(x)u$, $-A^*u=-p_0(x)u''+p_1(x)u'-p_2(x)u$ 且 $Bu=\mathrm{i}u'$. 这里 $p_k(x), k=1,2,3$ 是实值函数, $p_0(x)<0$, p_0'', p_1', p_2 在 $[a,b]$ 上连续, 且

$$\mathcal{D}(A)=\mathcal{D}(-A^*)=\{x\in H: x,x'\in K, x''\in H, x(a)=x(b)=0\},$$
$$\mathcal{D}(B)=\{x\in H: x\in K, x'\in H, x(a)=x(b)\}.$$

则有

$$\begin{aligned}\sigma(\mathcal{H})\subset&\{\lambda\in\mathbb{C}:\mathrm{Re}\lambda\geqslant\gamma_1,|\arg(\lambda-\gamma_1)|\leqslant\arctan(\frac{1}{k_1})\}\\ &\cup\{\lambda\in\mathbb{C}:\mathrm{Re}\lambda\leqslant\gamma_2,|\arg(\lambda-\gamma_2)|\geqslant\pi-\arctan(\frac{1}{k_2})\}.\end{aligned}\tag{3.48}$$

事实上, 对于 $u\in\mathcal{D}(A)$,

$$\begin{aligned}(Au,u)&=\int_a^b(p_0(x)\,u''+p_1(x)\,u'+p_2(x)\,u)\,\overline{u}\,\mathrm{d}x\\ &=-\int_a^b p_0\,|u'|^2\,\mathrm{d}x+\int_a^b[(p_1-p_0')\,u'+p_2\,u]\,\overline{u}\,\mathrm{d}x.\end{aligned}\tag{3.49}$$

因为存在正数 m_0, M_1, M_2 使得 $-p_0(x)\geqslant m_0>0, |p_1(x)-p_0'(x)|\leqslant M_1, |p_2(x)|\leqslant M_2$, 所以对于任意的 $k_1>0$ 和 $\varepsilon>0$, 有

$$\begin{aligned}&\mathrm{Re}(Au,u)-k_1|\mathrm{Im}(Au,u)|\\ \geqslant&\, m_0\int_a^b|u'|^2\,\mathrm{d}x-(1+k_1)M_1\int_a^b|u'||u|\,\mathrm{d}x-M_2\int_a^b|u|^2\,\mathrm{d}x\\ \geqslant&\,[m_0-\varepsilon(1+k_1)M_1]\int_a^b|u'|^2\,\mathrm{d}x-(\frac{(1+k_1)M_1}{4\varepsilon}+M_2)\int_a^b|u|^2\,\mathrm{d}x.\end{aligned}\tag{3.50}$$

若取 ε 满足 $m_0-\varepsilon(1+k_1)M_1\geqslant 0$, 则存在非负数 γ_1 使得 $\mathrm{Re}(Au,u)-k_1|\mathrm{Im}(Au,u)|\geqslant\gamma_1(u,u)$. 即

$$|\mathrm{Im}(Au,u)|\leqslant\frac{1}{k_1}\mathrm{Re}((A-\gamma_1)u,u).$$

这意味着

$$W(A)\subset\{\lambda\in\mathbb{C}:\mathrm{Re}\lambda\geqslant\gamma_1,|\arg(\lambda-\gamma_1)|\leqslant\arctan(\frac{1}{k_1})\}.$$

类似地, 对于 $k_2 > 0$ 和 $\gamma_2 \geqslant 0$, 可得

$$W(-A^*) \subset \{\lambda \in \mathbb{C} : \mathrm{Re}\lambda \leqslant \gamma_2, |\arg(\lambda - \gamma_2)| \geqslant \pi - \arctan(\frac{1}{k_2})\}.$$

对于足够大的 $\lambda \in \mathbb{R} \cap (\mathbb{C} \setminus \overline{W(A)})$, 易验证 $-\lambda \notin \sigma_{\mathrm{p}}(A^*)$, 也就是, $\mathrm{def}(A + \lambda) = 0$. 再由 $\mathrm{nul}(A + \lambda) = 0$ 及 $\mathcal{R}(A + \lambda)$ 的闭性, 可得 $\lambda \in \rho(A)$. 这说明 $\rho(A) \cap (\mathbb{C} \setminus \overline{W(A)}) \neq \varnothing$. 类似地, 可推得 $\rho(-A^*) \cap (\mathbb{C} \setminus \overline{W(-A^*)}) \neq \varnothing$. 根据定理 3.2.21, 得到下面的谱估计结果:

$$\begin{aligned}\sigma(\mathcal{H}) \subset &\{\lambda \in \mathbb{C} : \mathrm{Re}\lambda \geqslant \gamma_1, |\arg(\lambda - \gamma_1)| \leqslant \arctan(\frac{1}{k_1})\} \\ &\cup \{\lambda \in \mathbb{C} : \mathrm{Re}\lambda \leqslant \gamma_2, |\arg(\lambda - \gamma_2)| \geqslant \pi - \arctan(\frac{1}{k_2})\}.\end{aligned} \tag{3.51}$$

注 3.2.3. 例 3.2.2 中的算子 A 为闭算子 (见文献 [3] 中例 III.5.14).

3.3 次对角占优型算子矩阵的谱估计

本节将 2×2 阶无界算子矩阵的谱包含关系推广到 $n \times n$ $(n \in \mathbb{N}, n \geqslant 2)$ 阶次对角占优型的算子矩阵

$$\mathcal{A} = (A_{ij})_{i,j=1}^{n} : \mathcal{D}(\mathcal{A}) = \mathcal{D}(A_{n1}) \times \mathcal{D}(A_{n-1,2}) \times \cdots \times \mathcal{D}(A_{1n}) \subset H \to H, \tag{3.52}$$

其中 $H = H_1 \times \cdots \times H_n$ 为 Hilbert 空间, A_{ij} 是 $A_{j'j}-$ 有界的 ($j \in \{1, \cdots, n\}$ 且 $i \neq j' = n - j + 1$). 因奇数阶算子矩阵 $\mathcal{A}$ 具有同时位于主对角线和次对角线上的公共元素 $A_{\frac{n+1}{2}, \frac{n+1}{2}}$, 而偶数阶算子矩阵不具有该性质, 因此将次对角占优型的算子矩阵分为奇数阶和偶数阶两种情形进行讨论. 利用二次补估计奇数阶和偶数阶两种情形下算子矩阵 $\mathcal{A}$ 的谱包含范围. 本节考虑 Hilbert 空间 H 上的 $1-$ 范数, 即: 任取 $x = (x_1 \ \cdots \ x_n) \in H$, 有 $\|x\| = \sum\limits_{i=1}^{n} \|x_i\|_{H_i}$. 类似于引理 3.2.1, 当 $\mathcal{A}$ 为 Hilbert 空间 $(H, \|\cdot\|_1)$ 上的 $n \times n$ 阶有界算子矩阵时, 记 $\|\mathcal{A}\|_1$ 为算子 $\mathcal{A}$ 的范数, 则有

$$\|\mathcal{A}\|_1 \leqslant \max_{1 \leqslant j \leqslant n} \sum_{i=1}^{n} \|A_{ij}\|_1.$$

3.3.1 奇数阶次对角占优型算子矩阵的谱估计

本节先后利用两类二次补估计奇数阶算子矩阵 $\mathcal{A}$ 的谱的分布范围, 并引入置换, 给出更为精确的谱包含关系.

为了方便阅读, 对于奇数阶算子矩阵 $\mathcal{A}$, 当利用第一类二次补 $T_1(\lambda)$ 研究算子矩阵 $\mathcal{A}$ 的谱估计范围时, 定义以下符号:

$$\mathcal{T}_{o,n}^{(1)}(\mathcal{A}) := \bigcup_{j=1}^{n-1} \mathcal{T}_{(o,n),j}^{(1)}(\mathcal{A}),$$

$$\mathcal{T}_{(o,n),j}^{(1)}(\mathcal{A}) := \{\lambda \in \mathbb{C} : M_{(o,n),j}^{(1)}(\lambda) \geqslant 1\}, j \in \{1, \cdots, n-1\} \setminus \{\frac{n-1}{2}\},$$

$$\mathcal{T}_{(o,n),\frac{n-1}{2}}^{(1)}(\mathcal{A}) := \{\lambda \in \rho(A_{\frac{n+1}{2},\frac{n+1}{2}}) : M_{(o,n),\frac{n-1}{2}}^{(1)}(\lambda) \geqslant 1\} \cup \sigma(A_{\frac{n+1}{2},\frac{n+1}{2}}),$$

其中

$$\begin{aligned}
&M_{(o,n),j}^{(1)}(\lambda) := \\
&\sum_{i=1,i\neq n'}^{n} \|\Big(\big((1-\bar{\delta}_{in})A_{in} + \bar{\delta}_{in}(A_{in} - \lambda I)\big)A_{1n}^{-1}\big((1-\bar{\delta}_{1,n-j})A_{1,n-j} + \bar{\delta}_{1,n-j}\cdot \\
&(A_{1,n-j} - \lambda I)\big) - (1-\bar{\delta}_{i,j+1})\big((1-\bar{\delta}_{i,n-j})A_{i,n-j} + \bar{\delta}_{i,n-j}(A_{i,n-j} - \lambda I)\big)\Big)\cdot \\
&\big(\bar{\delta}_{\frac{n+1}{2},n-j}(A_{\frac{n+1}{2},\frac{n+1}{2}} - \lambda I)^{-1} + (1-\bar{\delta}_{\frac{n+1}{2},n-j})A_{j+1,n-j}^{-1}\big)\|,
\end{aligned} \tag{3.53}$$

其中 $\bar{\delta}_{ij}$ 为由式 (3.21) 定义的克罗内克函数.

定理 3.3.1. 设 $\mathcal{A}$ 为由式 (3.52) 定义的奇数阶闭算子矩阵, 并且满足 $0 \in \bigcap_{l=1,l\neq\frac{n+1}{2}}^{n} \rho(A_{ll'})$, 则 $\sigma(\mathcal{A}) \subset \mathcal{T}_{o,n}^{(1)}(\mathcal{A})$.

证明 取 $\lambda \notin \mathcal{T}_{o,n}^{(1)}(\mathcal{A})$, 记

$$L = \begin{pmatrix} & & & & A_{2,n-1} \\ & & & \iddots & \\ & & A_{\frac{n-1}{2},\frac{n+3}{2}} & & \\ & (A_{\frac{n+1}{2},\frac{n+1}{2}} - \lambda I) & & & \\ \iddots & & & & \\ A_{n1} & & & & \end{pmatrix},$$

则 L 具有有界逆, 且

$$L^{-1} = \bar{\delta}_{ij'}\big(\bar{\delta}_{\frac{n+1}{2},n-j}(A_{j+1,n-j} - \lambda I)^{-1} + (1 - \bar{\delta}_{\frac{n+1}{2},n-j})A_{j+1,n-j}^{-1}\big)_{i=2,j=1}^{n\quad n-1}.$$

令

$$\mathcal{A}_{o,n}^{(1)} = \mathcal{A} - \lambda I = \begin{pmatrix} A(\lambda) & B \\ C(\lambda) & D(\lambda) \end{pmatrix},$$

其中

$$\begin{aligned} &A(\lambda) = \big((1 - \bar{\delta}_{1j})A_{1j} + \bar{\delta}_{1j}(A_{1j} - \lambda I)\big)_{j=1}^{n-1},\ B = A_{1n}, \\ &C(\lambda) = L + \Big((1 - \bar{\delta}_{ij'})\big((1 - \bar{\delta}_{ij})A_{ij} + \bar{\delta}_{ij}(A_{ij} - \lambda I)\big)\Big)_{i=2,j=1}^{n\quad n-1}, \\ &D(\lambda) = \big((1 - \bar{\delta}_{in})A_{in} + \bar{\delta}_{in}(A_{in} - \lambda I)\big)_{i=2}^{n}. \end{aligned} \tag{3.54}$$

此时记 $T^{(1)}(\lambda) := C(\lambda) - D(\lambda)B^{-1}A(\lambda)$. 由 A_{ij} $(i \neq j')$ 相对于 $A_{j'j}$- 有界知, $D(\lambda)$ 相对于 B 有界. 又因 $\lambda \notin \mathcal{T}_{o,n}^{(1)}(\mathcal{A})$, 根据推论 3.1.9, 要证明 $\lambda \in \rho(\mathcal{A})$, 只需

验证 $T^{(1)}(\lambda)$ 具有全空间上的有界逆即可.

$$
\begin{aligned}
&T^{(1)}(\lambda)\\
=&L+\Big((1-\bar{\delta}_{ij'})\big((1-\bar{\delta}_{ij})A_{ij}+\bar{\delta}_{ij}(A_{ij}-\lambda I)\big)\Big)_{i=2,j=1}^{n\quad n-1}-\Big(\big((1-\bar{\delta}_{in})A_{in}+\\
&\bar{\delta}_{in}(A_{in}-\lambda I)\big)A_{1n}^{-1}\big((1-\bar{\delta}_{1j})A_{1j}+\bar{\delta}_{1j}(A_{1j}-\lambda I)\big)\Big)_{i=2,j=1}^{n\quad n-1}\\
=&\Bigg(I-\Big(\big((1-\bar{\delta}_{in})A_{in}+\bar{\delta}_{in}(A_{in}-\lambda I)\big)A_{1n}^{-1}\big((1-\bar{\delta}_{1j})A_{1j}+\bar{\delta}_{1j}(A_{1j}-\lambda I)\big)-\\
&(1-\bar{\delta}_{ij'})\big((1-\bar{\delta}_{ij})A_{ij}+\bar{\delta}_{ij}(A_{ij}-\lambda I)\big)\Big)_{i=2,j=1}^{n\quad n-1}\cdot L^{-1}\Bigg)L\\
=&\Bigg(I-\Bigg(\Big(\big((1-\bar{\delta}_{in})A_{in}+\bar{\delta}_{in}(A_{in}-\lambda I)\big)A_{1n}^{-1}\big((1-\bar{\delta}_{n-j,j})A_{1,n-j}+\bar{\delta}_{1,n-j}\cdot\\
&(A_{1,n-j}-\lambda I)\big)-(1-\bar{\delta}_{i,j+1})\big((1-\bar{\delta}_{i,n-j})A_{i,n-j}+\bar{\delta}_{i,n-j}(A_{i,n-j}-\lambda I)\big)\Big)\cdot\\
&\Big(\bar{\delta}_{\frac{n+1}{2},n-j}(A_{\frac{n+1}{2},\frac{n+1}{2}}-\lambda I)^{-1}+(1-\bar{\delta}_{\frac{n+1}{2},n-j})A_{j+1,n-j}^{-1}\Big)\Bigg)_{i=2,j=1}^{n\quad n-1}\Bigg)L,
\end{aligned}
$$

令 $\triangle_{o,n-1}^{(1)}:=(\triangle_{ij})_{i=2,j=1}^{n\quad n-1}$, 其中

$$
\begin{aligned}
\triangle_{ij}:=&\Big(\big((1-\bar{\delta}_{in})A_{in}+\bar{\delta}_{in}(A_{in}-\lambda I)\big)A_{1n}^{-1}\big((1-\bar{\delta}_{n-j,j})A_{1,n-j}+\bar{\delta}_{1,n-j}\cdot\\
&(A_{1,n-j}-\lambda I)\big)-(1-\bar{\delta}_{i,j+1})\big((1-\bar{\delta}_{i,n-j})A_{i,n-j}+\bar{\delta}_{i,n-j}(A_{i,n-j}-\lambda I)\big)\Big)\cdot\\
&\big(\bar{\delta}_{\frac{n+1}{2},n-j}(A_{\frac{n+1}{2},\frac{n+1}{2}}-\lambda I)^{-1}+(1-\bar{\delta}_{\frac{n+1}{2},n-j})A_{j+1,n-j}^{-1}\big).
\end{aligned}
$$

根据引理 1.1.3 知, 下面只需证明 $\|\triangle_{o,n-1}^{(1)}\|_1<1$. 事实上,

$$
\begin{aligned}
&\|\triangle_{o,n-1}^{(1)}\|_1\leqslant\max_{1\leqslant j\leqslant n-1}\sum_{i=2}^{n}\|\triangle_{ij}\|\\
=&\max_{1\leqslant j\leqslant n-1}\sum_{i=2}^{n}\Big\|\Big(\big((1-\bar{\delta}_{in})A_{in}+\bar{\delta}_{in}(A_{in}-\lambda I)\big)A_{1n}^{-1}\big((1-\bar{\delta}_{1,n-j})A_{1,n-j}+\\
&\bar{\delta}_{1,n-j}(A_{1,n-j}-\lambda I)\big)-(1-\bar{\delta}_{i,j+1})\big((1-\bar{\delta}_{i,n-j})A_{i,n-j}+\bar{\delta}_{i,n-j}\cdot\\
&(A_{i,n-j}-\lambda I)\big)\Big)\big(\bar{\delta}_{\frac{n+1}{2},n-j}(A_{\frac{n+1}{2},\frac{n+1}{2}}-\lambda I)^{-1}+(1-\bar{\delta}_{\frac{n+1}{2},n-j})A_{j+1,n-j}^{-1}\big)\Big\|\\
=&\max_{1\leqslant j\leqslant n-1}M_{(o,n),j}^{(1)}(\lambda)<1.
\end{aligned}
$$

综上所述, 当 $0 \in \bigcap_{l=1, l\neq \frac{n+1}{2}}^{n} \rho(A_{ll'})$ 时, 有 $\sigma(\mathcal{A}) \subset \mathcal{T}_{o,n}^{(1)}(\mathcal{A})$.

在定理 3.3.1 的谱估计过程中, 将算子矩阵 $\mathcal{A}-\lambda I$ 进行了如下的分块

$$\mathcal{A}-\lambda I = \begin{pmatrix} A(\lambda) & B \\ C(\lambda) & D(\lambda) \end{pmatrix},$$

再利用算子多项式 $T_1(\lambda)$ 给出谱包含关系. 那么, 根据条件 $0 \in \bigcap_{l=1, l\neq \frac{n+1}{2}}^{n} \rho(A_{ll'})$, 下面将算子矩阵 $\mathcal{A}-\lambda I$ 进行另外一种分块

$$\mathcal{A}-\lambda I = \begin{pmatrix} A(\lambda) & B(\lambda) \\ C & D(\lambda) \end{pmatrix}.$$

同理, 再利用算子多项式 $T_2(\lambda)$, 得出奇数阶算子矩阵 $\mathcal{A}$ 的另外一种谱包含关系.

当利用第二类二次补 $T_2(\lambda)$ 讨论算子矩阵 $\mathcal{A}$ 的谱分布范围时, 定义以下符号:

$$\mathcal{T}_{o,n}^{(2)}(\mathcal{A}) := \bigcup_{j=2}^{n} \mathcal{T}_{(o,n),j}^{(2)}(\mathcal{A}),$$

$$\mathcal{T}_{(o,n),j}^{(2)}(\mathcal{A}) := \{\lambda \in \mathbb{C} : M_{(o,n),j}^{(2)}(\lambda) \geqslant 1\}, j \in \{2,\cdots,n\} \setminus \{\frac{n+3}{2}\},$$

$$\mathcal{T}_{(o,n),\frac{n+3}{2}}^{(2)}(\mathcal{A}) := \{\lambda \in \rho(A_{\frac{n+1}{2},\frac{n+1}{2}}) : M_{(o,n),\frac{n+3}{2}}^{(2)}(\lambda) \geqslant 1\} \cup \sigma(A_{\frac{n+1}{2},\frac{n+1}{2}}),$$

其中

$$\begin{aligned} M_{(o,n),j}^{(2)}(\lambda) := \sum_{i=1}^{n-1} \| \Big(& \big((1-\bar{\delta}_{i1})A_{i1} + \bar{\delta}_{i1}(A_{i1}-\lambda I)\big) A_{n1}^{-1} \big((1-\bar{\delta}_{n,j'+1})A_{n,j'+1} + \\ & \bar{\delta}_{n,j'+1}(A_{n,j'+1}-\lambda I)\big) - (1-\bar{\delta}_{i,j-1})\big((1-\bar{\delta}_{i,j'+1})A_{i,j'+1} + \bar{\delta}_{i,j'+1} \cdot \\ & (A_{i,j'+1}-\lambda I)\big)\Big) \big(\bar{\delta}_{\frac{n+1}{2},j'+1}(A_{\frac{n+1}{2},\frac{n+1}{2}}-\lambda I)^{-1} + (1-\bar{\delta}_{\frac{n+1}{2},j'+1}) \cdot \\ & A_{j-1,j'+1}^{-1}\big) \|. \end{aligned}$$

定理 3.3.2. 设 $\mathcal{A}$ 为由式 (3.52) 定义的奇数阶闭算子矩阵, 并且满足 $0 \in \bigcap_{l=1, l\neq \frac{n+1}{2}}^{n} \rho(A_{ll'})$, 则 $\sigma(\mathcal{A}) \subset \mathcal{T}_{o,n}^{(2)}(\mathcal{A})$.

证明 可参照定理 3.3.1.

推论 3.3.3. 设 $\mathcal{A}$ 为由式 (3.52) 定义的奇数阶闭算子矩阵, 并且满足 $0 \in \bigcap\limits_{l=1, l\neq \frac{n+1}{2}}^{n} \rho(A_{ll'})$. 则

$$\sigma(\mathcal{A}) \subset \mathcal{T}_{o,n}^{(1)}(\mathcal{A}) \cap \mathcal{T}_{o,n}^{(2)}(\mathcal{A}).$$

下面引入同上一节定义的置换 π. 对于奇数阶算子矩阵 $\mathcal{A}$, 假设 π 为集合 $\{1,\cdots,n\}$ 的一个置换, 为了保证算子矩阵 $\mathcal{A}$ 的次对角占优性, 考虑满足等式 $i+j=n+1$ $(i,j\in\{1,\cdots,n\})$ 的置换 $\pi(i)=j$. 当 $0 \in \bigcap\limits_{l=1, l\neq \frac{n+1}{2}}^{n} \rho(A_{ll'})$ 时, 易知 $0 \in \bigcap\limits_{l=1, l\neq \frac{n+1}{2}}^{n} \rho(\mathcal{A}(\pi)_{ll'})$, 则由定理 3.3.1 知 $\sigma(\mathcal{A}) = \sigma(\mathcal{A}(\pi)) \subset \mathcal{T}_{o,n}^{(1)}(\mathcal{A}(\pi))$. 对于奇数阶算子矩阵 $\mathcal{A}$, 共有 $(n-1)/2$ 种置换方式. 由式 (3.53), 对于集合 $\{1,\cdots,n\}$, 只需考虑满足 $\pi(1)=n$ 的置换, 而集合中除了 $1,n$ 以外的其余元素是否置换不改变谱估计的结果. 事实上, 设 π_1 满足 $\pi_1(1)=n$ 且 $\pi_1(j)=k$ $(j,k\in\{2,\cdots,n-1\}$ 且 $j\neq k)$, π_2 满足 $\pi_2(1)=n$ 且 $\pi_2(j)=j$ $(j\in\{2,\cdots,n-1\})$, 那么根据式 (3.53), 容易验证 $\mathcal{T}_{o,n}^{(1)}(\mathcal{A}(\pi_1)) = \mathcal{T}_{o,n}^{(1)}(\mathcal{A}(\pi_2))$.

命题 3.3.4. 设 $\mathcal{A}$ 为由式 (3.52) 定义的奇数阶算子矩阵, $0 \in \bigcap\limits_{l=1, l\neq \frac{n+1}{2}}^{n} \rho(A_{ll'})$. 并设 π 为集合 $\{1,\cdots,n\}$ 的一个置换且满足 $\pi(1)=n$, 则

$$\mathcal{T}_{o,n}^{(1)}(\mathcal{A}(\pi)) = \mathcal{T}_{o,n}^{(2)}(\mathcal{A}).$$

证明 取 $j,k\in\{1,\cdots,n\}$ 满足 $j+k=n+1$ 且 $\pi(j)=k$ 时, 有

$$\begin{aligned}
&M_{(o,n),j}^{(1)}(\lambda;\mathcal{A}(\pi))\\
=&\sum_{i=1, i\neq[\pi^{-1}(n)]'}^{n} \Big\|\Big(\big((1-\bar{\delta}_{\pi^{-1}(i),\pi^{-1}(n)})\mathcal{A}(\pi)_{in} + \bar{\delta}_{\pi^{-1}(i),\pi^{-1}(n)}(\mathcal{A}(\pi)_{in}-\lambda I)\big)\cdot\\
&\mathcal{A}(\pi)_{1n}^{-1}\big((1-\bar{\delta}_{\pi^{-1}(1),\pi^{-1}(n-j)})\mathcal{A}(\pi)_{1,n-j} + \bar{\delta}_{\pi^{-1}(1),\pi^{-1}(n-j)}(\mathcal{A}(\pi)_{1,n-j}-\lambda I)\big) -\\
&(1-\bar{\delta}_{\pi^{-1}(i),\pi^{-1}(j+1)})\cdot\big((1-\bar{\delta}_{\pi^{-1}(i),\pi^{-1}(n-j)})\mathcal{A}(\pi)_{i,n-j} + \bar{\delta}_{\pi^{-1}(i),\pi^{-1}(n-j)}\cdot\\
&(\mathcal{A}(\pi)_{i,n-j}-\lambda I)\big)\Big)\big(\bar{\delta}_{\pi^{-1}(\frac{n+1}{2}),\pi^{-1}(n-j)}(\mathcal{A}(\pi)_{\frac{n+1}{2},\frac{n+1}{2}}-\lambda I)^{-1} +\\
&(1-\bar{\delta}_{\pi^{-1}(\frac{n+1}{2}),\pi^{-1}(n-j)})\mathcal{A}(\pi)_{j+1,n-j}^{-1}\big)\Big\|
\end{aligned}$$

$$= \sum_{i=1,i\neq 1'}^{n} \|\Big(\big((1-\bar{\delta}_{i1})A_{\pi^{-1}(i),\pi^{-1}(n)}+\bar{\delta}_{i1}(A_{\pi^{-1}(i),\pi^{-1}(n)}-\lambda I)\big)A^{-1}_{\pi^{-1}(1),\pi^{-1}(n)}\cdot$$
$$\big((1-\bar{\delta}_{n,k'+1})A_{\pi^{-1}(1),\pi^{-1}(n-j)}+\bar{\delta}_{n,k'+1}(A_{\pi^{-1}(1),\pi^{-1}(n-j)}-\lambda I)\big)-(1-\bar{\delta}_{i,k-1})\cdot$$
$$\big((1-\bar{\delta}_{i,k'+1})A_{\pi^{-1}(i),\pi^{-1}(n-j)}+\bar{\delta}_{i,k'+1}(A_{\pi^{-1}(i),\pi^{-1}(n-j)}-\lambda I)\big)\Big)\cdot\big(\bar{\delta}_{\frac{n+1}{2},k'+1}$$
$$(A_{\pi^{-1}(\frac{n+1}{2}),\pi^{-1}(\frac{n+1}{2})}-\lambda I)^{-1}+(1-\bar{\delta}_{\frac{n+1}{2},k'+1})A^{-1}_{\pi^{-1}(j+1),\pi^{-1}(n-j)}\big)\|$$
$$=\sum_{i=1}^{n-1}\|\Big(\big((1-\bar{\delta}_{i1})A_{i1}+\bar{\delta}_{i1}(A_{i1}-\lambda I)\big)A_{n1}^{-1}\big((1-\bar{\delta}_{n,k'+1})A_{n,k'+1}+\bar{\delta}_{n,k'+1}(A_{n,k'+1}$$
$$-\lambda I)\big)-(1-\bar{\delta}_{i,k-1})\big((1-\bar{\delta}_{i,k'+1})A_{i,k'+1}+\bar{\delta}_{i,k'+1}(A_{i,k'+1}-\lambda I)\big)\Big)\cdot$$
$$\big(\bar{\delta}_{\frac{n+1}{2},k'+1}(A_{\frac{n+1}{2},\frac{n+1}{2}}-\lambda I)^{-1}+(1-\bar{\delta}_{\frac{n+1}{2},k'+1})A^{-1}_{k-1,k'+1}\big)\|$$
$$=M^{(2)}_{(o,n),k}(\lambda;\mathcal{A}).$$

故 $\mathcal{T}^{(1)}_{o,n}(\mathcal{A}(\pi))=\mathcal{T}^{(2)}_{o,n}(\mathcal{A})$.

注 3.3.1. 对于奇数阶闭算子矩阵 $\mathcal{A}$, 由命题 3.3.4, 当引入置换 π 且满足 $\pi(1)=n$ 时, 可得出与推论 3.3.3 相同的谱包含关系.

3.3.2 偶数阶次对角占优型算子矩阵的谱估计

本节研究偶数阶算子矩阵 $\mathcal{A}$ 的谱包含关系.

为了方便本节的阅读, 对于偶数阶算子矩阵 $\mathcal{A}$, 当利用第一类二次补 $T_1(\lambda)$ 研究算子矩阵 $\mathcal{A}$ 的谱分布范围时, 定义以下符号:

$$\mathcal{T}^{(1)}_{e,n}(\mathcal{A}):=\bigcup_{j=1}^{n-1}\mathcal{T}^{(1)}_{(e,n),j}(\mathcal{A}),$$

$$\mathcal{T}^{(1)}_{(e,n),j}(\mathcal{A}):=\{\lambda\in\mathbb{C}:M^{(1)}_{(e,n),j}(\lambda)\geqslant 1\},j\in\{1,\cdots,n-1\},$$

其中

$$M^{(1)}_{(e,n),j}(\lambda):=\sum_{i=2}^{n}\|\big((1-\bar{\delta}_{in})A_{in}+\bar{\delta}_{in}(A_{in}-\lambda I)\big)A_{1n}^{-1}\big((1-\bar{\delta}_{1,n-j})A_{1,n-j}+$$
$$\bar{\delta}_{1,n-j}(A_{1,n-j}-\lambda I)\big)A^{-1}_{j+1,n-j}-(1-\bar{\delta}_{i,j+1})\big((1-\bar{\delta}_{i,n-j})A_{i,n-j}+$$
$$\bar{\delta}_{i,n-j}(A_{i,n-j}-\lambda I)\big)A^{-1}_{j+1,n-j}\|.$$

定理 3.3.5. 设 $\mathcal{A}$ 为 Hilbert 空间 H 上由式 (3.52) 定义的偶数阶闭算子矩阵, $0 \in \bigcap\limits_{l=1}^{n} \rho(A_{ll'})$, 则 $\sigma(\mathcal{A}) \subset \mathcal{T}_{e,n}^{(1)}(\mathcal{A})$.

证明 取 $\lambda \notin \mathcal{T}_{e,n}^{(1)}(\mathcal{A})$, 记

$$L = \begin{pmatrix} & & & A_{2,n-1} \\ & & \iddots & \\ & A_{n-1,2} & & \\ A_{n1} & & & \end{pmatrix},$$

则 L 具有有界逆, 且

$$L^{-1} = (\bar{\delta}_{ij'} A_{j+1,n-j}^{-1})_{i=2,j=1}^{n\quad n-1}.$$

令

$$\mathcal{A}_{e,n}^{(1)} = \mathcal{A} - \lambda I = \begin{pmatrix} A(\lambda) & B \\ C(\lambda) & D(\lambda) \end{pmatrix},$$

其中, $A(\lambda), B, C(\lambda), D(\lambda)$ 同式 (3.54). 记 $T^{(1)}(\lambda) := C(\lambda) - D(\lambda)B^{-1}A(\lambda)$. 由 $A_{ij}\ (i \neq j')$ 相对于 $A_{j'j}$- 有界知, $D(\lambda)$ 相对于 B 有界. 根据推论 3.1.9, 要证明 $\lambda \in \rho(\mathcal{A})$, 只需证明 $T^{(1)}(\lambda)$ 具有全空间上的有界逆即可.

$$\begin{aligned}
&T^{(1)}(\lambda)\\
=&L + \Big((1-\bar{\delta}_{ij'})\big((1-\bar{\delta}_{ij})A_{ij} + \bar{\delta}_{ij}(A_{ij} - \lambda I)\big)\Big)_{i=2,j=1}^{n\quad n-1} - \Big(\big((1-\bar{\delta}_{in})A_{in} + \\
&\bar{\delta}_{in}(A_{in} - \lambda I)\big)A_{1n}^{-1}\big((1-\bar{\delta}_{1j})A_{1j} + \bar{\delta}_{1j}(A_{1j} - \lambda I)\big)\Big)_{i=2,j=1}^{n\quad n-1}\\
=&\Bigg(I - \Big(\big((1-\bar{\delta}_{in})A_{in} + \bar{\delta}_{in}(A_{in} - \lambda I)\big)A_{1n}^{-1}\big((1-\bar{\delta}_{1j})A_{1j} + \bar{\delta}_{1j}(A_{1j} - \lambda I)\big) - \\
&(1-\bar{\delta}_{ij'})\big((1-\bar{\delta}_{ij})A_{ij} + \bar{\delta}_{ij}(A_{ij} - \lambda I)\big)\Big)_{i=2,j=1}^{n\quad n-1} \cdot L^{-1}\Bigg)L\\
=&\Bigg(I - \Big(\big((1-\bar{\delta}_{in})A_{in} + \bar{\delta}_{in}(A_{in} - \lambda I)\big)A_{1n}^{-1}\big((1-\bar{\delta}_{1j})A_{1j} + \bar{\delta}_{1j}(A_{1j} - \lambda I)\big) - \\
&(1-\bar{\delta}_{ij'})\big((1-\bar{\delta}_{ij})A_{ij} + \bar{\delta}_{ij}(A_{ij} - \lambda I)\big)\Big)_{i=2,j=1}^{n\quad n-1}\big(\bar{\delta}_{ij'} A_{j+1,n-j}^{-1}\big)_{i=2,j=1}^{n\quad n-1}\Bigg)L
\end{aligned}$$

$$=\left(I-\Big(\big((1-\bar{\delta}_{in})A_{in}+\bar{\delta}_{in}(A_{in}-\lambda I)\big)A_{1n}^{-1}\big((1-\bar{\delta}_{1,n-j})A_{1,n-j}+\right.$$

$$\bar{\delta}_{1,n-j}(A_{1,n-j}-\lambda I)\big)A_{j+1,n-j}^{-1}-(1-\bar{\delta}_{i,j+1})\big((1-\bar{\delta}_{i,n-j})A_{i,n-j}+$$

$$\left.\bar{\delta}_{i,n-j}(A_{i,n-j}-\lambda I)\big)A_{j+1,n-j}^{-1}\Big)_{i=2,j=1}^{n\quad n-1}\right)L,$$

令 $\triangle_{e,n-1}^{(1)}:=(\triangle_{ij})_{i=2,j=1}^{n\quad n-1}$，其中

$$\begin{aligned}\triangle_{ij}:=&\big((1-\bar{\delta}_{in})A_{in}+\bar{\delta}_{in}(A_{in}-\lambda I)\big)A_{1n}^{-1}\big((1-\bar{\delta}_{1,n-j})A_{1,n-j}+\bar{\delta}_{1,n-j}\cdot\\&(A_{1,n-j}-\lambda I)\big)A_{j+1,n-j}^{-1}-(1-\bar{\delta}_{i,j+1})\big((1-\bar{\delta}_{i,n-j})A_{i,n-j}+\bar{\delta}_{i,n-j}\cdot\\&(A_{i,n-j}-\lambda I)\big)A_{j+1,n-j}^{-1}.\end{aligned}$$

根据引理 1.1.3 知, 下面只需证明 $\|\triangle_{e,n-1}^{(1)}\|_1<1$. 事实上,

$$\begin{aligned}&\|\triangle_{e,n-1}^{(1)}\|_1\leqslant\max_{1\leqslant j\leqslant n-1}\sum_{i=2}^{n}\|\triangle_{ij}\|\\=&\max_{1\leqslant j\leqslant n-1}\sum_{i=2}^{n}\|\big((1-\bar{\delta}_{in})A_{in}+\bar{\delta}_{in}(A_{in}-\lambda I)\big)A_{1n}^{-1}\big((1-\bar{\delta}_{1,n-j})A_{1,n-j}+\bar{\delta}_{1,n-j}\cdot\\&(A_{1,n-j}-\lambda I)\big)A_{j+1,n-j}^{-1}-(1-\bar{\delta}_{i,j+1})\big((1-\bar{\delta}_{i,n-j})A_{i,n-j}+\bar{\delta}_{i,n-j}\cdot\\&(A_{i,n-j}-\lambda I)\big)A_{j+1,n-j}^{-1}\|\\=&\max_{1\leqslant j\leqslant n-1}M_{(e,n),j}^{(1)}(\lambda)<1.\end{aligned}$$

综上所述, 当 $0\in\bigcap\limits_{l=1}^{n}\rho(A_{ll'})$ 时, 有 $\sigma(\mathcal{A})\subset\mathcal{T}_{e,n}^{(1)}(\mathcal{A})$.

将偶数阶算子矩阵 $\mathcal{A}-\lambda I$ 进行如下的分块

$$\mathcal{A}-\lambda I=\begin{pmatrix}A(\lambda)&B(\lambda)\\C&D(\lambda)\end{pmatrix},$$

同理, 利用算子多项式 $T_2(\lambda)$, 得出偶数阶算子矩阵 $\mathcal{A}$ 的另外一种谱包含关系.

当利用第二类二次补 $T_2(\lambda)$ 刻画算子矩阵 $\mathcal{A}$ 的谱估计范围时, 定义以下符号:

$$\mathcal{T}_{e,n}^{(2)}(\mathcal{A}):=\bigcup_{j=2}^{n}\mathcal{T}_{(e,n),j}^{(2)}(\mathcal{A}),$$

$$\mathcal{T}^{(2)}_{(e,n),j}(\mathcal{A}) := \{\lambda \in \mathbb{C} : M^{(2)}_{(e,n),j}(\lambda) \geqslant 1\},\ j \in \{2,\cdots,n\},$$

$$\begin{aligned}M^{(2)}_{(e,n),j}(\lambda) := \sum_{i=1}^{n-1} \|&\big((1-\bar{\delta}_{i1})A_{i1}+\bar{\delta}_{i1}(A_{i1}-\lambda I)\big)A_{n1}^{-1}\big((1-\bar{\delta}_{n,j'+1})A_{n,j'+1}+\\&\bar{\delta}_{n,j'+1}(A_{n,j'+1}-\lambda I)\big)A^{-1}_{j-1,j'+1}-(1-\bar{\delta}_{i,j-1})\big((1-\bar{\delta}_{i,j'+1})A_{i,j'+1}+\\&\bar{\delta}_{i,j'+1}(A_{i,j'+1}-\lambda I)\big)A^{-1}_{j-1,j'+1}\|.\end{aligned}$$

定理 3.3.6. 设 $\mathcal{A}$ 为 Hilbert 空间 H 上由式 (3.52) 定义的偶数阶闭算子矩阵, $0 \in \bigcap\limits_{l=1}^{n} \rho(A_{ll'})$, 则 $\sigma(\mathcal{A}) \subset \mathcal{T}^{(2)}_{e,n}(\mathcal{A})$.

证明 可参照定理 3.3.5 的证明.

推论 3.3.7. 设 $\mathcal{A}$ 为 Hilbert 空间 H 上由式 (3.52) 定义的偶数阶闭算子矩阵, $0 \in \bigcap\limits_{l=1}^{n} \rho(A_{ll'})$, 则 $\sigma(\mathcal{A}) \subset \mathcal{T}^{(1)}_{e,n}(\mathcal{A}) \cap \mathcal{T}^{(2)}_{e,n}(\mathcal{A})$.

同注 3.3.1, 对于偶数阶闭算子矩阵 $\mathcal{A}$, 当引入置换 π 且满足 $\pi(1) = n$ 时, 可得出与推论 3.3.7 相同的谱包含关系.

根据定理 3.3.1 和定理 3.3.5 的证明过程, 由推论 3.1.9 可知, 对于由式 (3.52) 定义的奇数阶或偶数阶算子矩阵, 能够得出算子矩阵 $\mathcal{A}$ 可逆的充分条件.

推论 3.3.8. 设 $\mathcal{A}$ 为 Hilbert 空间 H 上由式 (3.52) 定义的闭算子矩阵, $0 \in \bigcap\limits_{l=1}^{n} \rho(A_{ll'})$. 若 $\max\limits_{2\leqslant j\leqslant n} M_{nj} < 1$, 则 $0 \in \rho(\mathcal{A})$, 其中

$$M_{nj} := \sum_{i=1}^{n-1} \|A_{i1}A_{n1}^{-1}A_{n,j'+1}A^{-1}_{j-1,j'+1} - (1-\bar{\delta}_{i,j-1})A_{i,j'+1}A^{-1}_{j-1,j'+1}\|.$$

第 4 章 无界三对角型算子矩阵的谱估计

本章讨论 $n\times n$ 阶无界三对角型对角占优算子矩阵, 当 $|i-j|>1$ 时, $A_{ij}=0$, 即

$$\mathcal{A}:=\begin{pmatrix} A_{11} & A_{12} & 0 & \cdots & 0 & 0 & 0 \\ A_{21} & A_{22} & A_{23} & & & 0 & 0 \\ 0 & A_{32} & A_{33} & \ddots & & & 0 \\ \vdots & & \ddots & \ddots & \ddots & & \vdots \\ 0 & & & \ddots & \ddots & A_{n-2,n-1} & 0 \\ 0 & 0 & & & A_{n-1,n-2} & A_{n-1,n-1} & A_{n-1,n} \\ 0 & 0 & 0 & \cdots & 0 & A_{n,n-1} & A_{nn} \end{pmatrix}, \tag{4.1}$$

且 $\mathcal{D}(\mathcal{A})=\mathcal{D}(A_{11})\times\cdots\times\mathcal{D}(A_{nn})\subset H\to H, H=H_1\times\cdots\times H_n$, 其中 H_i 为 Hilbert 空间, A_{ij} $(i\neq j)$ 是 $A_{jj}-$ 有界的, 并记 $\delta_{i,j}$ 为 $A_{jj}-$ 界 $(i,j\in\{1,\cdots,n\},|i-j|=1)$.

该类分块算子矩阵具有重要的应用背景. 例如, 非相对论量子力学中的两个受限通道和一个散射通道之间相互作用可以简化为 Hilbert 空间 $L^2(\mathbb{R}^3)\times L^2(\mathbb{R}^3)\times L^2(\mathbb{R}^3)$ 中具有如下形式的三通道哈密顿量

$$\mathcal{H}:=\begin{pmatrix} -\nabla^2/2+U_1 & V_{12} & 0 \\ \overline{V_{12}} & -\nabla^2/2+U_2 & V_{23} \\ 0 & \overline{V_{23}} & -\nabla^2/2 \end{pmatrix}, \tag{4.2}$$

其中, $-\nabla^2/2+U_i$ $(i=1,2)$ 表示两个受限通道中粒子的哈密顿量; $-\nabla^2/2$ 表示散射通道中粒子的哈密顿量. 非对角元 V_{12} 表示受限的第 1 个粒子和第 2 个粒子

之间的相互作用势能, V_{23} 表示第 2 个受限粒子和第 3 个散射粒子之间的相互作用势能. 此时, $\mathcal{H}$ 是一类主对角占优的三对角型算子矩阵.

下面先对 $n\times n$ 阶无界三对角型对角占优算子矩阵的相对有界性进行研究, 其次讨论该类算子矩阵可闭 (闭) 的充分条件, 最后给出该类算子矩阵的可逆性和谱估计方法. 本章考虑 Hilbert 空间 H 上的 1− 范数, 即任取 $f=(f_1\ \cdots\ f_n)^\top\in H$, 有 $\|f\|_1=\sum\limits_{i=1}^{n}\|f_i\|_{H_i}$, 为方便简记为 $\|f\|=\sum\limits_{i=1}^{n}\|f_i\|$.

4.1 无界三对角型算子矩阵的相对有界性

本节讨论 $n\times n$ 阶无界三对角型算子矩阵的相对有界性. 先回顾 $n\times n$ 阶无界分块算子矩阵 $\mathcal{A}=(A_{ij})_{i,j=1}^{n}$ 的占优阶的概念. 根据定义 3.2.2, $\mathcal{A}$ 的占优阶为非主对角元构成的算子矩阵 S 相对于主对角元构成的算子矩阵 $T:=\mathrm{diag}(A_{11},\cdots,A_{nn})$ 的相对界 δ_S.

定理 4.1.1. 设 $\mathcal{A}$ 为由式 (4.1) 定义的算子矩阵, 若 δ_S 为 $\mathcal{A}$ 的占优阶, 则

$$\delta_{i,j}\leqslant\delta_S\leqslant\delta:=\max\{\delta_{2,1},\max_{j=2}^{n-1}(\delta_{j-1,j}+\delta_{j+1,j}),\delta_{n-1,n}\}.$$

证明 令

$$T:=\begin{pmatrix}A_{11}&&&&\\&A_{22}&&&\\&&\ddots&&\\&&&A_{n-1,n-1}&\\&&&&A_{nn}\end{pmatrix},\tag{4.3}$$

$$S:=\mathcal{A}-T=\begin{pmatrix}0&A_{12}&\cdots&0&0\\A_{21}&0&&&0\\\vdots&\ddots&\ddots&\ddots&\vdots\\0&0&&0&A_{n-1,n}\\0&0&\cdots&A_{n,n-1}&0\end{pmatrix}.\tag{4.4}$$

首先证明 $\delta_{i,j} \leqslant \delta_S$. 设 $f_j \in H_j$, $e_j := (0 \ \cdots \ 0 \ f_j \ 0 \ \cdots \ 0)^\top$, 对于任意的 $\varepsilon > 0$, 存在非负常数 a_S, b_S 并且 $\delta_S \leqslant b_S < \delta_S + \varepsilon$, 使得对于任意的 $i, j \in \{1, \cdots, n\}, |i-j| = 1$, 有

$$\begin{aligned} \|A_{ij} f_j\| &\leqslant \|A_{j-1,j} f_j\| + \|A_{j+1,j} f_j\| \\ &= \|Se_j\| \leqslant a_S \|e_j\| + b_S \|Te_j\| \\ &= a_S \|f_j\| + b_S \|A_{jj} f_j\|, \end{aligned}$$

所以 $\delta_{i,j} \leqslant b_S < \delta_S + \varepsilon$. 由于 ε 的任意性, 可得 $\delta_{i,j} \leqslant \delta_S$.

下面证明 $\delta_S \leqslant \delta$. 对于任意的 $\varepsilon > 0$, 任取 $f = (f_1 \ \cdots \ f_n)^\top \in \mathcal{D}(T)$, 有

$$\begin{aligned} \|Sf\| =& \|A_{12} f_2\| + \|A_{21} f_1 + A_{23} f_3\| + \cdots + \\ & \|A_{n-1,n-2} f_{n-2} + A_{n-1,n} f_n\| + \|A_{n,n-1} f_{n-1}\| \\ =& \|A_{12} f_2\| + \sum_{i=2}^{n-1} \|A_{i,i-1} f_{i-1} + A_{i,i+1} f_{i+1}\| + \|A_{n,n-1} f_{n-1}\| \\ \leqslant& \|A_{12} f_2\| + \sum_{i=2}^{n-1} \|A_{i,i-1} f_{i-1}\| + \sum_{i=2}^{n-1} \|A_{i,i+1} f_{i+1}\| + \|A_{n,n-1} f_{n-1}\|. \end{aligned}$$

由于 A_{ij} 相对 A_{jj} 有界, 故存在常数 $a_{ij}, b_{ij} \geqslant 0$ $(i, j \in \{1, \cdots, n\}, |i-j| = 1)$ 且满足 $\delta_{i,j} \leqslant b_{ij} < \delta_{i,j} + \varepsilon$, 使得对于任意的 $f_j \in \mathcal{D}(A_{jj})$, 有 $\|A_{ij} f_j\| \leqslant a_{ij} \|f_j\| + b_{ij} \|A_{jj} f_j\|$, 故

$$\begin{aligned} \|Sf\| \leqslant& \|A_{12} f_2\| + \sum_{i=2}^{n-1} \|A_{i,i-1} f_{i-1}\| + \sum_{i=2}^{n-1} \|A_{i,i+1} f_{i+1}\| + \|A_{n,n-1} f_{n-1}\| \\ \leqslant& a_{12} \|f_2\| + b_{12} \|A_{22} f_2\| + \sum_{i=2}^{n-1} (a_{i,i-1} \|f_{i-1}\| + b_{i,i-1} \|A_{i-1,i-1} f_{i-1}\|) + \\ & \sum_{i=2}^{n-1} (a_{i,i+1} \|f_{i+1}\| + b_{i,i+1} \|A_{i+1,i+1} f_{i+1}\|) + a_{n,n-1} \|f_{n-1}\| + \\ & b_{n,n-1} \|A_{n-1,n-1} f_{n-1}\| \end{aligned}$$

$$
\begin{aligned}
&= a_{21}\|f_1\| + \sum_{j=2}^{n-1}(a_{j-1,j}+a_{j+1,j})\|f_j\| + a_{n-1,n}\|f_n\| + b_{21}\|A_{11}f_1\| + \\
&\quad \sum_{j=2}^{n-1}(b_{j-1,j}+b_{j+1,j})\|A_{jj}f_j\| + b_{n-1,n}\|A_{nn}f_n\| \\
&\leqslant a_{21}\|f_1\| + \max_{j=2}^{n-1}(a_{j-1,j}+a_{j+1,j})\sum_{j=2}^{n-1}\|f_j\| + a_{n-1,n}\|f_n\| + b_{21}\|A_{11}f_1\| + \\
&\quad \max_{j=2}^{n-1}(b_{j-1,j}+b_{j+1,j})\sum_{j=2}^{n-1}\|A_{jj}f_j\| + b_{n-1,n}\|A_{nn}f_n\| \\
&\leqslant \max\{a_{21}, \max_{j=2}^{n-1}(a_{j-1,j}+a_{j+1,j}), a_{n-1,n}\}\|f\| + \\
&\quad \max\{b_{21}, \max_{j=2}^{n-1}(b_{j-1,j}+b_{j+1,j}), b_{n-1,n}\}\|Tf\|.
\end{aligned}
$$

于是

$$
\begin{aligned}
\delta_S &\leqslant \max\{b_{21}, \max_{j=2}^{n-1}(b_{j-1,j}+b_{j+1,j}), b_{n-1,n}\} \\
&< \max\{\delta_{2,1}+\varepsilon, \max_{j=2}^{n-1}(\delta_{j-1,j}+\delta_{j+1,j})+\varepsilon, \delta_{n-1,n}+\varepsilon\},
\end{aligned}
$$

由 ε 的任意性, 可得

$$
\delta_S \leqslant \delta := \max\{\delta_{2,1}, \max_{j=2}^{n-1}(\delta_{j-1,j}+\delta_{j+1,j}), \delta_{n-1,n}\}.
$$

综上所述, $\delta_{i,j} \leqslant \delta_S \leqslant \delta := \max\{\delta_{2,1}, \max_{j=2}^{n-1}(\delta_{j-1,j}+\delta_{j+1,j}), \delta_{n-1,n}\}$.

推论 4.1.2. 设 $\mathcal{A}$ 为由式 (4.1) 定义的算子矩阵, 则 $\mathcal{A}$ 的占优阶为 0 当且仅当 $\delta_{i,j}=0$.

若考虑 Hilbert 空间 H 上的 $\infty-$ 范数, 即任取 $f=(f_1 \ \cdots \ f_n)^\top \in H$, 有 $\|f\|_\infty = \max_{i=1}^{n}\|f_i\|_{H_i}$, 类似可得如下的结论.

推论 4.1.3. 对于由式 (4.1) 定义的算子矩阵 $\mathcal{A}$, 如果 δ_S 为相应的占优阶, 那么

$$
\delta_{i,j} \leqslant \delta_S \leqslant \delta' := \max\{\delta_{1,2}, \max_{i=2}^{n-1}(\delta_{i,i-1}+\delta_{i,i+1}), \delta_{n,n-1}\}.
$$

证明 记 T 为由式 (4.3) 定义的算子矩阵, S 为由式 (4.4) 定义的算子矩阵.

首先证明 $\delta_{i,j} \leqslant \delta_S$. 设 $f_j \in H_j$, $e_j := (0 \ \cdots \ 0 \ f_j \ 0 \ \cdots \ 0)^\top$, 对于任意的 $\varepsilon > 0$, 存在非负常数 a_S, b_S 并且 $\delta_S \leqslant b_S < \delta_S + \varepsilon$, 使得对于任意的 $i, j \in \{1, \cdots, n\}, |i-j| = 1$, 有

$$\begin{aligned}\|A_{ij} f_j\|_{H_i} &\leqslant \max\{\|A_{j-1,j} f_j\|_{H_{j-1}}, \|A_{j+1,j} f_j\|_{H_{j+1}}\} \\ &= \|S e_j\| \leqslant a_S \|e_j\| + b_S \|T e_j\| \\ &= a_S \|f_j\|_{H_j} + b_S \|A_{jj} f_j\|_{H_j},\end{aligned}$$

所以 $\delta_{i,j} \leqslant b_S < \delta_S + \varepsilon$. 由 ε 的任意性, 可得 $\delta_{i,j} \leqslant \delta_S$.

下面证明 $\delta_S \leqslant \delta'$. 对于任意的 $\varepsilon > 0$, 任取 $f = (f_1 \ \cdots \ f_n)^\top \in \mathcal{D}(T)$, 有

$$\begin{aligned}&\|Sf\|_\infty \\ =&\max\{\|A_{12} f_2\|_{H_1}, \|A_{21} f_1 + A_{23} f_3\|_{H_2}, \cdots, \|A_{n-1,n-2} f_{n-2} + A_{n-1,n} f_n\|_{H_{n-1}}, \\ &\|A_{n,n-1} f_{n-1}\|_{H_n}\} \\ =&\max\{\|A_{12} f_2\|_{H_1}, \max_{i=2}^{n-1} \|A_{i,i-1} f_{i-1} + A_{i,i+1} f_{i+1}\|_{H_i}, \|A_{n,n-1} f_{n-1}\|_{H_n}\} \\ \leqslant&\max\{\|A_{12} f_2\|_{H_1}, \max_{i=2}^{n-1} (\|A_{i,i-1} f_{i-1}\|_{H_i} + \|A_{i,i+1} f_{i+1}\|_{H_i}), \|A_{n,n-1} f_{n-1}\|_{H_n}\}.\end{aligned}$$

由于 A_{ij} 相对 A_{jj} 有界, 故存在常数 $a_{ij}, b_{ij} \geqslant 0 \ (i, j \in \{1, \cdots, n\}, |i-j| = 1)$ 且满足 $\delta_{i,j} \leqslant b_{ij} < \delta_{i,j} + \varepsilon$, 使得对于任意的 $f_j \in \mathcal{D}(A_{jj})$, 有 $\|A_{ij} f_j\|_{H_i} \leqslant a_{ij} \|f_j\|_{H_j} + b_{ij} \|A_{jj} f_j\|_{H_j}$, 故

$$\begin{aligned}&\|Sf\|_\infty \\ \leqslant&\max\{\|A_{12} f_2\|_{H_1}, \max_{i=2}^{n-1} (\|A_{i,i-1} f_{i-1}\|_{H_i} + \|A_{i,i+1} f_{i+1}\|_{H_i}), \|A_{n,n-1} f_{n-1}\|_{H_n}\} \\ \leqslant&\max\{a_{12} \|f_2\|_{H_2} + b_{12} \|A_{22} f_2\|_{H_2}, a_{n,n-1} \|f_{n-1}\|_{H_{n-1}} + b_{n,n-1} \|A_{n-1,n-1} f_{n-1}\|_{H_{n-1}}, \\ &\max_{i=2}^{n-1} (a_{i,i-1} \|f_{i-1}\|_{H_{i-1}} + b_{i,i-1} \|A_{i-1,i-1} f_{i-1}\|_{H_{i-1}} + \\ &a_{i,i+1} \|f_{i+1}\|_{H_{i+1}} + b_{i,i+1} \|A_{i+1,i+1} f_{i+1}\|_{H_{i+1}})\} \\ \leqslant&\max\{a_{12} \|f_2\|_{H_2} + b_{12} \|A_{22} f_2\|_{H_2}, a_{n,n-1} \|f_{n-1}\|_{H_{n-1}} + b_{n,n-1} \|A_{n-1,n-1} f_{n-1}\|_{H_{n-1}}, \\ &\max_{i=2}^{n-1} (a_{i,i-1} + a_{i,i+1}) \max_{i=1}^{n} \|f_i\|_{H_i} + \max_{i=2}^{n-1} (b_{i,i-1} + b_{i,i+1}) \max_{i=1}^{n} \|A_{ii} f_i\|_{H_i}\}\end{aligned}$$

$$\leqslant \max\{a_{12}, \max_{i=2}^{n-1}(a_{i,i-1} + a_{i,i+1}), a_{n,n-1}\}\|f\| +$$
$$\max\{b_{12}, \max_{i=2}^{n-1}(b_{i,i-1} + b_{i,i+1}), b_{n,n-1}\}\|Tf\|.$$

所以

$$\begin{aligned}\delta_S &\leqslant \max\{b_{12}, \max_{i=2}^{n-1}(b_{i,i-1} + b_{i,i+1}), b_{n,n-1}\} \\ &< \max\{\delta_{1,2} + \varepsilon, \max_{i=2}^{n-1}(\delta_{i,i-1} + \delta_{i,i+1}) + \varepsilon, \delta_{n,n-1} + \varepsilon\},\end{aligned}$$

由 ε 的任意性, 可得

$$\delta_S \leqslant \delta' := \max\{\delta_{1,2}, \max_{i=2}^{n-1}(\delta_{i,i-1} + \delta_{i,i+1}), \delta_{n,n-1}\}.$$

综上所述, $\delta_{i,j} \leqslant \delta_S \leqslant \delta' := \max\{\delta_{1,2}, \max_{i=2}^{n-1}(\delta_{i,i-1} + \delta_{i,i+1}), \delta_{n,n-1}\}$.

4.2 无界三对角型算子矩阵的闭性和可闭性

4.2.1 预备知识

为了介绍 $n \times n$ 阶无界三对角型对角占优算子矩阵的可闭 (闭) 性, 下面先讨论 2×2 阶主对角占优型算子矩阵的闭性和可闭性.

引理 4.2.1. 设 S, T 是 Hilbert 空间 H 上的线性算子, 若 S 是 $T-$ 有界的且 $T-$ 界为 δ, 若满足 $\delta < 1$, 则 S 是 $(T+S)-$ 有界的且 $(T+S)-$ 界 $\leqslant \delta/(1-\delta)$.

证明 根据假设存在 a_S, $b_S \geqslant 0$, $\delta \leqslant b_S < 1$, 使得

$$\|Sx\| \leqslant a_S\|x\| + b_S\|Tx\| \leqslant a_S\|x\| + b_S\|(T+S)x\| + b_S\|Sx\|,\ x \in \mathcal{D}(T).$$

因 $b_S < 1$, 有

$$\|Sx\| \leqslant \frac{a_S}{1-b_S}\|x\| + \frac{b_S}{1-b_S}\|(T+S)x\|,\ x \in \mathcal{D}(T).$$

故结论成立.

引理 4.2.2. 设 T, A 是 Hilbert 空间 X 到 Y 的线性算子, 如果 A 是 $T-$ 有界的且 $T-$ 界 < 1, 则 $S = T + A$ 闭 (可闭) 当且仅当 T 闭 (可闭).

证明 根据 A 相对于 T 有界且 $T-$ 界小于 1, 存在 $a, b \geqslant 0$, 使得

$$\|Au\| \leqslant a\|u\| + b\|Tu\|, \quad b < 1, \ u \in \mathcal{D}(T),$$

则

$$-\frac{a}{1+b}\|u\| + \frac{1}{1+b}\|Su\| \leqslant \|Tu\| \leqslant \frac{a}{1-b}\|u\| + \frac{1}{1-b}\|Su\|, \ u \in \mathcal{D}(T), \tag{4.5}$$

且

$$-a\|u\| + (1-b)\|Tu\| \leqslant \|Su\| \leqslant a\|u\| + (1+b)\|Tu\|, \ u \in \mathcal{D}(T). \tag{4.6}$$

当 T 是闭算子时, 任取 $\{u_n\} \subset \mathcal{D}(S) = \mathcal{D}(T)$ 使得 $u_n \to u, Su_n \to v$, 则在式 (4.5) 中把 u 替换为 u_n, 即得 Tu_n 收敛, 不妨设 $Tu_n \to \widetilde{u}$. 因为 T 是闭的, 所以 $u \in \mathcal{D}(T)$ 且 $Tu = \widetilde{u}$. 在式 (4.6) 中把 u 替换为 $u_n - u$, 即得

$$\|S(u_n - u)\| \leqslant a\|u_n - u\| + (1+b)\|T(u_n - u)\| \to 0, \ n \to \infty,$$

故 $Su_n \to Su$. 考虑到 $u \in \mathcal{D}(T) = \mathcal{D}(S)$, 因此 $Su = v$, 即 S 是闭的.

当 S 是闭算子时, 任取 $\{u_n\} \subset \mathcal{D}(S) = \mathcal{D}(T)$ 使得 $u_n \to u, Tu_n \to v$, 则在式 (4.6) 中把 u 替换为 u_n, 即得 Su_n 收敛, 不妨设 $Su_n \to \widetilde{u}$. 因为 S 是闭的, 所以 $u \in \mathcal{D}(S)$ 且 $Su = \widetilde{u}$. 在式 (4.5) 中把 u 替换为 $u_n - u$, 即得

$$\|T(u_n - u)\| \leqslant \frac{a}{1-b}\|u_n - u\| + \frac{1}{1-b}\|S(u_n - u)\| \to 0, \ n \to \infty,$$

故 $Tu_n \to Tu$. 考虑到 $u \in \mathcal{D}(S) = \mathcal{D}(T)$, 因此 $Tu = v$, 即 T 是闭的.

可闭性的证明完全类似.

引理 4.2.3. 设 $\mathcal{A} = \begin{pmatrix} A & B \\ 0 & D \end{pmatrix}$ 为 Hilbert 空间上主对角占优型的算子矩阵, 则 $\mathcal{A}$ 闭 (可闭) 当且仅当 A, D 闭 (可闭).

证明 首先证明充分性.

假设 $((x_n\ y_n)^\top)_1^\infty \subset \mathcal{D}(A) \times \mathcal{D}(D)$ 有 $(x_n\ y_n)^\top \to (x\ y)^\top$, $n \to \infty$,

$$\mathcal{A}\begin{pmatrix} x_n \\ y_n \end{pmatrix} = \begin{pmatrix} Ax_n + By_n \\ Dy_n \end{pmatrix} \to \begin{pmatrix} u \\ v \end{pmatrix}, \ n \to \infty,$$

其中 $u \in H_1, v \in H_2$. 由 D 是闭算子可知, $y \in \mathcal{D}(D) \subset \mathcal{D}(B)$ 且 $Dy = v$. 因为 B 相对 D 有界, 所以存在常数 a_B, $b_B \geqslant 0$ 使得

$$\|B(y_n - y)\| \leqslant a_B\|y_n - y\| + b_B\|D(y_n - y)\| \to 0,\ n \to \infty.$$

因此 $By_n \to By, Ax_n \to u - By\ (n \to \infty)$. 又因 A 是闭算子, 故 $x \in \mathcal{D}(A), Ax + By = u$. 于是 $\mathcal{A}$ 为闭算子.

反之, 任取 $\{y_n\} \subset \mathcal{D}(D), \{x_n\} \subset \mathcal{D}(A)$ 使得 $y_n \to y, Dy_n \to v, x_n \to x, Ax_n \to u$. 因 B 相对 D 有界, 所以存在常数 a_B, $b_B \geqslant 0$ 使得

$$\|B(y_n - y_m)\| \leqslant a_B\|y_n - y_m\| + b_B\|D(y_n - y_m)\|,$$

从而 By_n 是 Cauchy 列, 不妨设 $By_n \to \widetilde{u}$, 则

$$\begin{cases} Ax_n + By_n \to u + \widetilde{u}, \\ Dy_n \to v. \end{cases}$$

由于 $\mathcal{A}$ 是闭的, 所以 $Ax + By = u + \widetilde{u}, Dy = v$. 考虑到

$$\|B(y_n - y)\| \leqslant a_B\|y_n - y\| + b_B\|D(y_n - y)\| \to 0,\ n \to \infty,$$

可得 $By_n \to By$, 故 $By = \widetilde{u}$, 那么 $Ax = u$. 于是 A, D 为闭算子.

可闭性的证明类似.

定理 4.2.4. 设 $\mathcal{A} = \begin{pmatrix} A & B \\ C & D \end{pmatrix}$ 为 Hilbert 空间上主对角占优型的算子矩阵. 若 B 的相对界 δ_B 和 C 的相对界 δ_C 满足 $\max\{\delta_B\delta_C, \delta_C\} < 1$ 或 $\max\{\delta_B\delta_C, \delta_B\} < 1$, 则 $\mathcal{A}$ 为闭 (可闭) 算子当且仅当 A, D 为闭 (可闭) 算子.

证明 令

$$T := \begin{pmatrix} A & B \\ 0 & D \end{pmatrix},\ S := \begin{pmatrix} 0 & 0 \\ C & 0 \end{pmatrix},$$

根据引理 4.2.2 和引理 4.2.3, 只需证明算子 S 相对于 T 有界且相对界 $\delta_S < 1$ 即可. 对于任意的 $\varepsilon > 0$, 存在常数 $a_B, a_C, b_B, b_C \geqslant 0$ 并且满足 $\delta_B \leqslant b_B <$

$\delta_B+\varepsilon, \delta_C \leqslant b_C < \delta_C+\varepsilon$, 对任意 $(f\ g)^\top \in \mathcal{D}(A)\times\mathcal{D}(D)$, 有

$$\begin{aligned}\left\|S\begin{pmatrix} f \\ g\end{pmatrix}\right\| &= \|Cf\| \\ &\leqslant a_C\|f\| + b_C\|Af\| \\ &\leqslant a_C\|f\| + b_C(\|Af+Bg\|+\|Bg\|) \\ &\leqslant a_C\|f\| + b_C\|Af+Bg\| + b_C(a_B\|g\|+b_B\|Dg\|) \\ &\leqslant \max\{a_C, b_Ca_B\}\left\|\begin{pmatrix} f \\ g\end{pmatrix}\right\| + \max\{b_C, b_Cb_B\}\left\|T\begin{pmatrix} f \\ g\end{pmatrix}\right\|.\end{aligned}$$

因此 S 相对于 T 有界且 $T-$ 界 $\delta_S \leqslant \max\{b_C, b_Cb_B\} < \max\{\delta_C+\varepsilon, (\delta_C+\varepsilon)(\delta_B+\varepsilon)\}$. 由于任意的 $\varepsilon>0$ 且相对界满足 $\delta_C<1$, $\delta_B\delta_C<1$, 所以 $\delta_S \leqslant \max\{\delta_C, \delta_B\delta_C\}<1$.

当满足 $\max\{\delta_B\delta_C, \delta_B\}<1$ 时, 只要令

$$T := \begin{pmatrix} A & 0 \\ C & D\end{pmatrix}, S := \begin{pmatrix} 0 & B \\ 0 & 0\end{pmatrix},$$

其余证明过程类似.

4.2.2　闭性和可闭性

在以上结果的基础上, 下面介绍 $n\times n$ 阶无界三对角型对角占优算子矩阵可闭 (闭) 的充分条件.

定理 4.2.5. 设 $\mathcal{A}$ 为 Hilbert 空间上由式 (4.1) 定义的算子矩阵. 若对角元 A_{ii} $(i=1,\cdots,n)$ 为可闭算子且相对界满足

$$\delta_{k,k-1}\delta_{k-1,k}+\delta_{k-1}(\mathcal{A})<1,\ k=2,3,\cdots,n, \tag{4.7}$$

其中

$$\delta_1(\mathcal{A}):=0, \delta_k(\mathcal{A}):=\frac{\delta_{k,k-1}\delta_{k-1,k}}{1-\delta_{k-1}(\mathcal{A})},\ k=2,3,\cdots,n, \tag{4.8}$$

则 $\mathcal{A}$ 可闭. 进一步如果 A_{ii} $(i=1,\cdots,n)$ 是闭算子, 则 $\mathcal{A}$ 是闭的. 这里, $\delta_{k,k-1}$ 为 $A_{k,k-1}$ 关于 $A_{k-1,k-1}$ 的相对界, $\delta_{k-1,k}$ 为 $A_{k-1,k}$ 关于 A_{kk} 的相对界 $(k=2,\cdots,n)$.

证明 为了后续证明的需要, 先给出一个 $n\times n$ 阶对角型算子矩阵, 对于 $\mu>0$, 记

$$\mathcal{M}(\mu):=\operatorname{diag}\left(I_{H_1}\ \mu I_{H_2}\ \mu^2 I_{H_3}\cdots\mu^{n-1}I_{H_n}\right).$$

显然 $\mathcal{M}(\mu)$ 是可逆算子矩阵且 $\mathcal{A}$ 可闭 (闭) 当且仅当 $\mathcal{M}(\mu)\mathcal{A}\mathcal{M}(\mu)^{-1}$ 可闭 (闭), 并记

$$\begin{aligned}\mathcal{A}_{nn}(\mu)&:=\mathcal{M}(\mu)\mathcal{A}\mathcal{M}(\mu)^{-1}\\&=\begin{pmatrix}A_{11}&\frac{1}{\mu}A_{12}&0&\cdots&\cdots&0\\\mu A_{21}&A_{22}&\frac{1}{\mu}A_{23}&&&0\\0&\mu A_{32}&A_{33}&\frac{1}{\mu}A_{34}&&0\\\vdots&&\ddots&\ddots&\ddots&\vdots\\\vdots&&&\ddots&\ddots&\frac{1}{\mu}A_{n-1,n}\\0&\cdots&\cdots&\cdots&\mu A_{n,n-1}&A_{nn}\end{pmatrix}.\end{aligned}$$

因此下面只需证明 $\mathcal{A}_{nn}(\mu)$ 可闭 (闭).

下面利用归纳法进行证明.

为了表述精确, 设 $\widetilde{H}_k:=H_1\times\cdots\times H_k$ 为 H 的前 k 个分量所构成的子空间, $\widehat{H}_{n-k}$ 为 H 的后 $n-k$ 个分量构成的子空间, 即 $H=\widetilde{H}_k\times\widehat{H}_{n-k}$ $(k=1,2,\cdots,n-1)$, 而当 $k=n$ 时, $H=\widetilde{H}_n$. 设 $\widetilde{f}_k=(f_i)_{i=1}^k$ 为 $\widetilde{H}_k$ 中的元素, 其中 $f_i\in H_i$ $(i=1,2,\cdots,k)$. 并设 $P_k:H\to\widetilde{H}_k$ 为 H 在前 k 个分量所构成子空间上的投影, $Q_{n-k}:H\to\widehat{H}_{n-k}$ 为 H 在后 $n-k$ 个分量所构成子空间上的投影, $\mathcal{A}_{kk}:=P_k\mathcal{A}P_k^*$ $(k=1,2,\cdots,n)$.

此外, 对于 $\mu\geqslant0$, 定义 $\delta_1(\mathcal{A},\mu):=0$,

$$\delta_k(\mathcal{A},\mu):=\frac{\mu\delta_{k,k-1}+\delta_{k,k-1}\delta_{k-1,k}+|\mu\delta_{k,k-1}-\delta_{k,k-1}\delta_{k-1,k}|}{2(1-\delta_{k-1}(\mathcal{A},\mu))},\quad k=2,3,\cdots,n. \tag{4.9}$$

当 $\mu=0$ 时, 可得

$$\delta_k(\mathcal{A},0)=\delta_k(\mathcal{A}),\ k=1,2,\cdots,n. \tag{4.10}$$

先证 $k=2$ 时的情况.

记 $\mathcal{A}_{21}(\mu)=\mu A_{21}$, $\mathcal{A}_{11}(\mu)=A_{11}$, $\mathcal{A}_{12}(\mu)=\dfrac{1}{\mu}A_{12}$, 故

$$\mathcal{A}_{22}(\mu)=\begin{pmatrix} A_{11} & \dfrac{1}{\mu}A_{12} \\ \mu A_{21} & A_{22}\end{pmatrix}=\begin{pmatrix}\mathcal{A}_{11}(\mu) & \mathcal{A}_{12}(\mu) \\ \mathcal{A}_{21}(\mu) & A_{22}\end{pmatrix}.$$

由此可见 $\mathcal{A}_{21}(\mu)$ 是 $\mathcal{A}_{11}(\mu)-$ 有界的且 $\mathcal{A}_{21}(\mu)$ 关于 $\mathcal{A}_{11}(\mu)$ 的相对界为 $\mu\delta_{2,1}$, $\mathcal{A}_{12}(\mu)$ 是 $A_{22}-$ 有界的且 $\mathcal{A}_{12}(\mu)$ 关于 A_{22} 的相对界为 $\dfrac{1}{\mu}\delta_{1,2}$. 由式 (4.7) 可知, $\mathcal{A}_{11}(\mu)-$ 界 $\mu\delta_{2,1}$ 和 $A_{22}-$ 界 $\dfrac{1}{\mu}\delta_{1,2}$ 满足 $\dfrac{1}{\mu}\delta_{1,2}\mu\delta_{2,1}=\delta_{2,1}\delta_{1,2}<1$. 当取 $\mu_2=\dfrac{1}{\delta_{2,1}}>0$ 时, 对于 $\mu\in(0,\mu_2)$ 有 $\mu\delta_{2,1}<1$, 进而有 $\max\{\mu\delta_{2,1},\dfrac{1}{\mu}\delta_{1,2}\mu\delta_{2,1}\}<1$. 根据定理 4.2.4 知, $\mathcal{A}_{22}(\mu)$ 是可闭的. 进一步若 A_{11},A_{22} 是闭算子, 则 $\mathcal{A}_{22}(\mu)$ 是闭的.

假设 $k=n-1$ 时结论成立.

下面证明 $k=n$ 时的情况.

在新的空间分解 $\widetilde{H}_n=\widetilde{H}_{n-1}\times H_n$ 中, $\mathcal{A}_{nn}(\mu)$ 有如下 2×2 的分块形式, 即

$$\mathcal{A}_{nn}(\mu)=\begin{pmatrix}\mathcal{A}_{n-1,n-1}(\mu) & \mathcal{A}_{n-1,n}(\mu) \\ \mathcal{A}_{n,n-1}(\mu) & A_{nn}\end{pmatrix},$$

其中

$$\mathcal{A}_{n-1,n}(\mu):=P_{n-1}\mathcal{A}_{nn}(\mu)Q_1^*=\begin{pmatrix}0\\ \vdots \\ 0 \\ \dfrac{1}{\mu}A_{n-1,n}\end{pmatrix}, \tag{4.11}$$
$$\mathcal{A}_{n,n-1}(\mu):=Q_1\mathcal{A}_{nn}(\mu)P_{n-1}^*=\begin{pmatrix}0 & \cdots & 0 & \mu A_{n,n-1}\end{pmatrix}.$$

由式 (4.11) 知, $\|\mathcal{A}_{n-1,n}(\mu)f_n\| = \|\frac{1}{\mu}A_{n-1,n}f_n\|$. 因 $A_{n-1,n}$ 是 A_{nn}- 有界的且 A_{nn}- 界为 $\delta_{n-1,n}$, 所以 $\mathcal{A}_{n-1,n}(\mu)$ 是 A_{nn}- 有界的并且 $\mathcal{A}_{n-1,n}(\mu)$ 关于 A_{nn} 的相对界为 $\frac{1}{\mu}\delta_{n-1,n}$.

根据定理 4.2.4, 下面需要证 $\mathcal{A}_{n,n-1}(\mu)$ 关于 $\mathcal{A}_{n-1,n-1}(\mu)$ 的相对界 $\widehat{\delta}_n(\mu)$ 满足 $\widehat{\delta}_n(\mu) < 1$ 并且相对界 $\frac{1}{\mu}\delta_{n-1,n}\widehat{\delta}_n(\mu) < 1$ 成立.

令

$$\widetilde{\delta}_n(\mu) = \delta_{n,n-1}\delta_{n-1,n}\frac{1}{1-\delta_{n-1}(\mathcal{A},\mu)},$$

由式 (4.10) 知, 当 $k = n-1$ 时, 有 $\delta_{n-1}(\mathcal{A},0) = \delta_{n-1}(\mathcal{A})$, 故

$$\widetilde{\delta}_n(0) = \delta_{n,n-1}\delta_{n-1,n}\frac{1}{1-\delta_{n-1}(\mathcal{A})} < 1.$$

又因 $\widetilde{\delta}_n(\cdot)$ 在 0 的某个邻域内是连续的, 故存在 $\mu_0 > 0$, 对于 $\mu \in (0,\mu_0)$ 有 $\widetilde{\delta}_n(\mu) < 1$ 成立, 即

$$\widetilde{\delta}_n(\mu) = \delta_{n,n-1}\delta_{n-1,n}\frac{1}{1-\delta_{n-1}(\mathcal{A},\mu)} < 1.$$

因此对于 $\mu \in (0,\mu_0)$, 如果能证明

$$\widehat{\delta}_n(\mu) \leqslant \mu\delta_{n,n-1}\frac{1}{1-\delta_{n-1}(\mathcal{A},\mu)},$$

那么就能保证 $\frac{1}{\mu}\delta_{n-1,n}\widehat{\delta}_n(\mu) < 1$ 成立.

所以先证明 $\mathcal{A}_{n,n-1}(\mu)$ 是 $\mathcal{A}_{n-1,n-1}(\mu)$- 有界的且 $\mathcal{A}_{n-1,n-1}(\mu)$- 界 $\widehat{\delta}_n(\mu)$ 满足

$$\widehat{\delta}_n(\mu) \leqslant \mu\delta_{n,n-1}\frac{1}{1-\delta_{n-1}(\mathcal{A},\mu)}.$$

首先, 在空间 $\widetilde{H}_{n-1} = \widetilde{H}_{n-2} \times H_{n-1}$ 中, 将 2×2 阶算子矩阵 $\mathcal{A}_{n-1,n-1}(\mu)$ 分解为 $\mathcal{A}_{n-1,n-1}(\mu) = \mathcal{A}^0_{n-1,n-1}(\mu) + \mathcal{A}^1_{n-1,n-1}(\mu)$ 的形式, 其中

$$\begin{aligned}
\mathcal{A}^0_{n-1,n-1}(\mu) &:= \begin{pmatrix} \mathcal{A}_{n-2,n-2}(\mu) & \mathcal{A}_{n-2,n-1}(\mu) \\ 0 & A_{n-1,n-1} \end{pmatrix}, \\
\mathcal{A}^1_{n-1,n-1}(\mu) &:= \begin{pmatrix} 0 & 0 \\ \mathcal{A}_{n-1,n-2}(\mu) & 0 \end{pmatrix}.
\end{aligned} \tag{4.12}$$

对于 $\widetilde{f}_{n-1} = (\widetilde{f}_{n-2} \quad f_{n-1})^\top \in \mathcal{D}(\mathcal{A}^0_{n-1,n-1}(\mu)) \subset \mathcal{D}(\mathcal{A}^1_{n-1,n-1}(\mu)) \subset \widetilde{H}_{n-1} = \widetilde{H}_{n-2} \times H_{n-1}$ 而言, 由式 (4.12) 可知

$$\|\mathcal{A}^1_{n-1,n-1}(\mu)\widetilde{f}_{n-1}\| = \|\mathcal{A}_{n-1,n-2}(\mu)\widetilde{f}_{n-2}\|. \tag{4.13}$$

由假设 $k = n-1$ 时结论成立, 即存在 $\mu_{n-1} > 0$, 使得对于 $\mu \in (0, \mu_{n-1})$, 算子 $\mathcal{A}_{n-1,n-2}(\mu)$ 是 $\mathcal{A}_{n-2,n-2}(\mu)-$ 有界的且 $\mathcal{A}_{n-2,n-2}(\mu)-$ 界为 $\widehat{\delta}_{n-1}(\mu)$. 故对于任意的 $\varepsilon > 0$, 存在非负常数 $\widehat{a}_{n-1}(\mu), \widehat{b}_{n-1}(\mu)$ 并且满足

$$\widehat{\delta}_{n-1}(\mu) \leqslant \widehat{b}_{n-1}(\mu) < \widehat{\delta}_{n-1}(\mu) + \varepsilon,$$

对于 $\widetilde{f}_{n-2} \in \mathcal{D}(\mathcal{A}_{n-2,n-2}(\mu)) \subset \widetilde{H}_{n-2}$, 有

$$\|\mathcal{A}_{n-1,n-2}(\mu)\widetilde{f}_{n-2}\| \leqslant \widehat{a}_{n-1}(\mu)\|\widetilde{f}_{n-2}\| + \widehat{b}_{n-1}(\mu)\|\mathcal{A}_{n-2,n-2}(\mu)\widetilde{f}_{n-2}\|,$$

结合式 (4.13) 可得

$$\|\mathcal{A}^1_{n-1,n-1}(\mu)\widetilde{f}_{n-1}\| \leqslant \widehat{a}_{n-1}(\mu)\|\widetilde{f}_{n-2}\| + \widehat{b}_{n-1}(\mu)\|\mathcal{A}_{n-2,n-2}(\mu)\widetilde{f}_{n-2}\|. \tag{4.14}$$

进一步因为

$$\begin{aligned}
&\|\mathcal{A}_{n-2,n-2}(\mu)\widetilde{f}_{n-2}\| \\
=&\|\mathcal{A}_{n-2,n-2}(\mu)\widetilde{f}_{n-2} + \mathcal{A}_{n-2,n-1}(\mu)f_{n-1} - \mathcal{A}_{n-2,n-1}(\mu)f_{n-1}\| \\
\leqslant&\|\mathcal{A}_{n-2,n-2}(\mu)\widetilde{f}_{n-2} + \mathcal{A}_{n-2,n-1}(\mu)f_{n-1}\| + \|\mathcal{A}_{n-2,n-1}(\mu)f_{n-1}\|,
\end{aligned}$$

并且

$$\|\mathcal{A}_{n-2,n-1}(\mu)f_{n-1}\| = \|\frac{1}{\mu}A_{n-2,n-1}f_{n-1}\|,$$

故结合式 (4.14) , 有

$$\begin{aligned}
&\|\mathcal{A}^1_{n-1,n-1}(\mu)\widetilde{f}_{n-1}\| \\
\leqslant\ & \widehat{a}_{n-1}(\mu)\|\widetilde{f}_{n-2}\| + \widehat{b}_{n-1}(\mu)\|\mathcal{A}_{n-2,n-2}(\mu)\widetilde{f}_{n-2}\| \\
\leqslant\ & \widehat{a}_{n-1}(\mu)\|\widetilde{f}_{n-2}\| + \widehat{b}_{n-1}(\mu)\|\mathcal{A}_{n-2,n-2}(\mu)\widetilde{f}_{n-2} + \mathcal{A}_{n-2,n-1}(\mu)f_{n-1}\| + \\
& \widehat{b}_{n-1}(\mu)\|\frac{1}{\mu}A_{n-2,n-1}f_{n-1}\|.
\end{aligned} \tag{4.15}$$

又因算子 $A_{n-2,n-1}$ 是 $A_{n-1,n-1}-$ 有界的, $\delta_{n-2,n-1}$ 为 $A_{n-1,n-1}-$ 界, 故对于任意的 $\varepsilon>0$, 存在非负常数 $a_{n-2,n-1}, b_{n-2,n-1}$ 并且满足

$$\delta_{n-2,n-1}\leqslant b_{n-2,n-1}<\delta_{n-2,n-1}+\varepsilon,$$

对于 $f_{n-1}\in\mathcal{D}(A_{n-1,n-1})\subset H_{n-1}$, 有

$$\|A_{n-2,n-1}f_{n-1}\|\leqslant a_{n-2,n-1}\|f_{n-1}\|+b_{n-2,n-1}\|A_{n-1,n-1}f_{n-1}\|, \tag{4.16}$$

则由式 (4.15), 式 (4.16) 有

$$\begin{aligned}&\|\mathcal{A}^1_{n-1,n-1}(\mu)\widetilde{f}_{n-1}\|\\ \leqslant\ &\widehat{a}_{n-1}(\mu)\|\widetilde{f}_{n-2}\|+\widehat{b}_{n-1}(\mu)\|\mathcal{A}_{n-2,n-2}(\mu)\widetilde{f}_{n-2}+\mathcal{A}_{n-2,n-1}(\mu)f_{n-1}\|+\\ &\widehat{b}_{n-1}(\mu)\frac{1}{\mu}\|A_{n-2,n-1}f_{n-1}\|\\ \leqslant\ &\widehat{a}_{n-1}(\mu)\|\widetilde{f}_{n-2}\|+\widehat{b}_{n-1}(\mu)\|\mathcal{A}_{n-2,n-2}(\mu)\widetilde{f}_{n-2}+\mathcal{A}_{n-2,n-1}(\mu)f_{n-1}\|+\\ &\widehat{b}_{n-1}(\mu)\frac{1}{\mu}(a_{n-2,n-1}\|f_{n-1}\|+b_{n-2,n-1}\|A_{n-1,n-1}f_{n-1}\|)\\ \leqslant\ &\max\{\widehat{a}_{n-1}(\mu),\frac{1}{\mu}\widehat{b}_{n-1}(\mu)a_{n-2,n-1}\}\|\widetilde{f}_{n-1}\|+\\ &\widehat{b}_{n-1}(\mu)\max\{1,\frac{1}{\mu}b_{n-2,n-1}\}\|\mathcal{A}^0_{n-1,n-1}(\mu)\widetilde{f}_{n-1}\|.\end{aligned}$$

因此 $\mathcal{A}^1_{n-1,n-1}(\mu)$ 是 $\mathcal{A}^0_{n-1,n-1}(\mu)-$ 有界的且 $\mathcal{A}^0_{n-1,n-1}(\mu)-$ 界 $\delta^{1,0}_{n-1}(\mu)$ 满足

$$\begin{aligned}\delta^{1,0}_{n-1}(\mu)&\leqslant\frac{\widehat{b}_{n-1}(\mu)(1+\frac{1}{\mu}b_{n-2,n-1}+|1-\frac{1}{\mu}b_{n-2,n-1}|)}{2}\\ &\leqslant\frac{(\widehat{\delta}_{n-1}(\mu)+\varepsilon)[1+\frac{1}{\mu}(\delta_{n-2,n-1}+\varepsilon)+|1-\frac{1}{\mu}(\delta_{n-2,n-1}+\varepsilon)|]}{2}.\end{aligned}$$

由 ε 的任意性及 $\widehat{\delta}_{n-1}(\mu)\leqslant\mu\delta_{n-1,n-2}\dfrac{1}{1-\delta_{n-2}(\mathcal{A},\mu)}$, 可得

$$\begin{aligned}\delta^{1,0}_{n-1}(\mu)&\leqslant\frac{\widehat{\delta}_{n-1}(\mu)(1+\frac{1}{\mu}\delta_{n-2,n-1}+|1-\frac{1}{\mu}\delta_{n-2,n-1}|)}{2}\\ &\leqslant\frac{\mu\delta_{n-1,n-2}+\delta_{n-1,n-2}\delta_{n-2,n-1}+|\mu\delta_{n-1,n-2}-\delta_{n-1,n-2}\delta_{n-2,n-1}|}{2(1-\delta_{n-2}(\mathcal{A},\mu))}\\ &=\delta_{n-1}(\mathcal{A},\mu).\end{aligned}$$

根据式 (4.10) 知, 当 $k=n-1$ 时, 有 $\delta_{n-1}(\mathcal{A},0)=\delta_{n-1}(\mathcal{A})$. 由式 (4.7) 可知, $\delta_{n-1}(\mathcal{A})<1$, 故 $\delta_{n-1}(\mathcal{A},0)=\delta_{n-1}(\mathcal{A})<1$. 又因 $\delta_{n-1}(\mathcal{A},\cdot)$ 在 0 的某个邻域内是连续的, 所以存在 $\widetilde{\mu}_n>0$, 对于 $\mu\in(0,\widetilde{\mu}_n)$ 有 $\delta_{n-1}^{1,0}(\mu)\leqslant\delta_{n-1}(\mathcal{A},\mu)<1$. 故 $\mathcal{A}_{n-1,n-1}^1(\mu)$ 是 $\mathcal{A}_{n-1,n-1}^0(\mu)-$ 有界的且 $\mathcal{A}_{n-1,n-1}^0(\mu)-$ 界 $\delta_{n-1}^{1,0}(\mu)<1$.

因此对于任意的 $\mu\in(0,\widehat{\mu}_n)$, 其中 $\widehat{\mu}_n:=\min\{\mu_{n-1},\widetilde{\mu}_n\}$, 根据引理 4.2.1 知, $\mathcal{A}_{n-1,n-1}^1(\mu)$ 是 $\mathcal{A}_{n-1,n-1}(\mu)-$ 有界的且 $\mathcal{A}_{n-1,n-1}(\mu)-$ 界 $\delta_{n-1}^1(\mu)$ 满足

$$\delta_{n-1}^1(\mu)\leqslant\frac{\delta_{n-1}^{1,0}(\mu)}{1-\delta_{n-1}^{1,0}(\mu)}\leqslant\frac{\delta_{n-1}(\mathcal{A},\mu)}{1-\delta_{n-1}(\mathcal{A},\mu)}.\tag{4.17}$$

而对于 $\widetilde{f}_{n-1}=(\widetilde{f}_{n-2}\ \ f_{n-1})^\top\in\mathcal{D}(\mathcal{A}_{n,n-1}(\mu))\subset\widetilde{H}_{n-1}=\widetilde{H}_{n-2}\times H_{n-1}$, 由式 (4.11) 可知

$$\|\mathcal{A}_{n,n-1}(\mu)\widetilde{f}_{n-1}\|=\|\mu A_{n,n-1}f_{n-1}\|.\tag{4.18}$$

因 $A_{n,n-1}$ 是 $A_{n-1,n-1}-$ 有界的, $\delta_{n,n-1}$ 为 $A_{n-1,n-1}-$ 界, 故对于任意的 $\varepsilon>0$, 存在非负常数 $a_{n,n-1},b_{n,n-1}$ 并且满足

$$\delta_{n,n-1}\leqslant b_{n,n-1}<\delta_{n,n-1}+\varepsilon,$$

对于 $f_{n-1}\in\mathcal{D}(A_{n-1,n-1})\subset H_{n-1}$, 有

$$\|A_{n,n-1}f_{n-1}\|\leqslant a_{n,n-1}\|f_{n-1}\|+b_{n,n-1}\|A_{n-1,n-1}f_{n-1}\|,$$

结合式 (4.18) 可得

$$\|\mathcal{A}_{n,n-1}(\mu)\widetilde{f}_{n-1}\|\leqslant\mu a_{n,n-1}\|f_{n-1}\|+\mu b_{n,n-1}\|A_{n-1,n-1}f_{n-1}\|.\tag{4.19}$$

进一步因

$$\begin{aligned}&\|A_{n-1,n-1}f_{n-1}\|\\=&\|A_{n-1,n-1}f_{n-1}+\mathcal{A}_{n-1,n-2}(\mu)\widetilde{f}_{n-2}-\mathcal{A}_{n-1,n-2}(\mu)\widetilde{f}_{n-2}\|\\\leqslant&\|A_{n-1,n-1}f_{n-1}+\mathcal{A}_{n-1,n-2}(\mu)\widetilde{f}_{n-2}\|+\|\mathcal{A}_{n-1,n-2}(\mu)\widetilde{f}_{n-2}\|,\end{aligned}$$

并且对于 $\widetilde{f}_{n-1}=(\widetilde{f}_{n-2}\ \ f_{n-1})^\top\in\mathcal{D}(\mathcal{A}_{n-1,n-2}(\mu))\times H_{n-1}$, 由式 (4.12) 知,

$$\|\mathcal{A}_{n-1,n-1}^1(\mu)\widetilde{f}_{n-1}\|=\|\mathcal{A}_{n-1,n-2}(\mu)\widetilde{f}_{n-2}\|,$$

所以结合式 (4.19) 可得

$$\begin{aligned}&\|\mathcal{A}_{n,n-1}(\mu)\widetilde{f}_{n-1}\|\\ \leqslant\ &\mu a_{n,n-1}\|f_{n-1}\|+\mu b_{n,n-1}\|A_{n-1,n-1}f_{n-1}\|\\ \leqslant\ &\mu a_{n,n-1}\|f_{n-1}\|+\mu b_{n,n-1}\|A_{n-1,n-1}f_{n-1}+\mathcal{A}_{n-1,n-2}(\mu)\widetilde{f}_{n-2}\|+\\ &\mu b_{n,n-1}\|\mathcal{A}^1_{n-1,n-1}(\mu)\widetilde{f}_{n-1}\|.\end{aligned}\tag{4.20}$$

由上文知, 对于任意的 $\mu\in(0,\widehat{\mu}_n)$, $\mathcal{A}^1_{n-1,n-1}(\mu)$ 是 $\mathcal{A}_{n-1,n-1}(\mu)-$ 有界的且 $\mathcal{A}_{n-1,n-1}(\mu)-$ 界 $\delta^1_{n-1}(\mu)$ 满足式 (4.17). 故对于任意的 $\varepsilon>0$, 存在非负常数 $a^1_{n-1}(\mu)$, $b^1_{n-1}(\mu)$ 并且满足

$$\delta^1_{n-1}(\mu)\leqslant b^1_{n-1}(\mu)<\delta^1_{n-1}(\mu)+\varepsilon,$$

对于 $\widetilde{f}_{n-1}=(\widetilde{f}_{n-2}\quad f_{n-1})^\top\in\mathcal{D}(\mathcal{A}_{n-1,n-1}(\mu))$, 有

$$\|\mathcal{A}^1_{n-1,n-1}(\mu)\widetilde{f}_{n-1}\|\leqslant a^1_{n-1}(\mu)\|\widetilde{f}_{n-1}\|+b^1_{n-1}(\mu)\|\mathcal{A}_{n-1,n-1}(\mu)\widetilde{f}_{n-1}\|,\tag{4.21}$$

则由式 (4.20), 式 (4.21) 有

$$\begin{aligned}&\|\mathcal{A}_{n,n-1}(\mu)\widetilde{f}_{n-1}\|\\ \leqslant\ &\mu a_{n,n-1}\|f_{n-1}\|+\mu b_{n,n-1}\|A_{n-1,n-1}f_{n-1}+\mathcal{A}_{n-1,n-2}(\mu)\widetilde{f}_{n-2}\|+\\ &\mu b_{n,n-1}\|\mathcal{A}^1_{n-1,n-1}(\mu)\widetilde{f}_{n-1}\|\\ \leqslant\ &\mu a_{n,n-1}\|f_{n-1}\|+\mu b_{n,n-1}\|\mathcal{A}_{n-1,n-1}(\mu)\widetilde{f}_{n-1}\|+\\ &\mu b_{n,n-1}(a^1_{n-1}(\mu)\|\widetilde{f}_{n-1}\|+b^1_{n-1}(\mu)\|\mathcal{A}_{n-1,n-1}(\mu)\widetilde{f}_{n-1}\|)\\ \leqslant\ &\mu(a_{n,n-1}+b_{n,n-1}a^1_{n-1}(\mu))\|\widetilde{f}_{n-1}\|+\\ &\mu b_{n,n-1}(1+b^1_{n-1}(\mu))\|\mathcal{A}_{n-1,n-1}(\mu)\widetilde{f}_{n-1}\|.\end{aligned}$$

因此 $\mathcal{A}_{n,n-1}(\mu)$ 是 $\mathcal{A}_{n-1,n-1}(\mu)-$ 有界的, 并且 $\mathcal{A}_{n-1,n-1}(\mu)-$ 界 $\widehat{\delta}_n(\mu)$ 满足

$$\begin{aligned}\widehat{\delta}_n(\mu)&\leqslant\mu b_{n,n-1}(1+b^1_{n-1}(\mu))\\ &\leqslant\mu(\delta_{n,n-1}+\varepsilon)(1+(\delta^1_{n-1}(\mu)+\varepsilon)).\end{aligned}$$

由 ε 的任意性, 对于 $\mu \in (0, \widehat{\mu}_n)$, 有

$$\widehat{\delta}_n(\mu) \leqslant \mu\delta_{n,n-1}(1 + \delta_{n-1}^1(\mu)).$$

结合式 (4.17) 可得

$$\begin{aligned}\widehat{\delta}_n(\mu) &\leqslant \mu\delta_{n,n-1}(1 + \delta_{n-1}^1(\mu)) \\ &\leqslant \mu\delta_{n,n-1}\frac{1}{1 - \delta_{n-1}(\mathcal{A}, \mu)}.\end{aligned}$$

所以 $\mathcal{A}_{n,n-1}(\mu)$ 是 $\mathcal{A}_{n-1,n-1}(\mu)-$ 有界的且 $\mathcal{A}_{n-1,n-1}(\mu)-$ 界 $\widehat{\delta}_n(\mu)$ 满足

$$\widehat{\delta}_n(\mu) \leqslant \mu\delta_{n,n-1}\frac{1}{1 - \delta_{n-1}(\mathcal{A}, \mu)}.$$

下面证明 $\mathcal{A}_{nn}(\mu)$ 是可闭的, 进一步如果 $A_{11}, \cdots, A_{n-1,n-1}, A_{nn}$ 是闭算子, 则 $\mathcal{A}_{nn}(\mu)$ 是闭的.

对 2×2 阶分块算子矩阵

$$\mathcal{A}_{nn}(\mu) = \begin{pmatrix} \mathcal{A}_{n-1,n-1}(\mu) & \mathcal{A}_{n-1,n}(\mu) \\ \mathcal{A}_{n,n-1}(\mu) & A_{nn} \end{pmatrix}$$

而言, 可以找到一个 $\mu_2 > 0$, 对于 $\mu \in (0, \min\{\mu_2, \widehat{\mu}_n\})$ 有 $\widehat{\delta}_n(\mu) < 1$. 由上文知, 对于 $\mu \in (0, \widehat{\mu}_n)$, $\mathcal{A}_{n,n-1}(\mu)$ 的相对界 $\widehat{\delta}_n(\mu)$ 满足

$$\widehat{\delta}_n(\mu) \leqslant \frac{\mu\delta_{n,n-1}}{1 - \delta_{n-1}(\mathcal{A}, \mu)}.$$

又因为对于 $\mu \in (0, \mu_0)$, 有

$$\widetilde{\delta}_n(\mu) = \frac{\delta_{n,n-1}\delta_{n-1,n}}{1 - \delta_{n-1}(\mathcal{A}, \mu)} < 1,$$

所以对于 $\mu \in (0, \min\{\widehat{\mu}_n, \mu_0\})$, 可得

$$\frac{1}{\mu}\delta_{n-1,n}\widehat{\delta}_n(\mu) \leqslant \frac{\delta_{n,n-1}\delta_{n-1,n}}{1 - \delta_{n-1}(\mathcal{A}, \mu)} = \widetilde{\delta}_n(\mu) < 1.$$

故存在 $\mu_n \in (0, \min\{\mu_2, \mu_0, \widehat{\mu}_n\})$, 使得对于 $\mu \in (0, \mu_n)$, 满足

$$\max\{\widehat{\delta}_n(\mu), \frac{1}{\mu}\delta_{n-1,n}\widehat{\delta}_n(\mu)\} < 1. \tag{4.22}$$

根据定理 4.2.4 知, $\mathcal{A}_{nn}(\mu)$ 是可闭的. 进一步如果 $A_{11}, \cdots, A_{n-1,n-1}, A_{nn}$ 是闭算子, 则 $\mathcal{A}_{nn}(\mu)$ 是闭的.

注 4.2.1. 当 $n=2$ 时, 在定理 4.2.4 中, 当相对界满足 $\max\{\delta_{1,2}\delta_{2,1},\delta_{2,1}\}<1$ 或 $\max\{\delta_{1,2}\delta_{2,1},\delta_{1,2}\}<1$ 时, 可得 $\mathcal{A}=\left(\begin{smallmatrix}A_{11}&A_{12}\\A_{21}&A_{22}\end{smallmatrix}\right)$ 是可闭的. 而利用定理 4.2.5 只需相对界满足 $\delta_{1,2}\delta_{2,1}<1$ 时, 即可证 $\mathcal{A}$ 是可闭的. 进一步如果 A_{ii} $(i=1,2)$ 是闭算子, 则 $\mathcal{A}$ 是闭的.

注 4.2.2. 在 $\infty-$ 范数意义下, 由式 (4.1) 定义的算子矩阵 $\mathcal{A}$ 可闭 (闭) 的充分条件与定理 4.2.5 条件一致. 不同的是类似于式 (4.22) 的不等式, 需要证明 $\mathcal{A}_{n,n-1}(\mu)$ 关于 $\mathcal{A}_{n-1,n-1}(\mu)$ 的相对界 $\widehat{\delta}_n(\mu)$ 与 $\mathcal{A}_{n-1,n}(\mu)$ 关于 A_{nn} 的相对界 $\dfrac{1}{\mu}\delta_{n-1,n}$ 满足 $\widehat{\delta}_n(\mu)+\dfrac{1}{\mu}\delta_{n-1,n}\widehat{\delta}_n(\mu)<1$, 并且关于 $\delta_k(\mathcal{A},\mu)$ 的连续函数定义为 $\delta_k(\mathcal{A},\mu):=\dfrac{\mu\delta_{k,k-1}+\delta_{k,k-1}\delta_{k-1,k}}{1-\delta_{k-1}(\mathcal{A},\mu)}$, 其余证明过程类似.

推论 4.2.6. 设 $\mathcal{A}$ 为由式 (4.1) 定义的算子矩阵, 并且 A_{ii} $(i=1,\cdots,n)$ 为可闭算子. 若对于任意的 k $(k\in\{2,\cdots,n\})$, $A_{k,k-1}$ 相对 $A_{k-1,k-1}$ 的界为 0 或 $A_{k-1,k}$ 相对 A_{kk} 的界为 0, 即

$$\delta_{k,k-1}=0 \text{ 或 } \delta_{k-1,k}=0,\ (k\in\{2,\cdots,n\})$$

则 $\mathcal{A}$ 可闭. 进一步如果对角元素 $A_{11},\cdots,A_{nn}$ 为闭算子, 则 $\mathcal{A}$ 闭.

推论 4.2.7. 设 $\mathcal{A}$ 为由式 (4.1) 定义的算子矩阵, 并且 A_{ii} $(i=1,\cdots,n)$ 为可闭算子. 对每个 k $(k\in\{2,\cdots,n\})$, 若满足以下条件之一

(i) $A_{k,k-1}$ 是有界的;

(ii) $A_{k,k-1}$ 相对 $A_{k-1,k-1}$ 是紧算子并且 H_{k-1},H_k 是自反空间;

(iii) H_{k-1},H_k 是 Hilbert 空间并且 $\mathcal{D}(|A_{k-1,k-1}|^{\gamma})\subset\mathcal{D}(A_{k,k-1})$, 其中 $\gamma\in(0,1)$;

(iv) $A_{k-1,k}$ 是有界的;

(v) $A_{k-1,k}$ 相对 A_{kk} 是紧算子并且 H_{k-1},H_k 是自反空间;

(vi) H_{k-1},H_k 是 Hilbert 空间并且 $\mathcal{D}(|A_{kk}|^{\gamma})\subset\mathcal{D}(A_{k-1,k})$, 其中 $\gamma\in(0,1)$;

则 $\mathcal{A}$ 可闭. 进一步如果对角元素 $A_{11},\cdots,A_{nn}$ 为闭算子, 则 $\mathcal{A}$ 闭.

下面利用图模范数的性质给出另一种闭性的充分条件. 根据引理 1.1.5, 对于 Hilbert 空间上的无界线性算子 T, $T:\mathcal{D}(T)\subset H\to H$ 为闭算子当且仅

当 $(\mathcal{D}(T), \|\cdot\|_{\mathcal{D}(T)})$ 为 Hilbert 空间, 其中对于任意的 $x \in \mathcal{D}(T)$ 有 $\|x\|_{\mathcal{D}(T)} := \|x\|_H + \|Tx\|_H$, 在 1− 范数意义下, 简记为 $\|x\|_{\mathcal{D}(T)} := \|x\| + \|Tx\|$.

定理 4.2.8. 设 $\mathcal{A}$ 为 Hilbert 空间 H 上由式 (4.1) 定义的算子矩阵, 并且 $A_{ii}\ (i = 1, \cdots, n)$ 为闭算子. 若存在非负常数 $a_{ij}, b_{ij}\ (i, j = 1, \cdots, n, |i-j| = 1)$ 满足

$$\max\{b_{21}, \max_{j=2}^{n-1} b_{j-1,j} + \max_{j=2}^{n-1} b_{j+1,j}, b_{n-1,n}\} < 1, \tag{4.23}$$

并使得对于任意的 $f_j \in \mathcal{D}(A_{jj})$, $\|A_{ij}f_j\| \leqslant a_{ij}\|f_j\| + b_{ij}\|A_{jj}f_j\|$ 成立, 则 $\mathcal{A}$ 闭.

证明 令

$$D := (\bar{\delta}_{ij}A_{ij})_{i,j=1}^{n} : \mathcal{D}(D) \subset H \to H,$$

其中

$$\bar{\delta}_{ij} = \begin{cases} 0, & i \neq j, \\ 1, & i = j. \end{cases}$$

即 D 为对角型算子矩阵. 由 A_{ij} 相对于 A_{jj} 有界可知,

$$\mathcal{D}(D) = \mathcal{D}(\mathcal{A}) = \mathcal{D}(A_{11}) \times \cdots \times \mathcal{D}(A_{nn}).$$

又因 $A_{ii}\ (i = 1, \cdots, n)$ 是闭算子, 则 D 为闭算子. 根据闭图像定理, 要证明 $\mathcal{A}$ 为 $(\mathcal{D}(\mathcal{A}), \|\cdot\|_{\mathcal{D}(\mathcal{A})})$ 上的闭算子, 只需验证范数 $\|\cdot\|_{\mathcal{D}(\mathcal{A})}$ 与 $\|\cdot\|_{\mathcal{D}(D)}$ 等价.

因 D 为闭算子, 根据引理 1.1.5 知, 对于任意的 $f \in \mathcal{D}(D)$, 有

$$\begin{aligned} \|f\|_{\mathcal{D}(D)} &= \|f\| + \|Df\| \\ &= \sum_{i=1}^{n} \|f_i\| + \sum_{i=1}^{n} \|A_{ii}f_i\| \\ &= \sum_{i=1}^{n} \|f_i\|_{\mathcal{D}(A_{ii})}. \end{aligned}$$

下面分析 $\|f\|_{\mathcal{D}(D)}$ 和 $\|f\|_{\mathcal{D}(\mathcal{A})}$ 之间的关系.

一方面, 对于任意的 $f \in \mathcal{D}(\mathcal{A})$, 根据 1− 范数和图模范数的性质, 及条件 (4.23), 得到下面的关系式:

$$\begin{aligned}
&\|f\|_{\mathcal{D}(\mathcal{A})} = \|f\| + \|\mathcal{A}f\| \\
\leqslant &\sum_{i=1}^{n}\|f_i\| + \|A_{11}f_1\| + \|A_{12}f_2\| + \sum_{i=2}^{n-1}(\|A_{i,i-1}f_{i-1}\| + \|A_{ii}f_i\| + \|A_{i,i+1}f_{i+1}\|) + \\
&\|A_{n,n-1}f_{n-1}\| + \|A_{nn}f_n\| \\
= &\sum_{i=1}^{n}\|f_i\| + \sum_{j=1}^{n}\|A_{jj}f_j\| + \|A_{21}f_1\| + \|A_{n-1,n}f_n\| + \\
&\sum_{j=2}^{n-1}(\|A_{j-1,j}f_j\| + \|A_{j+1,j}f_j\|) \\
\leqslant &\sum_{i=1}^{n}\|f_i\| + \sum_{j=1}^{n}\|A_{jj}f_j\| + a_{21}\|f_1\| + b_{21}\|A_{11}f_1\| + a_{n-1,n}\|f_n\| + b_{n-1,n}\|A_{nn}f_n\| + \\
&\sum_{j=2}^{n-1}\Big((a_{j-1,j} + a_{j+1,j})\|f_j\| + (b_{j-1,j} + b_{j+1,j})\|A_{jj}f_j\|\Big) \\
\leqslant &\sum_{i=1}^{n}\|f_i\| + \sum_{j=1}^{n}\|A_{jj}f_j\| + \max\{a_{21}, \max_{j=2}^{n-1}(a_{j-1,j} + a_{j+1,j}), a_{n-1,n}\}\sum_{j=1}^{n}\|f_j\| + \\
&\max\{b_{21}, \max_{j=2}^{n-1}(b_{j-1,j} + b_{j+1,j}), b_{n-1,n}\}\sum_{j=1}^{n}\|A_{jj}f_j\| \\
\leqslant &\sum_{i=1}^{n}\|f_i\| + \sum_{i=1}^{n}\|A_{ii}f_i\| + \max\{a_{21}, \max_{j=2}^{n-1}a_{j-1,j} + \max_{j=2}^{n-1}a_{j+1,j}, a_{n-1,n}\}\sum_{i=1}^{n}\|f_i\| + \\
&\max\{b_{21}, \max_{j=2}^{n-1}b_{j-1,j} + \max_{j=2}^{n-1}b_{j+1,j}, b_{n-1,n}\}\sum_{i=1}^{n}\|A_{ii}f_i\| \\
= &\Big(1 + \max\{a_{21}, \max_{j=2}^{n-1}a_{j-1,j} + \max_{j=2}^{n-1}a_{j+1,j}, a_{n-1,n}\}\Big)\sum_{i=1}^{n}\|f_i\| + \\
&\Big(1 + \max\{b_{21}, \max_{j=2}^{n-1}b_{j-1,j} + \max_{j=2}^{n-1}b_{j+1,j}, b_{n-1,n}\}\Big)\sum_{i=1}^{n}\|A_{ii}f_i\| \\
\leqslant &\Big(\max\{a_{21}, \max_{j=2}^{n-1}a_{j-1,j} + \max_{j=2}^{n-1}a_{j+1,j}, a_{n-1,n}, b_{21}, \max_{j=2}^{n-1}b_{j-1,j} + \max_{j=2}^{n-1}b_{j+1,j}, b_{n-1,n}\} + \\
&1\Big)\|f\|_{\mathcal{D}(D)},
\end{aligned}$$

令

$$c_1 := 1+\max\{a_{21}, \max_{j=2}^{n-1} a_{j-1,j}+\max_{j=2}^{n-1} a_{j+1,j}, a_{n-1,n}, b_{21}, \max_{j=2}^{n-1} b_{j-1,j}+\max_{j=2}^{n-1} b_{j+1,j}, b_{n-1,n}\},$$

显然 $c_1 > 0$, 则有

$$\|f\|_{\mathcal{D}(\mathcal{A})} \leqslant c_1\|f\|_{\mathcal{D}(D)}. \tag{4.24}$$

另一方面, 取 $\delta = 1 + \max\{a_{21}, \max_{j=2}^{n-1} a_{j-1,j} + \max_{j=2}^{n-1} a_{j+1,j}, a_{n-1,n}\}$, 则

$$\begin{aligned}
&\delta\|f\|_{\mathcal{D}(\mathcal{A})} = \delta\|f\| + \delta\|\mathcal{A}f\| \\
\geqslant&\delta\sum_{i=1}^{n}\|f_i\| + \|\mathcal{A}f\| \\
=&\delta\sum_{i=1}^{n}\|f_i\| + \|A_{11}f_1 + A_{12}f_2\| + \sum_{i=2}^{n-1}\|A_{i,i-1}f_{i-1} + A_{ii}f_i + A_{i,i+1}f_{i+1}\|+ \\
&\|A_{n,n-1}f_{n-1} + A_{nn}f_n\| \\
\geqslant&\delta\sum_{i=1}^{n}\|f_i\| + \sum_{i=1}^{n}\|A_{ii}f_i\| - \|A_{12}f_2\| - \sum_{i=2}^{n-1}\|A_{i,i-1}f_{i-1} + A_{i,i+1}f_{i+1}\|- \\
&\|A_{n,n-1}f_{n-1}\| \\
\geqslant&\delta\sum_{i=1}^{n}\|f_i\| + \sum_{i=1}^{n}\|A_{ii}f_i\| - \|A_{12}f_2\| - \sum_{i=2}^{n-1}(\|A_{i,i-1}f_{i-1}\| + \|A_{i,i+1}f_{i+1}\|)- \\
&\|A_{n,n-1}f_{n-1}\| \\
=&\delta\sum_{i=1}^{n}\|f_i\| + \sum_{i=1}^{n}\|A_{ii}f_i\| - \|A_{21}f_1\| - \sum_{j=2}^{n-1}(\|A_{j-1,j}f_j\| + \|A_{j+1,j}f_j\|)- \\
&\|A_{n-1,n}f_n\| \\
\geqslant&\delta\sum_{i=1}^{n}\|f_i\| + \sum_{i=1}^{n}\|A_{ii}f_i\| - (a_{21}\|f_1\| + b_{21}\|A_{11}f_1\|) - \bigg(\sum_{j=2}^{n-1}(a_{j-1,j} + a_{j+1,j})\|f_j\|+ \\
&\sum_{j=2}^{n-1}(b_{j-1,j} + b_{j+1,j})\|A_{jj}f_j\|\bigg) - (a_{n-1,n}\|f_n\| + b_{n-1,n}\|A_{nn}f_n\|)
\end{aligned}$$

$$
\begin{aligned}
&\geqslant\delta\sum_{i=1}^{n}\|f_i\|+\sum_{i=1}^{n}\|A_{ii}f_i\|-\max\{a_{21},\max_{j=2}^{n-1}(a_{j-1,j}+a_{j+1,j}),a_{n-1,n}\}\sum_{j=1}^{n}\|f_j\|-\\
&\quad\max\{b_{21},\max_{j=2}^{n-1}(b_{j-1,j}+b_{j+1,j}),b_{n-1,n}\}\sum_{j=1}^{n}\|A_{jj}f_j\|\\
&\geqslant\delta\sum_{i=1}^{n}\|f_i\|+\sum_{i=1}^{n}\|A_{ii}f_i\|-\max\{a_{21},\max_{j=2}^{n-1}a_{j-1,j}+\max_{j=2}^{n-1}a_{j+1,j},a_{n-1,n}\}\sum_{i=1}^{n}\|f_i\|-\\
&\quad\max\{b_{21},\max_{j=2}^{n-1}b_{j-1,j}+\max_{j=2}^{n-1}b_{j+1,j},b_{n-1,n}\}\sum_{i=1}^{n}\|A_{ii}f_i\|\\
&=\sum_{i=1}^{n}\|f_i\|+\left(1-\max\{b_{21},\max_{j=2}^{n-1}b_{j-1,j}+\max_{j=2}^{n-1}b_{j+1,j},b_{n-1,n}\}\right)\sum_{i=1}^{n}\|A_{ii}f_i\|\\
&\geqslant\left(1-\max\{b_{21},\max_{j=2}^{n-1}b_{j-1,j}+\max_{j=2}^{n-1}b_{j+1,j},b_{n-1,n}\}\right)\|f\|_{\mathcal{D}(D)},
\end{aligned}
$$

令

$$
c_2:=1-\max\{b_{21},\max_{j=2}^{n-1}b_{j-1,j}+\max_{j=2}^{n-1}b_{j+1,j},b_{n-1,n}\},
$$

因 $\max\{b_{21},\max_{j=2}^{n-1}b_{j-1,j}+\max_{j=2}^{n-1}b_{j+1,j},b_{n-1,n}\}<1$, 所以 $c_2>0$, 故

$$
\|f\|_{\mathcal{D}(\mathcal{A})}\geqslant\frac{1}{\delta}c_2\|f\|_{\mathcal{D}(D)}. \tag{4.25}
$$

结合式 (4.24) 和式 (4.25) 可知, 范数 $\|\cdot\|_{\mathcal{D}(\mathcal{A})}$ 与 $\|\cdot\|_{\mathcal{D}(D)}$ 等价.

综上所述, $\mathcal{A}$ 为闭算子.

4.3 无界三对角型算子矩阵的谱估计

本节讨论 $n\times n$ 阶无界三对角型算子矩阵的可逆性和谱估计定理.

4.3.1 可逆性

下面结合三对角型算子矩阵内部元素的相对有界性, 先讨论 $n\times n$ 阶无界三对角型算子矩阵的可逆性.

定理 4.3.1. 设 $\mathcal{A}$ 为 Hilbert 空间 H 上由式 (4.1) 定义的算子矩阵, 并且 $0 \in \bigcap_{i=1}^{n} \rho(A_{ii})$. 若存在非负常数 a_{ij}, b_{ij} $(i, j = 1, \cdots, n, |i-j| = 1)$ 满足

$$\max\{a_{21}\|A_{11}^{-1}\| + b_{21}, \max_{j=2}^{n-1}(a_{j-1,j}\|A_{jj}^{-1}\| + b_{j-1,j}) + \max_{j=2}^{n-1}(a_{j+1,j}\|A_{jj}^{-1}\| + b_{j+1,j}),$$
$$a_{n-1,n}\|A_{nn}^{-1}\| + b_{n-1,n}\} < 1,$$

使得对于任意的 $f_j \in \mathcal{D}(A_{jj}), \|A_{ij}f_j\| \leqslant a_{ij}\|f_j\| + b_{ij}\|A_{jj}f_j\|$ 成立, 则 $\mathcal{A}$ 可逆.

证明 因 $\mathcal{A}$ 为三对角型对角占优算子矩阵并且 $0 \in \bigcap_{i=1}^{n} \rho(A_{ii})$,
故

$$\mathcal{A} = (I + ST^{-1})\begin{pmatrix} A_{11} & & 0 \\ & \ddots & \\ 0 & & A_{nn} \end{pmatrix},$$

其中 T, S 是式 (4.3) 和式 (4.4) 给定的算子矩阵. 根据引理 1.1.7, ST^{-1} 是有界算子矩阵, 即

$$ST^{-1} = \begin{pmatrix} 0 & A_{12}A_{22}^{-1} & \cdots & 0 \\ A_{21}A_{11}^{-1} & 0 & \cdots & 0 \\ \vdots & & \ddots & \vdots \\ 0 & \cdots & \cdots & 0 \end{pmatrix}.$$

对任意的 $f = (f_1 \ \cdots \ f_n)^{\top} \in H$ 有

$$\begin{aligned}
&\|ST^{-1}f\| \\
=&\|A_{12}A_{22}^{-1}f_2\| + \sum_{i=2}^{n-1}\|A_{i,i-1}A_{i-1,i-1}^{-1}f_{i-1} + A_{i,i+1}A_{i+1,i+1}^{-1}f_{i+1}\| + \\
&\|A_{n,n-1}A_{n-1,n-1}^{-1}f_{n-1}\| \\
\leqslant&\|A_{21}A_{11}^{-1}f_1\| + \|A_{n-1,n}A_{nn}^{-1}f_n\| + \sum_{j=2}^{n-1}(\|A_{j-1,j}A_{jj}^{-1}f_j\| + \|A_{j+1,j}A_{jj}^{-1}f_j\|)
\end{aligned}$$

$$\begin{aligned}
&\leqslant a_{21}\|A_{11}^{-1}f_1\|+b_{21}\|f_1\|+a_{n-1,n}\|A_{nn}^{-1}f_n\|+b_{n-1,n}\|f_n\|+\\
&\quad\sum_{j=2}^{n-1}(a_{j-1,j}\|A_{jj}^{-1}f_j\|+b_{j-1,j}\|f_j\|+a_{j+1,j}\|A_{jj}^{-1}f_j\|+b_{j+1,j}\|f_j\|)\\
&\leqslant(a_{21}\|A_{11}^{-1}\|+b_{21})\|f_1\|+(a_{n-1,n}\|A_{nn}^{-1}\|+b_{n-1,n})\|f_n\|+\\
&\quad\max_{j=2}^{n-1}(a_{j-1,j}\|A_{jj}^{-1}\|+b_{j-1,j}+a_{j+1,j}\|A_{jj}^{-1}\|+b_{j+1,j})\sum_{j=2}^{n-1}\|f_j\|\\
&\leqslant\max\{a_{21}\|A_{11}^{-1}\|+b_{21},\max_{j=2}^{n-1}(a_{j-1,j}\|A_{jj}^{-1}\|+b_{j-1,j}+a_{j+1,j}\|A_{jj}^{-1}\|+b_{j+1,j}),\\
&\quad a_{n-1,n}\|A_{nn}^{-1}\|+b_{n-1,n}\}\|f\|\\
&\leqslant\max\{a_{21}\|A_{11}^{-1}\|+b_{21},\max_{j=2}^{n-1}(a_{j-1,j}\|A_{jj}^{-1}\|+b_{j-1,j})+\max_{j=2}^{n-1}(a_{j+1,j}\|A_{jj}^{-1}\|+b_{j+1,j}),\\
&\quad a_{n-1,n}\|A_{nn}^{-1}\|+b_{n-1,n}\}\|f\|.
\end{aligned}$$

因为

$$\begin{aligned}
&\max\{a_{21}\|A_{11}^{-1}\|+b_{21},\max_{j=2}^{n-1}(a_{j-1,j}\|A_{jj}^{-1}\|+b_{j-1,j})+\max_{j=2}^{n-1}(a_{j+1,j}\|A_{jj}^{-1}\|+b_{j+1,j}),\\
&\qquad a_{n-1,n}\|A_{nn}^{-1}\|+b_{n-1,n}\}<1,
\end{aligned}$$

所以 $\|ST^{-1}\|<1$, 根据引理 1.1.3 知 $I+ST^{-1}$ 可逆, 故 $\mathcal{A}$ 可逆.

定理 4.3.2. 设 $\mathcal{A}$ 为 Hilbert 空间 H 上由式 (4.1) 定义的算子矩阵, 并且 $0\in\bigcap_{i=1}^{n}\rho(A_{ii})$. 若满足

$$\max\{\|A_{21}A_{11}^{-1}\|,\max_{j=2}^{n-1}\|A_{j-1,j}A_{jj}^{-1}\|+\max_{j=2}^{n-1}\|A_{j+1,j}A_{jj}^{-1}\|,\|A_{n-1,n}A_{nn}^{-1}\|\}<1,$$

则 $\mathcal{A}$ 可逆.

证明 令 T 为由式 (4.3) 定义的算子矩阵, S 为由式 (4.4) 定义的算子矩阵. 因 $\mathcal{A}$ 为三对角型对角占优算子矩阵并且 $0\in\bigcap_{i=1}^{n}\rho(A_{ii})$, 故

$$\mathcal{A}=(I+ST^{-1})T.$$

对任意的 $f = (f_1 \ \cdots \ f_n)^\top \in H$ 有

$$
\begin{aligned}
&\|ST^{-1}f\| \\
=&\|A_{12}A_{22}^{-1}f_2\| + \sum_{i=2}^{n-1}\|A_{i,i-1}A_{i-1,i-1}^{-1}f_{i-1} + A_{i,i+1}A_{i+1,i+1}^{-1}f_{i+1}\| + \\
&\|A_{n,n-1}A_{n-1,n-1}^{-1}f_{n-1}\| \\
\leqslant&\|A_{12}A_{22}^{-1}f_2\| + \sum_{i=2}^{n-1}(\|A_{i,i-1}A_{i-1,i-1}^{-1}f_{i-1}\| + \|A_{i,i+1}A_{i+1,i+1}^{-1}f_{i+1}\|) + \\
&\|A_{n,n-1}A_{n-1,n-1}^{-1}f_{n-1}\| \\
=&\|A_{21}A_{11}^{-1}f_1\| + \sum_{j=2}^{n-1}(\|A_{j-1,j}A_{jj}^{-1}f_j\| + \|A_{j+1,j}A_{jj}^{-1}f_j\|) + \|A_{n-1,n}A_{nn}^{-1}f_n\| \\
\leqslant&\|A_{21}A_{11}^{-1}\|\|f_1\| + \sum_{j=2}^{n-1}(\|A_{j-1,j}A_{jj}^{-1}\| + \|A_{j+1,j}A_{jj}^{-1}\|)\|f_j\| + \|A_{n-1,n}A_{nn}^{-1}\|\|f_n\| \\
\leqslant&\max\{\|A_{21}A_{11}^{-1}\|, \max_{j=2}^{n-1}(\|A_{j-1,j}A_{jj}^{-1}\| + \|A_{j+1,j}A_{jj}^{-1}\|), \|A_{n-1,n}A_{nn}^{-1}\|\}\|f\| \\
\leqslant&\max\{\|A_{21}A_{11}^{-1}\|, \max_{j=2}^{n-1}\|A_{j-1,j}A_{jj}^{-1}\| + \max_{j=2}^{n-1}\|A_{j+1,j}A_{jj}^{-1}\|, \|A_{n-1,n}A_{nn}^{-1}\|\}\|f\|.
\end{aligned}
$$

因

$$\max\{\|A_{21}A_{11}^{-1}\|, \max_{j=2}^{n-1}\|A_{j-1,j}A_{jj}^{-1}\| + \max_{j=2}^{n-1}\|A_{j+1,j}A_{jj}^{-1}\|, \|A_{n-1,n}A_{nn}^{-1}\|\} < 1,$$

所以 $\|ST^{-1}\| < 1$, 根据引理 1.1.3 知 $I + ST^{-1}$ 可逆, 故 $\mathcal{A}$ 可逆.

推论 4.3.3. 设 $\mathcal{A}$ 为 Hilbert 空间 H 上由式 (4.1) 定义的算子矩阵, 并且 $0 \in \bigcap_{i=1}^{n} \rho(A_{ii})$. 若 A_{ij} $(i, j = 1, \cdots, n, |i-j| = 1)$ 为可闭算子且满足

$$\max\{\|A_{21}A_{11}^{-1}\|, \max_{j=2}^{n-1}\|A_{j-1,j}A_{jj}^{-1}\| + \max_{j=2}^{n-1}\|A_{j+1,j}A_{jj}^{-1}\|, \|A_{n-1,n}A_{nn}^{-1}\|\} < 1,$$

则 $\mathcal{A}$ 可逆.

4.3.2 谱估计的 Gershgorin-型定理

下面利用 Schur 补刻画 $n \times n$ 阶无界三对角型算子矩阵的谱估计范围.

先将式 (4.1) 定义的 $n \times n$ 阶无界三对角型算子矩阵简写为

$$\mathcal{A} := (\bar{\delta}_{ij}A_{ij} + \bar{\delta}_{|i-j|,1}A_{ij})_{i,j=1}^{n} : \mathcal{D}(\mathcal{A}) = \mathcal{D}(A_{11}) \times \cdots \times \mathcal{D}(A_{nn}) \subset H \to H, \quad (4.26)$$

其中 $H = H_1 \times \cdots \times H_n, H_i$ 为 Hilbert 空间, $\bar{\delta}_{ij}$ 为克罗内克函数, 即

$$\bar{\delta}_{ij} = \begin{cases} 0, & i \neq j, \\ 1, & i = j. \end{cases}$$

为了方便阅读, 对于无界三对角型算子矩阵 $\mathcal{A}$, 定义以下符号:

对于任意的 $j \in \{1, \cdots, n\}$, 记

$$\mathcal{S}_n(\mathcal{A}) := \bigcup_{j=1}^{n-1} \mathcal{S}_{nj}(\mathcal{A}),$$

其中

$$\mathcal{S}_{nj}(\mathcal{A}) := \sigma(A_{nn}) \cup \sigma(A_{jj}) \cup \{\lambda \in \rho(A_{nn}) \cap \rho(A_{jj}) : \mathcal{R}_{nj}(\lambda) \geqslant 1\},$$

$$\mathcal{R}_{nj}(\lambda) := \sum_{i=1}^{n-1} \|(\bar{\delta}_{|i-n|,1}A_{in}(A_{nn} - \lambda I)^{-1}\bar{\delta}_{|n-j|,1}A_{nj} - \bar{\delta}_{|i-j|,1}A_{ij})(A_{jj} - \lambda I)^{-1}\|.$$

并记

$$\mathcal{S}'_n(\mathcal{A}) := \bigcup_{j=2}^{n} \mathcal{S}'_{nj}(\mathcal{A}),$$

其中

$$\mathcal{S}'_{nj}(\mathcal{A}) := \sigma(A_{11}) \cup \sigma(A_{jj}) \cup \{\lambda \in \rho(A_{11}) \cap \rho(A_{jj}) : \mathcal{R}'_{nj}(\lambda) \geqslant 1\},$$

$$\mathcal{R}'_{nj}(\lambda) := \sum_{i=2}^{n} \|(\bar{\delta}_{|i-1|,1}A_{i1}(A_{11} - \lambda I)^{-1}\bar{\delta}_{|1-j|,1}A_{1j} - \bar{\delta}_{|i-j|,1}A_{ij})(A_{jj} - \lambda I)^{-1}\|.$$

定理 4.3.4. 设 $\mathcal{A}$ 为 Hilbert 空间 H 上由式 (4.26) 定义的算子矩阵, 若 A_{ij} $(i, j \in \{1, \cdots, n\}, |i-j| = 1)$ 为可闭算子, 则 $\sigma(\mathcal{A}) \subset S_n(\mathcal{A}) \bigcap S'_n(\mathcal{A})$.

证明 首先证明 $\sigma(\mathcal{A}) \subset S_n(\mathcal{A})$.

记

$$\mathcal{A} := \begin{pmatrix} A & B \\ C & D \end{pmatrix},$$

其中

$$
\begin{aligned}
&A := (\bar{\delta}_{ij}A_{ij} + \bar{\delta}_{|i-j|,1}A_{ij})_{i,j=1}^{n-1},\\
&B := (\bar{\delta}_{|i-n|,1}A_{in})_{i=1}^{n-1},\\
&C := (\bar{\delta}_{|n-j|,1}A_{nj})_{j=1}^{n-1},\\
&D := A_{nn}.
\end{aligned}
$$

取 $\lambda \notin \mathcal{S}_n(\mathcal{A})$, 令

$$
L := \begin{pmatrix} A_{11}-\lambda I & & \\ & \ddots & \\ & & A_{n-1,n-1}-\lambda I \end{pmatrix},
$$

则 L 具有有界逆且

$$
\begin{aligned}
S_1(\lambda) =& A - \lambda I - B(D-\lambda I)^{-1}C\\
=& L + (\bar{\delta}_{|i-j|,1}A_{ij})_{i,j=1}^{n-1} - (\bar{\delta}_{|i-n|,1}A_{in}(A_{nn}-\lambda I)^{-1}\bar{\delta}_{|n-j|,1}A_{nj})_{i,j=1}^{n-1}\\
=& (I - (\bar{\delta}_{|i-n|,1}A_{in}(A_{nn}-\lambda I)^{-1}\bar{\delta}_{|n-j|,1}A_{nj} - \bar{\delta}_{|i-j|,1}A_{ij})_{i,j=1}^{n-1}L^{-1})L.
\end{aligned}
$$

记 $R := (R_{ij})_{i,j=1}^{n-1}$, 其中

$$
R_{ij} = (\bar{\delta}_{|i-n|,1}A_{in}(A_{nn}-\lambda I)^{-1}\bar{\delta}_{|n-j|,1}A_{nj} - \bar{\delta}_{|i-j|,1}A_{ij})(A_{jj}-\lambda I)^{-1},
$$

故 $S_1(\lambda) = (I-R)L$. 又

$$
\begin{aligned}
\|R\| &\leqslant \max_{1\leqslant j\leqslant n-1}\sum_{i=1}^{n-1}\|R_{ij}\|\\
&= \max_{1\leqslant j\leqslant n-1}\sum_{i=1}^{n-1}\|(\bar{\delta}_{|i-n|,1}A_{in}(A_{nn}-\lambda I)^{-1}\bar{\delta}_{|n-j|,1}A_{nj} - \bar{\delta}_{|i-j|,1}A_{ij})(A_{jj}-\lambda I)^{-1}\|\\
&= \max_{1\leqslant j\leqslant n-1}\{\mathcal{R}_{nj}(\lambda)\} < 1,
\end{aligned}
$$

根据引理 1.1.3 知, $I-R$ 具有有界逆, 进而 $S_1(\lambda)$ 具有有界逆. 由 $A_{n-1,n}$, $A_{n,n-1}$ 为可闭算子, 可得 $(0\ 0\ \cdots\ A_{n-1,n})^{\top}$, $(0\ 0\ \cdots\ A_{n,n-1})$ 均为可闭算子, 即 B, C 可闭, 根据定理 3.1.3 可知, $\lambda \in \rho(\mathcal{A})$, 故 $\sigma(\mathcal{A}) \subset \mathcal{S}_n(\mathcal{A})$.

下面证明 $\sigma(\mathcal{A}) \subset S'_n(\mathcal{A})$.

记

$$\mathcal{A} := \begin{pmatrix} A' & B' \\ C' & D' \end{pmatrix},$$

其中

$$\begin{aligned} A' &:= A_{11}, \\ B' &:= (\bar{\delta}_{|1-j|,1} A_{1j})_{j=2}^{n}, \\ C' &:= (\bar{\delta}_{|i-1|,1} A_{i1})_{i=2}^{n}, \\ D' &:= (\bar{\delta}_{ij} A_{ij} + \bar{\delta}_{|i-j|,1} A_{ij})_{i,j=2}^{n}. \end{aligned}$$

其余过程证明类似. 故 $\sigma(\mathcal{A}) \subset \mathcal{S}'_n(\mathcal{A})$.

因此, $\sigma(\mathcal{A}) \subset \mathcal{S}_n(\mathcal{A}) \bigcap \mathcal{S}'_n(\mathcal{A})$.

下面给出 $\mathcal{A}$ 为闭算子时的谱包含关系.

定理 4.3.5. 设 $\mathcal{A}$ 为 Hilbert 空间 H 上由式 (4.26) 定义的算子矩阵, 并且 A_{ii} $(i = 1, 2, \cdots, n)$ 为闭算子. 若 A_{ij} 相对 A_{jj} 有界, $\delta_{i,j}$ 为 A_{jj}- 界 $(i, j \in \{1, \cdots, n\}, |i-j| = 1)$ 并满足 $\delta_{k,k-1}\delta_{k-1,k} + \delta_{k-1}(\mathcal{A}) < 1,\ k = 2, 3, \cdots, n$, 则

$$\sigma(\mathcal{A}) \subset S_n(\mathcal{A}) \bigcap S'_n(\mathcal{A}),$$

其中 $\delta_{k-1}(\mathcal{A})$ 满足式 (4.8).

证明 首先证明 $\sigma(\mathcal{A}) \subset S_n(\mathcal{A})$.

记

$$\mathcal{A} := \begin{pmatrix} A & B \\ C & D \end{pmatrix},$$

其中

$$A := (\bar{\delta}_{ij} A_{ij} + \bar{\delta}_{|i-j|,1})_{i,j=1}^{n-1}, B := (\bar{\delta}_{|i-n|,1} A_{in})_{i=1}^{n-1}, C := (\bar{\delta}_{|n-j|,1} A_{nj})_{j=1}^{n-1}, D := A_{nn}.$$

取 $\lambda \notin \mathcal{S}_n(\mathcal{A})$, 类似于定理 4.3.4 的证明, $S_1(\lambda)$ 具有有界逆. 因 $\delta_{k,k-1}\delta_{k-1,k} + \delta_{k-1}(\mathcal{A}) < 1, k = 2, 3, \cdots, n$ 且 A_{ii} $(i = 1, 2, \cdots, n)$ 为闭算子, 于是根据定理

4.2.5 可知 $\mathcal{A}$ 为闭算子矩阵. 又因 A_{ij} $(i \neq j)$ 相对于 A_{jj} 有界, 所以 B 相对于 D 有界. 根据推论 3.1.2 可知, $\lambda \in \rho(\mathcal{A})$, 故 $\sigma(\mathcal{A}) \subset \mathcal{S}_n(\mathcal{A})$.

下面证明 $\sigma(\mathcal{A}) \subset S'_n(\mathcal{A})$.

记

$$\mathcal{A} := \begin{pmatrix} A' & B' \\ C' & D' \end{pmatrix},$$

其中, $A' := A_{11}, B' := (\bar{\delta}_{|1-j|,1}A_{1j})_{j=2}^n, C' := (\bar{\delta}_{|i-1|,1}A_{i1})_{i=2}^n, D' := (\bar{\delta}_{ij}A_{ij} + \bar{\delta}_{|i-j|,1}A_{ij})_{i,j=2}^n$. 其余过程证明类似. 故 $\sigma(\mathcal{A}) \subset \mathcal{S}'_n(\mathcal{A})$.

因此, $\sigma(\mathcal{A}) \subset \mathcal{S}_n(\mathcal{A}) \bigcap \mathcal{S}'_n(\mathcal{A})$.

推论 4.3.6. 设 $\mathcal{A}$ 为由式 (4.1) 定义的闭算子矩阵, 则 $\sigma(\mathcal{A}) \subset S_n(\mathcal{A}) \bigcap S'_n(\mathcal{A})$.

例 4.3.1. 考虑由式 (4.2) 给出的一类 3×3 阶三对角型算子矩阵

$$\mathcal{H} = \begin{pmatrix} -\nabla^2/2 + U_1 & V_{12} & 0 \\ \overline{V_{12}} & -\nabla^2/2 + U_2 & V_{23} \\ 0 & \overline{V_{23}} & -\nabla^2/2 \end{pmatrix}.$$

其中, 两个受限通道中粒子的哈密顿量 $H_c^{(i)} := -\nabla^2/2 + U_i$ $(i = 1, 2)$ 是 $L^2(\mathbb{R}^3)$ 中的自伴算子; 散射通道中粒子的哈密顿量 $H_s := -\nabla^2/2$ 是非负算子. 假设 $V_{21} = \overline{V_{12}}$ 是 $H_c^{(1)}-$ 有界的且相对界为 $\delta_{2,1}$, V_{12} 和 $V_{32} = \overline{V_{23}}$ 是 $H_c^{(2)}-$ 有界的且相对界分别为 $\delta_{1,2}$ 和 $\delta_{3,2}$, V_{23} 是 H_s- 有界的且相对界为 $\delta_{2,3}$. 如果相对界满足 $\delta_{1,2}\delta_{2,1} + \delta_{3,2}\delta_{2,3} < 1$, 那么由定理 4.2.5 可知 $\mathcal{H}$ 是闭算子矩阵.

下面利用推论 4.3.6 刻画 $\mathcal{H}$ 的谱范围, 即

$$\begin{aligned}&\sigma(H) \subset \sigma(H_c^{(1)}) \cup \sigma(H_c^{(2)}) \cup \sigma(H_s) \cup \\ &\{[\{\lambda \in \rho(H_c^{(1)}) \cap \rho(H_c^{(2)}) : R'_{32}(\lambda) \geqslant 1\} \cup \{\lambda \in \rho(H_c^{(1)}) \cap \rho(H_s) : R'_{33}(\lambda) \geqslant 1\}] \\ &\cap [\{\lambda \in \rho(H_c^{(1)}) \cap \rho(H_s) : R_{31}(\lambda) \geqslant 1\} \cup \{\lambda \in \rho(H_c^{(2)}) \cap \rho(H_s) : R_{32}(\lambda) \geqslant 1\}]\}.\end{aligned}$$

其中

$$R'_{32}(\lambda)=\|\overline{V_{12}}(H_c^{(1)}-\lambda I)^{-1}V_{12}(H_c^{(2)}-\lambda I)^{-1}\|+\|\overline{V_{23}}(H_c^{(2)}-\lambda I)^{-1}\|,$$
$$R'_{33}(\lambda)=\|V_{23}(H_s-\lambda I)^{-1}\|,$$
$$R_{31}(\lambda)=\|\overline{V_{12}}(H_c^{(1)}-\lambda I)^{-1}\|,$$
$$R_{32}(\lambda)=\|V_{12}(H_c^{(2)}-\lambda I)^{-1}\|+\|V_{23}(H_s-\lambda I)^{-1}\overline{V_{23}}(H_c^{(2)}-\lambda I)^{-1}\|.$$

4.3.3 一类 3×3 阶三对角型算子矩阵的谱估计

本节讨论一类特殊的 3×3 阶无界三对角型算子矩阵

$$\mathcal{A}_1:=\begin{pmatrix}A_{11}&A_{12}&0\\A_{12}^*&A_{22}&A_{23}\\0&A_{23}^*&A_{33}\end{pmatrix}:\mathcal{D}(\mathcal{A}_1)=\mathcal{D}(A_{11})\times\mathcal{D}(A_{22})\times\mathcal{D}(A_{33})\subset H\to H,\tag{4.27}$$

其中 A_{ii} $(i\in\{1,2,3\})$ 为自伴算子. 利用 Schur 补和内部元素的数值域给出较为详细的谱估计范围.

定理 4.3.7. 设 $\mathcal{A}_1$ 为 Hilbert 空间 H 上由式 (4.27) 定义的算子矩阵, 若 A_{12} 为有界算子, A_{23} 为稠定闭算子, 则

$$\begin{aligned}\sigma(\mathcal{A}_1)\subset\{\lambda\in\mathbb{R}:&\inf W(A_{11})+\inf W(A_{22})-\sup W(A_{23}(A_{33}-\lambda I)^{-1}A_{23}^*)-\\&2\|A_{12}\|\leqslant\lambda\leqslant\sup W(A_{11})+\sup W(A_{22})-\\&\inf W(A_{23}(A_{33}-\lambda I)^{-1}A_{23}^*)+2\|A_{12}\|\}.\end{aligned}$$

证明 记

$$A:=\begin{pmatrix}A_{11}&A_{12}\\A_{12}^*&A_{22}\end{pmatrix},B:=\begin{pmatrix}0\\A_{23}\end{pmatrix},C:=\begin{pmatrix}0&A_{23}^*\end{pmatrix}=B^*,D:=A_{33}.$$

根据式 (3.3) 知, 对于 $\lambda\in\rho(D)$,

$$S_1(\lambda)=A-\lambda I-B(D-\lambda I)^{-1}B^*.$$

对于 $\lambda \in \mathbb{R}$, 有

$$S_1^*(\lambda) = A - \lambda I - B(D - \lambda I)^{-1}B^*.$$

任取 $h = (h_1\ h_2)^\top \in \mathcal{D}(A)$ 且 $\|h\| = 1$, 其中 $h_i \neq 0\ (i \in \{1, 2\})$. 一方面

$$\begin{aligned}(S_1(\lambda)h, h) =& (Ah, h) - \lambda(h, h) - ((B(D - \lambda I)^{-1}B^*)h, h)\\ =& (A_{11}h_1, h_1) + (A_{22}h_2, h_2) + 2\mathrm{Re}(A_{12}h_2, h_1) - \lambda-\\ & ((A_{23}(A_{33} - \lambda I)^{-1}A_{23}^*)h_2, h_2)\\ =& \|h_1\|^2 W(A_{11}) + \|h_2\|^2 W(A_{22}) + 2\mathrm{Re}(A_{12}h_2, h_1) - \lambda-\\ & \|h_2\|^2 W(A_{23}(A_{33} - \lambda I)^{-1}A_{23}^*)\\ \leqslant& \|h_1\|^2 \sup W(A_{11}) + \|h_2\|^2 \sup W(A_{22}) + 2|\mathrm{Re}(A_{12}h_2, h_1)| - \lambda-\\ & \|h_2\|^2 \inf W(A_{23}(A_{33} - \lambda I)^{-1}A_{23}^*)\\ \leqslant& \sup W(A_{11}) + \sup W(A_{22}) + 2\|A_{12}\| - \lambda-\\ & \inf W(A_{23}(A_{33} - \lambda I)^{-1}A_{23}^*).\end{aligned}$$

当 $\lambda > \sup W(A_{11}) + \sup W(A_{22}) - \inf W(A_{23}(A_{33} - \lambda I)^{-1}A_{23}^*) + 2\|A_{12}\|$ 时, 可知 $(S_1(\lambda)h, h) < 0$, 所以 $0 \notin \overline{W(S_1(\lambda))}$, 因此 $0 \notin \sigma(S_1(\lambda))$, 根据定理 3.1.3 知 $\lambda \notin \sigma(\mathcal{A}_1)$. 故 $\sigma(\mathcal{A}_1) \subset \{\lambda \in \mathbb{R} : \lambda \leqslant \sup W(A_{11}) + \sup W(A_{22}) - \inf W(A_{23}(A_{33} - \lambda I)^{-1}A_{23}^*) + 2\|A_{12}\|\}$.

另一方面,

$$\begin{aligned}(S_1(\lambda)h, h) =& (Ah, h) - \lambda(h, h) - ((B(D - \lambda I)^{-1}B^*)h, h)\\ =& \|h_1\|^2 W(A_{11}) + \|h_2\|^2 W(A_{22}) + 2\mathrm{Re}(A_{12}h_2, h_1) - \lambda-\\ & \|h_2\|^2 W(A_{23}(A_{33} - \lambda I)^{-1}A_{23}^*)\\ \geqslant& \|h_1\|^2 \inf W(A_{11}) + \|h_2\|^2 \inf W(A_{22}) - 2|\mathrm{Re}(A_{12}h_2, h_1)| - \lambda-\\ & \|h_2\|^2 \sup W(A_{23}(A_{33} - \lambda I)^{-1}A_{23}^*)\\ \geqslant& \inf W(A_{11}) + \inf W(A_{22}) - 2\|A_{12}\| - \lambda-\\ & \sup W(A_{23}(A_{33} - \lambda I)^{-1}A_{23}^*).\end{aligned}$$

当 $\lambda < \inf W(A_{11}) + \inf W(A_{22}) - \sup W(A_{23}(A_{33} - \lambda I)^{-1}A_{23}^*) - 2\|A_{12}\|$ 时, 可知 $(S_1(\lambda)h, h) > 0$, 所以 $0 \notin \overline{W(S_1(\lambda))}$, 因此 $0 \notin \sigma(S_1(\lambda))$, 根据定理 3.1.3 知 $\lambda \notin \sigma(\mathcal{A}_1)$. 故 $\sigma(\mathcal{A}_1) \subset \{\lambda \in \mathbb{R} : \lambda \geqslant \inf W(A_{11}) + \inf W(A_{22}) - \sup W(A_{23}(A_{33} - \lambda I)^{-1}A_{23}^*) - 2\|A_{12}\|\}$.

接下来不妨假设 $h_1 = 0$, 由 $\|h\| = 1$ 可知 $\|h_2\| = 1$, 于是

$$\begin{aligned}(S_1(\lambda)h, h) =&(Ah, h) - \lambda(h, h) - ((B(D - \lambda I)^{-1}B^*)h, h)\\ =&(A_{11}h_1, h_1) + (A_{22}h_2, h_2) + 2\mathrm{Re}(A_{12}h_2, h_1) - \lambda-\\ &((A_{23}(A_{33} - \lambda I)^{-1}A_{23}^*)h_2, h_2)\\ =&W(A_{22}) - \lambda - W(A_{23}(A_{33} - \lambda I)^{-1}A_{23}^*)\\ \leqslant&\sup W(A_{22}) - \lambda - \inf W(A_{23}(A_{33} - \lambda I)^{-1}A_{23}^*),\end{aligned} \tag{4.28}$$

又

$$\begin{aligned}(S_1(\lambda)h, h) =&(Ah, h) - \lambda(h, h) - ((B(D - \lambda I)^{-1}B^*)h, h)\\ =&W(A_{22}) - \lambda - W(A_{23}(A_{33} - \lambda I)^{-1}A_{23}^*)\\ \geqslant&\inf W(A_{22}) - \lambda - \sup W(A_{23}(A_{33} - \lambda I)^{-1}A_{23}^*).\end{aligned} \tag{4.29}$$

结合式 (4.28) 和式 (4.29) 可知, 当 $\lambda > \sup W(A_{22}) - \inf W(A_{23}(A_{33} - \lambda I)^{-1}A_{23}^*)$ 或 $\lambda < \inf W(A_{22}) - \sup W(A_{23}(A_{33} - \lambda I)^{-1}A_{23}^*)$ 时, 可得 $(S_1(\lambda)h, h) \neq 0$, 所以 $0 \notin \overline{W(S_1(\lambda))}$, 因此 $0 \notin \sigma(S_1(\lambda))$, 根据定理 3.1.3 知 $\lambda \notin \sigma(\mathcal{A}_1)$. 故 $\sigma(\mathcal{A}_1) \subset \{\lambda \in \mathbb{R} :\ \inf W(A_{22}) - \sup W(A_{23}(A_{33} - \lambda I)^{-1}A_{23}^*) \leqslant \lambda \leqslant \sup W(A_{22}) - \inf W(A_{23}(A_{33} - \lambda I)^{-1}A_{23}^*)\}$.

当 $h_2 = 0$ 时, 证明过程类似.

综上所述, $\sigma(\mathcal{A}_1) \subset \{\lambda \in \mathbb{R} :\ \inf W(A_{11}) + \inf W(A_{22}) - \sup W(A_{23}(A_{33} - \lambda I)^{-1}A_{23}^*) - 2\|A_{12}\| \leqslant \lambda \leqslant \sup W(A_{11}) + \sup W(A_{22}) - \inf W(A_{23}(A_{33} - \lambda I)^{-1}A_{23}^*) + 2\|A_{12}\|\}$.

定理 4.3.8. 设 $\mathcal{A}_1$ 为 Hilbert 空间 H 上由式 (4.27) 定义的算子矩阵, 若 A_{23}

为有界算子, A_{12} 为稠定闭算子, 则

$$\sigma(\mathcal{A}_1) \subset \{\lambda \in \mathbb{R} : \inf W(A_{22}) + \inf W(A_{33}) - \sup W(A_{12}^*(A_{11} - \lambda I)^{-1}A_{12}) - 2\|A_{23}\| \leqslant \lambda \leqslant \sup W(A_{22}) + \sup W(A_{33}) - \inf W(A_{12}^*(A_{11} - \lambda I)^{-1}A_{12}) + 2\|A_{23}\|\}.$$

证明 记

$$A := A_{11}, B := \begin{pmatrix} A_{12} & 0 \end{pmatrix}, C := \begin{pmatrix} A_{12}^* \\ 0 \end{pmatrix} = B^*, D := \begin{pmatrix} A_{22} & A_{23} \\ A_{23}^* & A_{33} \end{pmatrix}.$$

根据式 (3.3), 对于 $\lambda \in \rho(A)$,

$$S_2(\lambda) = D - \lambda I - B^*(A - \lambda I)^{-1}B.$$

对于 $\lambda \in \mathbb{R}$, 有

$$S_2^*(\lambda) = D - \lambda I - B^*(A - \lambda I)^{-1}B.$$

任取 $h = (h_2\ h_3)^\top \in \mathcal{D}(D)$ 且 $\|h\| = 1$. 类似于定理 4.3.7 的证明. 可得 $\sigma(\mathcal{A}_1) \subset \{\lambda \in \mathbb{R}: \inf W(A_{22}) + \inf W(A_{33}) - \sup W(A_{12}^*(A_{11} - \lambda I)^{-1}A_{12}) - 2\|A_{23}\| \leqslant \lambda \leqslant \sup W(A_{22}) + \sup W(A_{33}) - \inf W(A_{12}^*(A_{11} - \lambda I)^{-1}A_{12}) + 2\|A_{23}\|\}$.

推论 4.3.9. 设 $\mathcal{A}_1$ 为 Hilbert 空间 H 上由式 (4.27) 定义的算子矩阵, 其中 A_{12}, A_{23} 为有界算子, 则

$$\sigma(\mathcal{A}_1) \subset \{\lambda \in \mathbb{R} : \max\{\inf W(A_{11}) + \inf W(A_{22}) - \sup W(A_{23}(A_{33} - \lambda I)^{-1}A_{23}^*) - 2\|A_{12}\|, \inf W(A_{22}) + \inf W(A_{33}) - \sup W(A_{12}^*(A_{11} - \lambda I)^{-1}A_{12}) - 2\|A_{23}\|\} \leqslant \lambda \leqslant \min\{\sup W(A_{11}) + \sup W(A_{22}) - \inf W(A_{23}(A_{33} - \lambda I)^{-1}A_{23}^*) + 2\|A_{12}\|, \sup W(A_{22}) + \sup W(A_{33}) - \inf W(A_{12}^*(A_{11} - \lambda I)^{-1}A_{12}) + 2\|A_{23}\|\}\}.$$

第 5 章　反三角算子矩阵的谱估计

本章讨论具有力学背景的两类非自伴反三角算子矩阵. 主要内容包括利用反三角算子矩阵的特殊结构和内部元素的性质刻画本质谱, 以及通过估计分块算子矩阵二次数值域的范围来刻画谱的分布.

5.1　一类次对角占优型反三角算子矩阵的谱估计

在实际应用中, 与一类高阶微分方程相关联的算子矩阵往往是具有反三角结构的非自伴算子矩阵. 例如, 弹性力学中弦振动方程相关的算子矩阵, 具体如下 (见文献 [31, 32])

$$
\begin{cases}
\dfrac{\partial^2 u(x,t)}{\partial t^2}-\dfrac{\partial}{\partial x}\Big(a(x)\dfrac{\partial}{\partial x}u(x,t)\Big)-\dfrac{\partial^2}{\partial t\partial x}\Big(b(x)\dfrac{\partial}{\partial x}u(x,t)\Big)+\\
\displaystyle\int_0^1 k(x,y)\frac{\partial^2}{\partial t\partial y}u(y,t)\mathrm{d}y=0,(x\in(0,1),t>0),\\
u(0,t)=u(1,t)=0,(t\geqslant 0),\\
u(x,0)=u_0(x),\dfrac{\partial}{\partial t}u(x,0)=u_1(x),(0\leqslant x\leqslant 1).
\end{cases}
\tag{5.1}
$$

令 $a(x),b(x)\in C^1(0,1)$, 对于 $x\in[0,1]$ 有 $a(x)\geqslant\lambda_1>0,b(x)\geqslant v_1>0$, $\frac{\partial}{\partial y}k(x,y)\in L^2([0,1]\times[0,1])$. 并且对于任意的 $p(x)\in L^2(0,1)$ 满足关系式 $\int_0^1\int_0^1\frac{\partial}{\partial y}k(x,y)p(x)p(y)\mathrm{d}x\mathrm{d}y\leqslant 0$. 因此弦振动方程 (5.1)的问题可理解为 Hilbert 空间 $L^2(0,1)$ 中二阶微分方程

$$
\begin{cases}
\ddot{z}(t)+T_2\dot{z}(t)+T_3\dot{z}(t)+T_1z(t)=0,\\
z(0)=z_0,\dot{z}(0)=z_1
\end{cases}
$$

的 Cauchy 问题. 此时方程的系数为

$$T_1=-\frac{\mathrm{d}}{\mathrm{d}x}\big(a(x)\frac{\mathrm{d}}{\mathrm{d}x}\cdot\big),\ \mathcal{D}(T_1)=\{z\in H^2(0,1),z(0)=z(1)=0\},$$

$$T_2=\int_0^1 k(x,y)\frac{\mathrm{d}}{\mathrm{d}y}\cdot\mathrm{d}y,\ \mathcal{D}(T_2)=\{z\in H^1(0,1),z(0)=z(1)=0\},$$

$$T_3=-\frac{\mathrm{d}}{\mathrm{d}x}\big(b(x)\frac{\mathrm{d}}{\mathrm{d}x}\cdot\big),\ \mathcal{D}(T_3)=\mathcal{D}(T_1)\subset\mathcal{D}(T_2),$$

其中 $H^1(0,1)$, $H^2(0,1)$ 为 1 阶和 2 阶的 Sobolev 空间, 且可验证 T_1,T_3 为正定算子, T_2 为非负算子. 记 $B=T_1^{\frac{1}{2}},D=T_2+T_3$, 则在 Hilbert 空间 $L^2(0,1)$ 中 B,D 为无界正定算子, D 是相对于 B 有界的算子. 上面提及的 $\lambda_1=\inf\{\lambda|\ \lambda\in\sigma(B)\},v_1=\inf\{\lambda|\ \lambda\in\sigma(D)\}$. 若令 $x_1=Bz,x_2=\dot{z}$, 则二阶微分方程可转化为抽象的一阶方程

$$\frac{\mathrm{d}}{\mathrm{d}t}\begin{pmatrix}x_1\\x_2\end{pmatrix}=\begin{pmatrix}0&B\\-B^*&-D\end{pmatrix}\begin{pmatrix}x_1\\x_2\end{pmatrix}.$$

因此原问题的研究可转化为形如无界算子矩阵 $\begin{pmatrix}0&B\\-B^*&-D\end{pmatrix}$ 的研究, 其中次对角线上的元素互为反共轭算子. 当 D 为相对于 B 有界的自伴算子且相对界小于 1 时, 反三角算子矩阵 $\begin{pmatrix}0&B\\-B^*&-D\end{pmatrix}$ 为 $\mathcal{J}$-自伴算子, 其中 $\mathcal{J}=\begin{pmatrix}I&0\\0&-I\end{pmatrix}$.

本节讨论如下的一类次对角占优型反三角算子矩阵

$$\mathcal{A}_{\pm D}=\begin{pmatrix}0&B\\-B^*&\pm D\end{pmatrix}:\mathcal{D}(-B^*)\times\mathcal{D}(B)\subset H_1\times H_2\to H_1\times H_2,\tag{5.2}$$

其中 H_1,H_2 为 Hilbert 空间, B 为稠定闭算子, D 为 H_2 上的无界算子且 $\mathcal{D}(B)\subset\mathcal{D}(D)$. 其中 $\mathcal{A}_{+D}$ 或 $\mathcal{A}_{-D}$ 表示式 (5.2) 中的元素 $\pm D$ 为 $+D$ 或 $-D$ 时的情况. 当 D 为 H_2 上的增生算子, 即 $\mathrm{Re}(Dz,z)\geqslant 0,\ z\in\mathcal{D}(B)$, 此时 $\mathcal{A}_{-D}$ 为耗散算子, 且若存在 $\lambda_0>0$ 使得 $R(\lambda_0 I-\mathcal{A}_{-D})=H_1\times H_2$, 则 $\mathcal{A}_{-D}$ 可生成 C^0-半群. 此外, 当 D 为自伴算子时, $\mathcal{A}_{\pm D}$ 为 $\mathcal{J}$-对称算子, $\mathcal{J}=\begin{pmatrix}I&0\\0&-I\end{pmatrix}$; 当 D 自伴且

D 相对于 B 的界小于 1 时, $\mathcal{A}_{\pm D}$ 为 $\mathcal{J}$-自伴算子, 即 $(\mathcal{J}\mathcal{A}_{\pm D})^*=\mathcal{J}\mathcal{A}_{\pm D}$. 对于 $\begin{pmatrix}x_1\\y_1\end{pmatrix},\begin{pmatrix}x_2\\y_2\end{pmatrix}\in H_1\times H_2$, 定义 Hilbert 空间 $H_1\times H_2$ 中的二元运算

$$\left[\begin{pmatrix}x_1\\y_1\end{pmatrix},\begin{pmatrix}x_2\\y_2\end{pmatrix}\right]=\left(\mathcal{J}\begin{pmatrix}x_1\\y_1\end{pmatrix},\begin{pmatrix}x_2\\y_2\end{pmatrix}\right)=(x_1,x_2)-(y_1,y_2),$$

则 $(H_1\times H_2,[\cdot,\cdot])$ 是 Krein 空间 [33]. 此时算子矩阵 $\mathcal{A}_{\pm D}$ 为 Krein 空间 $(H_1\times H_2,[\cdot,\cdot])$ 中的自伴算子.

5.1.1 反三角算子矩阵 $\mathcal{A}_{-D}$ 本质谱的估计

本质谱在线性算子谱的定量研究以及控制论等领域具有重要应用. 对于刻画耗散系统的非自伴算子而言, 谱理论的研究没有系统的方法, 所以非常困难. 对于自伴算子而言, 谱可以分解为本质谱和代数重数有限的离散点谱的并集; 对于 Banach 空间中预解集非空的非自伴闭算子而言, 如果本质谱为空集, 谱集也仅由代数重数为有限的离散点谱构成, 这对于利用分离变量法研究其特征函数系的完备性提供了基础. 但是, 由于本质谱难以利用数值的方法获取其信息, 从而导致本质谱附近的特征值也难以利用数值计算的方法进行研究, 所以有必要从分析的角度刻画本质谱的性质和分布.

对于 Hilbert 空间 H 中的闭算子 T, 本质谱

$$\sigma_{\rm ess}(T)=\{\lambda\in\mathbb{C}|\ T-\lambda I\ \text{不是 Fredholm 算子}\}$$

见定义 1.1.22, 其中 T 为 Fredholm 算子当且仅当 $\mathcal{R}(T)$ 是闭的, ${\rm nul}(T)<\infty$ 且 ${\rm def}(T)<\infty$. T 的指标为 ${\rm ind}(T)={\rm nul}(T)-{\rm def}(T)$.

定义 5.1.1. 设 $\mathcal{A}$ 为 Krein 空间 $\hat{H}$ 中的自伴算子. 若 $\lambda\in\sigma_{\rm ap}(\mathcal{A})$ 且存在线性流形 $\hat{H}_0\subset\hat{H},{\rm dim}\hat{H}_0^{\perp}<\infty$, 使得对任意序列 $\{x_n\}\subset\hat{H}_0\cap\mathcal{D}(\mathcal{A})$ 满足

$$\|x_n\|=1,n=1,2,\cdots,\lim_{n\to\infty}\|(\mathcal{A}-\lambda I)x_n\|=0,$$

且

$$\liminf_{n\to\infty}\,[x_n,x_n]>0,$$

则称 λ 为 $\mathcal{A}$ 的 π_+ 型谱点, 并将满足上述条件的 λ 构成的集合记为 $\sigma_{\pi_+}(\mathcal{A})$.

引理 5.1.1. 设 T 为 Banach 空间 X 上的闭算子, 则

$$\sigma(T)=\sigma_{\mathrm{ess},1}(T)\cup\sigma_{\mathrm{p,norm}}(T),$$

其中

$$\sigma_{\mathrm{ess},1}(T)=\mathbb{C}\backslash\Delta_1(T),$$

$$\Delta_1(T)=\{z\in\mathbb{C}|\ T-z\ \text{是 Fredholm 算子},\ \mathrm{ind}(T-z)=0\ \text{且}\ z\ \text{的去心邻域包含于}\ \rho(T)\},$$

$$\sigma_{\mathrm{p,norm}}(T)=\{z\in\mathbb{C}|\ z\ \text{是代数重数有限的离散点谱}\}.$$

证明 由注 1.1.7 的 (i) 可知, 对于闭算子 T, 正则集

$$\rho(T)=\{\lambda\in\mathbb{C}|\ \lambda I-T\ \text{是一一的},\mathcal{R}(\lambda I-T)=X\}.$$

根据定义 1.1.22, 正则集 $\rho(T)$ 可重新描述为

$$\rho(T)=\{z\in\mathbb{C}|\ T-z\ \text{是 Fredholm 算子且}\ \mathrm{nul}(T-z)=\mathrm{def}(T-z)=0\}.$$

因此

$$\Delta_1(T)=\{z\in\mathbb{C}|\ T-z\ \text{是 Fredholm 算子},\ \mathrm{ind}(T-z)=0\ \text{且}\ z\ \text{的去心邻域包含于}\ \rho(T)\}$$

也可以重写为

$$\Delta_1(T)=\rho(T)\cup\{\lambda\in\mathbb{C}|\ \lambda\ \text{是}\ \sigma(T)\ \text{的孤立点},\ T-\lambda\ \text{是 Fredholm 算子且}\ \mathrm{ind}(T-\lambda)=0\}.$$

再由文献 [34] 的引理 $B.1$ 知

$$\sigma_{\mathrm{p,norm}}(T)=\{z\in\mathbb{C}|\ z\ \text{是}\ \sigma(T)\ \text{的孤立点},\ T-zI\ \text{为 Fredholm 算子且}\ \mathrm{ind}(T-zI)=0\}.$$

综上可得

$$\sigma(T)=\sigma_{\mathrm{ess},1}(T)\cup\sigma_{\mathrm{p,norm}}(T).$$

下面先讨论反三角算子矩阵 $\mathcal{A}_{-D}$ 的基本性质.

命题 5.1.2. 设 $\mathcal{A}_{-D}$ 为式 (5.2) 定义的反三角算子矩阵, 则 $\mathcal{A}_{-D}$ 具有有界逆. 进一步, 当 D 为相对于 B 有界的自伴算子且相对界小于 1 时, $\sigma(\mathcal{A}_{-D})$ 关于实轴对称.

证明 因 $0\in\rho(B)$, 则 $B^{-1},(B^*)^{-1}$ 均为有界算子并且

$$\begin{pmatrix}0 & B\\ -B^* & -D\end{pmatrix}\begin{pmatrix}-(B^*)^{-1}DB^{-1} & -(B^*)^{-1}\\ B^{-1} & 0\end{pmatrix}$$
$$=\begin{pmatrix}-(B^*)^{-1}DB^{-1} & -(B^*)^{-1}\\ B^{-1} & 0\end{pmatrix}\begin{pmatrix}0 & B\\ -B^* & -D\end{pmatrix}=\begin{pmatrix}I & 0\\ 0 & I\end{pmatrix},$$

则 $\mathcal{A}_{-D}$ 具有有界逆. 进一步, 当 D 为相对于 B 有界的自伴算子且相对界小于 1 时, $\mathcal{A}_{-D}$ 在 Krein 空间 $(H_1\times H_2,[\cdot,\cdot])$ 上是自伴算子, 其中 $[\cdot,\cdot]=(\mathcal{J}\cdot,\cdot),\mathcal{J}=\left(\begin{smallmatrix}I & 0\\ 0 & -I\end{smallmatrix}\right)$. 根据文献 [33] 中推论 6.3 可知 $\sigma(\mathcal{A}_{-D})$ 关于实轴对称.

命题 5.1.3. 设 $\mathcal{A}_{-D}$ 为由式 (5.2) 定义的反三角算子矩阵. 则对任意的 $s\in\mathbb{C}$, $\mathcal{R}(\mathcal{A}_{-D}-sI)$ 是闭的当且仅当 $\mathcal{R}(L(s))$ 是闭的, 并且

$$\sigma_{\mathrm{p}}(\mathcal{A}_{-D})=\{s\in\mathbb{C}|\ 0\in\sigma_{\mathrm{p}}\big(L(s)\big)\},$$

$$\sigma_{\mathrm{ess}}(\mathcal{A}_{-D})=\{s\in\mathbb{C}|\ 0\in\sigma_{\mathrm{ess}}\big(L(s)\big)\},$$

$$\sigma(\mathcal{A}_{-D})=\{s\in\mathbb{C}|\ 0\in\sigma\big(L(s)\big)\}.$$

若 $s\in\mathbb{C}\backslash\sigma_{\mathrm{ess}}(\mathcal{A}_{-D})$, 则 $\mathrm{nul}\,(\mathcal{A}_{-D}-sI)=\mathrm{nul}\,L(s)$ 且 $\mathrm{def}\,(\mathcal{A}_{-D}-sI)=\mathrm{def}\,L(s)$. 其中二次算子族 $L(s)=s(B^*)^{-1}(D+s)B^{-1}+I$.

证明 当 $s=0$ 时, 由命题 5.1.2 知算子 $\mathcal{A}_{-D}$ 与 $L(0)$ 具有有界逆, 故以上结论显然成立. 当 $s\neq 0$ 时,

$$\mathcal{A}_{-D}^{-1}-\frac{1}{s}I=\begin{pmatrix}I & s(B^*)^{-1}\\ 0 & I\end{pmatrix}\begin{pmatrix}M(\frac{1}{s}) & 0\\ 0 & -\frac{1}{s}I\end{pmatrix}\begin{pmatrix}I & 0\\ -sB^{-1} & I\end{pmatrix},\tag{5.3}$$

其中 $M\left(\frac{1}{s}\right)=-(B^*)^{-1}(D+s)B^{-1}-\frac{1}{s}I$. 由于 s 属于 $\sigma(\mathcal{A}_2)$、$\sigma_{\mathrm{p}}(\mathcal{A}_2)$ 或 $\sigma_{\mathrm{ess}}(\mathcal{A}_2)$

当且仅当 $\dfrac{1}{s}$ 属于 $\sigma(\mathcal{A}_2^{-1})$、$\sigma_{\rm p}(\mathcal{A}_2^{-1})$ 或 $\sigma_{\rm ess}(\mathcal{A}_2^{-1})$, 所以由式 (5.3) 易知, 0 属于 $\sigma(\mathcal{A}_2^{-1}-\dfrac{1}{s}I)$、$\sigma_{\rm p}(\mathcal{A}_2^{-1}-\dfrac{1}{s}I)$ 或 $\sigma_{\rm ess}(\mathcal{A}_2^{-1}-\dfrac{1}{s}I)$ 等价于 0 属于 $\sigma\left(M\Big(\dfrac{1}{s}\Big)\right)$、$\sigma_{\rm p}\left(M\Big(\dfrac{1}{s}\Big)\right)$ 或 $\sigma_{\rm ess}\left(M\Big(\dfrac{1}{s}\Big)\right)$. 进一步, 因 $L(s)=-sM\Big(\dfrac{1}{s}\Big)$, 故结论成立.

当 $s\in\mathbb{C}\backslash\sigma_{\rm ess}(\mathcal{A}_2)$ 时, 由定义 1.1.22 得 ${\rm nul}\,(\mathcal{A}_2-sI)={\rm nul}\,L(s)$ 且 ${\rm def}\,(\mathcal{A}_2-sI)={\rm def}\,L(s)$.

命题 5.1.4. 设 $\mathcal{A}_{-D}$ 为由式 (5.2) 定义的反三角算子矩阵. 若 B^{-1} 为紧算子, 则

$$\sigma_{\rm ess}(\mathcal{A}_{-D})=\left\{\lambda\in\mathbb{C}\backslash\{0\}\,\Big|\,\frac{1}{\lambda}\in\sigma_{\rm ess}\Big(-(B^*)^{-1}DB^{-1}\Big)\right\}.$$

进一步, 当 D 为自伴算子时 $\sigma_{\rm ess}(\mathcal{A}_{-D})\subset\mathbb{R}$.

证明 根据命题 5.1.2 可知 $\mathcal{A}_{-D}^{-1}$ 存在, 且

$$\begin{aligned}\mathcal{A}_{-D}^{-1}&=\begin{pmatrix}-(B^*)^{-1}DB^{-1} & -(B^*)^{-1}\\ B^{-1} & 0\end{pmatrix}\\ &=\begin{pmatrix}-(B^*)^{-1}DB^{-1} & 0\\ 0 & 0\end{pmatrix}+\begin{pmatrix}0 & -(B^*)^{-1}\\ B^{-1} & 0\end{pmatrix}.\end{aligned}$$

由 B^{-1} 为紧算子, 根据注 1.1.10 的 (ii) 知

$$\sigma_{\rm ess}(\mathcal{A}_{-D})=\left\{\lambda\in\mathbb{C}\backslash\{0\}\,\Big|\,\frac{1}{\lambda}\in\sigma_{\rm ess}\Big(-(B^*)^{-1}DB^{-1}\Big)\right\}.\tag{5.4}$$

进一步, 由 B 为稠定闭算子且 D 为自伴算子, 则 $\Big((B^*)^{-1}DB^{-1}\Big)^*=(B^*)^{-1}DB^{-1}$, 再结合式 (5.4) 得 $\sigma_{\rm ess}(\mathcal{A}_{-D})\subset\mathbb{R}$.

引理 5.1.5. 设 $\mathcal{A}_{-D}$ 为由式 (5.2) 给定的算子. 若 B, DB^{-1} 均为自伴算子, 令 $\lambda=\mu+{\rm i}\sigma$, $\lambda\neq0$, 假定存在一个序列 $((x_n\ y_n)^\top)_{n\in\mathbb{N}}\subset\mathcal{D}(\mathcal{A}_{-D})$ 使得

$$\|x_n\|^2+\|y_n\|^2=1,\tag{5.5}$$

$$\lim_{n\to\infty}\|(\mathcal{A}_{-D}-\lambda I)\begin{pmatrix}x_n\\ y_n\end{pmatrix}\|=0\tag{5.6}$$

成立, 则

(i) $\|y_n - B^{-1}\lambda x_n\| \to 0,\ n \to \infty.$

(ii) $\liminf\limits_{n\to\infty} \|x_n\| > 0.$

(iii) 若 $\sigma \neq 0$, 则

$$(Bx_n, x_n) + (\mu^2 - \sigma^2)(B^{-1}x_n, x_n) + \mu(DB^{-1}x_n, x_n) \to 0,\ n \to \infty,$$

$$(DB^{-1}x_n, x_n) + 2\mu(B^{-1}x_n, x_n) \to 0,\ n \to \infty,$$

$$(DB^{-1}x_n, x_n) + \frac{2\mu}{\mu^2 + \sigma^2}(Bx_n, x_n) \to 0,\ n \to \infty.$$

(iv) 若 $\sigma = 0$, 则

$$(Bx_n, x_n) + \mu^2(B^{-1}x_n, x_n) + \mu(DB^{-1}x_n, x_n) \to 0,\ n \to \infty.$$

证明 由式 (5.6) 有

$$\lambda x_n - By_n \to 0,\ n \to \infty, \tag{5.7}$$

$$Bx_n + (\lambda + D)y_n \to 0,\ n \to \infty. \tag{5.8}$$

根据式 (5.5), 式 (5.7) 可知在 H 中 $\{x_n\}$ 不存在收敛到 0 的子列, 故 $\liminf\limits_{n\to\infty} \|x_n\| > 0$. 在式 (5.8) 两边与 x_n 作内积, 并结合式 (5.7) 有

$$(Bx_n, x_n) + (\mu^2 + 2\mu\sigma\mathrm{i} - \sigma^2)(B^{-1}x_n, x_n) + (\mu + \mathrm{i}\sigma)(DB^{-1}x_n, x_n) \to 0,\ n \to \infty.$$

当 $\sigma \neq 0$ 时上式的实部与虚部分别趋近于零, 故

$$(Bx_n, x_n) + (\mu^2 - \sigma^2)(B^{-1}x_n, x_n) + \mu(DB^{-1}x_n, x_n) \to 0,\ n \to \infty. \tag{5.9}$$

$$(DB^{-1}x_n, x_n) + 2\mu(B^{-1}x_n, x_n) \to 0,\ n \to \infty. \tag{5.10}$$

由式 (5.9) 和式 (5.10) 可得

$$(Bx_n, x_n) - (\mu^2 + \sigma^2)(B^{-1}x_n, x_n) \to 0,\ n \to \infty. \tag{5.11}$$

进一步结合式 (5.10), 式 (5.11) 有

$$(DB^{-1}x_n, x_n) + \frac{2\mu}{\mu^2 + \sigma^2}(Bx_n, x_n) \to 0,\ n \to \infty. \tag{5.12}$$

当 $\sigma = 0$ 时

$$(Bx_n, x_n) + \mu^2(B^{-1}x_n, x_n) + \mu(DB^{-1}x_n, x_n) \to 0,\ n \to \infty. \tag{5.13}$$

综上所述, 结论成立.

下面根据分块算子矩阵 $\mathcal{A}_{-D}$ 的结构以及内部元素的性质, 设定参数 α_1, γ_1, 应用引理 5.1.5 刻画 $\mathcal{A}_{-D}$ 的本质谱的范围.

定理 5.1.6. 设 $\mathcal{A}_{-D}$ 为由式 (5.2) 定义的反三角算子矩阵, 其中 B, DB^{-1} 均为自伴算子且 D 为增生算子. 令

$$\alpha_1 = \frac{\min\left\{s \in \mathbb{R}\middle| s \in \sigma_{\text{ess}}(DB^{-1})\right\}}{2\|B^{-1}\|},$$

特别地, 当 $\sigma_{\text{ess}}(DB^{-1}) = \varnothing$ 时令 $\alpha_1 = \infty$, 则 $\sigma_{\text{ess}}(\mathcal{A}_{-D}) \subset (-\infty, 0) \cup \{\lambda \in \mathbb{C}|\ \text{Re}\lambda \leqslant -\alpha_1\}$.

证明 根据文献 [18] 中定理 1.2.12 可得 $\sigma(\mathcal{A}_{-D}) \subset \overline{W(\mathcal{A}_{-D})}$. 任取 $\lambda \in W(\mathcal{A}_{-D})$, 则存在 $(f\ g)^\top \in \mathcal{D}(\mathcal{A}_{-D})$, $\|f\|^2 + \|g\|^2 = 1$, 满足

$$\begin{aligned}\lambda &= \left(\begin{pmatrix} 0 & B \\ -B & -D \end{pmatrix}\begin{pmatrix} f \\ g \end{pmatrix}, \begin{pmatrix} f \\ g \end{pmatrix}\right) \\ &= \left(\begin{pmatrix} Bg \\ -Bf - Dg \end{pmatrix}, \begin{pmatrix} f \\ g \end{pmatrix}\right) \\ &= (Bg, f) - (Bf, g) - (Dg, g) \\ &= 2\text{iIm}(g, Bf) - (Dg, g).\end{aligned} \tag{5.14}$$

考虑到 D 为增生算子, 于是 $\text{Re}\lambda = -\text{Re}(Dg, g) \leqslant 0$. 从而 $\sigma_{\text{ess}}(\mathcal{A}_{-D}) \subset \sigma(\mathcal{A}_{-D}) \subset \{\lambda \in \mathbb{C}|\ \text{Re}\lambda \leqslant 0\}$. 假设

$$M = \left\{\lambda \in \mathbb{C}| - \frac{\min\{s \in \mathbb{R}|s \in \sigma_{\text{ess}}(DB^{-1})\}}{2\|B^{-1}\|} < \text{Re}\lambda, \text{Im}\lambda \neq 0\right\},$$

令 $\lambda \in M, \lambda = \mu + \text{i}\sigma$, 则 $-2\mu\|B^{-1}\| < \min\{s \in \mathbb{R}|s \in \sigma_{\text{ess}}(DB^{-1})\}$, 并且

$$G_\lambda = \text{span}\left\{x \in H|DB^{-1}x = vx, v \leqslant -2\mu\|B^{-1}\|\right\} \tag{5.15}$$

是 Hilbert 空间 H 中的有限维子空间. 假设存在一个序列 $((x_n \ y_n)^\top)_{n\in\mathbb{N}} \subset \mathcal{D}(\mathcal{A}_{-D})\cap(G_\lambda\times G_\lambda)^\perp$ 满足式 (5.6). 根据引理 5.1.5 可知

$$(DB^{-1}x_n, x_n)+2\mu(B^{-1}x_n, x_n)\to 0\ (n\to\infty). \tag{5.16}$$

由 $\{x_n\}\subset G_\lambda^\perp$, 则存在 $\delta>0$ 使得

$$(DB^{-1}x_n, x_n)\geqslant(-2\mu+\delta)\|B^{-1}\|\|x_n\|^2=-2\mu\|B^{-1}\|\|x_n\|^2+\delta\|B^{-1}\|\|x_n\|^2. \tag{5.17}$$

由 $\liminf\limits_{n\to\infty}\|x_n\|>0$, 于是式 (5.17) 与式 (5.16) 相矛盾. 故对任意的 $\lambda\in L$, 存在一个有限维的子空间 G_λ 和一个常数 $C_\lambda>0$, 使得对于任意的 $(x \ y)^\top\subset\mathcal{D}(\mathcal{A}_1)\cap(G_\lambda\times G_\lambda)^\perp$ 有

$$\|(\mathcal{A}_{-D}-\lambda I)\begin{pmatrix}x\\y\end{pmatrix}\|\geqslant C_\lambda\|\begin{pmatrix}x\\y\end{pmatrix}\|.$$

由 $0\in\rho(\mathcal{A}_{-D})$, 则 $\rho(\mathcal{A}_{-D})\cap L\neq\varnothing$, 从而根据文献 [3] 中 IV.5.6 可知 $\mathcal{A}_{-D}-\lambda I$ 是指标为 0 的 Fredholm 算子. 由引理 5.1.1 知存在有限维的孤立点集 $K\subset L$ 使得 $K\subset\sigma_{\mathrm{p,norm}}(\mathcal{A}_{-D})$ 且 $L\backslash K\subset\rho(\mathcal{A}_{-D})$. 故 $\sigma_{\mathrm{ess}}(\mathcal{A}_{-D})\subset(-\infty,0)\cup\{\lambda\in\mathbb{C}|\ \mathrm{Re}\lambda\leqslant-\alpha_1\}$.

定理 5.1.7. 设 $\mathcal{A}_{-D}$ 为由式 (5.2) 给定的有界反三角算子矩阵, 其中 B, DB^{-1} 均为自伴算子且 D 为增生算子, 令

$$\gamma_1=\frac{2\|B\|}{\min\Big\{s\in\mathbb{R}\Big|s\in\sigma_{\mathrm{ess}}(DB^{-1})\Big\}},$$

特别地, 当 $\sigma_{\mathrm{ess}}(DB^{-1})=\varnothing$ 时令 $\gamma_1=0$. 当 $0\in\sigma_{\mathrm{ess}}(DB^{-1})$ 时令 $\gamma_1=\infty$. 如果 $\rho(\mathcal{A}_{-D})\cap\{\lambda\in\mathbb{C}|\ \mathrm{Re}\lambda<-\gamma_1,\ \mathrm{Im}\lambda\neq0\}\neq\varnothing$, 则 $\sigma_{\mathrm{ess}}(\mathcal{A}_{-D})\subset(-\infty,0)\cup\{\lambda\in\mathbb{C}|-\gamma_1\leqslant\ \mathrm{Re}\lambda\leqslant0\}$.

证明 由定理 5.1.6 的证明可知 $\sigma_{\mathrm{ess}}(\mathcal{A}_{-D})\subset\sigma(\mathcal{A}_{-D})\subset\{\lambda\in\mathbb{C}|\ \mathrm{Re}\lambda\leqslant0\}$. 假定

$$N=\Big\{\lambda\in\mathbb{C}|\ \mathrm{Re}\lambda<-\frac{2\|B\|}{\min\Big\{s\in\mathbb{R}\Big|s\in\sigma_{\mathrm{ess}}(DB^{-1})\Big\}},\ \mathrm{Im}\lambda\neq0\Big\},$$

令 $\lambda \in N$, $\lambda = \mu + \mathrm{i}\sigma$, 则有 $-\dfrac{2\mu\|B\|}{\mu^2+\sigma^2} < -\dfrac{2\|B\|}{\mu} < \min\Big\{s \in \mathbb{R}\Big| s \in \sigma_{\mathrm{ess}}(DB^{-1})\Big\}$, 而且

$$G_\lambda := \mathrm{span}\Big\{x \in H \Big| DB^{-1}x = vx, v \leqslant -\frac{2\mu\|B\|}{\mu^2+\sigma^2}\Big\}$$

是 Hilbert 空间 H 中的有限维子空间. 假设存在一个序列 $((x_n\ y_n)^\top)_{n\in\mathbb{N}} \subset (G_\lambda \times G_\lambda)^\perp$ 满足式 (5.6). 由引理 5.1.5 知

$$(DB^{-1}x_n, x_n) + \frac{2\mu}{\mu^2+\sigma^2}(Bx_n, x_n) \to 0\ (n \to \infty). \tag{5.18}$$

由 $\{x_n\} \subset G_\lambda^\perp$, 那么存在 $\delta > 0$ 使得

$$(DB^{-1}x_n, x_n) \geqslant \Big(-\frac{2\mu}{\mu^2+\sigma^2} + \delta\Big)\|B\|\|x_n\|^2 = -\frac{2\mu}{\mu^2+\sigma^2}\|B\|\|x_n\|^2 + \delta\|B\|\|x_n\|^2.$$

由于 $\liminf\limits_{n\to\infty}\|x_n\| > 0$, 于是上式与式 (5.18) 相矛盾. 故对任意的 $\lambda \in N$, 存在一个有限维的子空间 G_λ 和一个常数 $C_\lambda > 0$, 使得对于任意的 $(x\ y)^\top \subset (G_\lambda \times G_\lambda)^\perp$ 有

$$\|(\mathcal{A}_{-D} - \lambda I)\begin{pmatrix} x \\ y \end{pmatrix}\| \geqslant C_\lambda \|\begin{pmatrix} x \\ y \end{pmatrix}\|.$$

由 $\rho(\mathcal{A}_{-D}) \cap N \neq \varnothing$, 则根据文献 [3] 中 IV.5.6 可知 $\mathcal{A}_{-D} - \lambda I$ 是指标为 0 的 Fredholm 算子. 其余证明类似于定理 5.1.6 的证明.

基于上述本质谱的研究, 下面讨论该类反三角算子矩阵非实谱的聚点问题.

定理 5.1.8. 设 $\mathcal{A}_{-D}$ 为由式 (5.2) 定义的有界 $\mathcal{J}-$ 自伴算子矩阵. 若 B, DB^{-1} 均为自伴算子, D 为正定算子且 $\|B\|\|B^{-1}\| = 1$, 则在区间 $(-\alpha_1, 0)$ 内不存在 $\mathcal{A}_{-D}$ 的非实谱的聚点, 其中 α_1 同定理 5.1.6.

证明 设 $\lambda \in (-\alpha_1, 0)$, G_λ 满足式 (5.15), 并且任意序列 $((x_n\ y_n)^\top)_{n\in\mathbb{N}} \subset (G_\lambda \times G_\lambda)^\perp$ 满足式 (5.5), (5.6). 由引理 5.1.5 的式 (5.7), 式 (5.13) 及 $\|B\|\|B^{-1}\| = 1$

知

$$\begin{aligned}
&\liminf_{n\to\infty}\left[\begin{pmatrix}x_n\\y_n\end{pmatrix},\begin{pmatrix}x_n\\y_n\end{pmatrix}\right]\\
&=\liminf_{n\to\infty}\Big((x_n,x_n)-(y_n,y_n)\Big)\\
&\geqslant\liminf_{n\to\infty}\Big((x_n,x_n)-\lambda^2\|B^{-1}\|^2\|x_n\|^2\Big)\\
&\geqslant\liminf_{n\to\infty}\Big(-\frac{\lambda(DB^{-1}x_n,x_n)+\lambda^2(B^{-1}x_n,x_n)}{\|B\|}-\lambda^2\|B^{-1}\|^2\|x_n\|^2\Big)\\
&=-\lambda\liminf_{n\to\infty}\Big(\frac{(DB^{-1}x_n,x_n)+2\lambda\|B^{-1}\|\|x_n\|^2}{\|B\|}\Big).
\end{aligned}$$

根据式 (5.17) 可知 $(DB^{-1}x_n,x_n)+2\lambda\|B^{-1}\|\|x_n\|^2>0$, 故

$$\liminf_{n\to\infty}\left[\begin{pmatrix}x_n\\y_n\end{pmatrix},\begin{pmatrix}x_n\\y_n\end{pmatrix}\right]>0.$$

由定义 5.1.1 有 $(-\alpha_1,0]\cap\sigma(\mathcal{A}_{-D})\subset\sigma_{\pi+}(\mathcal{A}_{-D})$. 再由文献 [35] 的定理 18 可知, 在区间 $(-\alpha_1,0)$ 内不存在 $\mathcal{A}_{-D}$ 的非实谱的聚点.

5.1.2　反三角算子矩阵 $\mathcal{A}_{\pm D}$ 的谱估计

本节利用数值域和二次数值域, 分析反三角算子矩阵 $\mathcal{A}_{\pm D}$ 在有界和无界两种情形下的谱包含性质.

对于式 (5.2) 定义的 2×2 阶反三角算子矩阵 $\mathcal{A}_{\pm D}$, 根据二次数值域的定义 1.3.3, 对于 $f,g\in\mathcal{D}(\mathcal{A}),f,g\neq0$,

$$(\mathcal{A}_{\pm D})_{f,g}=\begin{pmatrix}0&\dfrac{(Bg,f)}{\|f\|\|g\|}\\\dfrac{(-B^*f,g)}{\|f\|\|g\|}&\dfrac{(\pm Dg,g)}{\|g\|^2}\end{pmatrix}\in M_2(\mathbb{C}),$$

则集合

$$W^2(\mathcal{A}_{\pm D})=\bigcup_{\substack{(f\ \ g)^\top\in\mathcal{D}(\mathcal{A}),\\\|f\|=\|g\|=1}}\sigma_{\rm p}((\mathcal{A}_{\pm D})_{f,g})$$

为 $\mathcal{A}_{\pm D}$ 的二次数值域.

下面先分析反三角算子矩阵 $\mathcal{A}_{\pm D}$ 的基本性质, 并定义如下参数:

$$\beta := \inf_{z\in\mathcal{D}(B)\setminus\{0\}} \frac{\mathrm{Re}(Dz,z)}{\|z\|^2} \in [0,\infty), \qquad \gamma := \sup_{z\in\mathcal{D}(B)\setminus\{0\}} \frac{\mathrm{Re}(Dz,z)}{\|z\|^2} \in [0,\infty). \tag{5.19}$$

定理 5.1.9. 设 $\mathcal{A}_{\pm D}$ 为由式 (5.2) 定义的分块算子矩阵, 则 $\mathcal{A}_{\pm D}$ 为闭算子矩阵.

证明 因 $\mathcal{A}_{\pm D}$ 为次对角占优的分块算子矩阵且 B 为稠定闭算子, 结合文献 [26] 中的推论 2.2.9 (ii) 可得 $\mathcal{A}_{\pm D}$ 为闭算子矩阵.

定理 5.1.10. 设 $\mathcal{A}_{\pm D}$ 为由式 (5.2) 给定的分块算子矩阵, 若 $\dim H_1, \dim H_2 > 1$, 则

$$W(\pm D)\cup\{0\} \subset W(\mathcal{A}_{\pm D})\cap W^2(\mathcal{A}_{\pm D}). \tag{5.20}$$

证明 根据文献 [26] 中的定理 2.5.4, 若 $\dim H_1, \dim H_2 > 1$, 则 $W(\pm D)\cup\{0\}\subset W^2(\mathcal{A}_{\pm D})$. 再由定理 1.3.14 知 $W^2(\mathcal{A}_{\pm D})\subset W(\mathcal{A}_{\pm D})$, 故式 (5.20) 成立.

性质 5.1.1. 设 $\mathcal{A}_{\pm D}$ 为由式 (5.2) 给定的分块算子矩阵, $\lambda\in W(\mathcal{A}_{\pm D})$ 当且仅当存在 $(f\ g)^\top\in\mathcal{D}(\mathcal{A}_{\pm D})$, $\|f\|^2+\|g\|^2=1$, 满足

$$\begin{aligned}
\lambda &= \left(\begin{pmatrix} 0 & B \\ -B^* & \pm D \end{pmatrix}\begin{pmatrix} f \\ g \end{pmatrix}, \begin{pmatrix} f \\ g \end{pmatrix}\right) \\
&= \left(\begin{pmatrix} Bg \\ -B^*f \pm Dg \end{pmatrix}, \begin{pmatrix} f \\ g \end{pmatrix}\right) \\
&= (Bg,f)-(B^*f,g)\pm(Dg,g) \\
&= -2\mathrm{i}\mathrm{Im}(f,Bg)\pm(Dg,g).
\end{aligned}$$

结合式 (5.19), 易得

$$\min(|\mathrm{Re}W(\mathcal{A}_{\pm D})|)=0,\ \sup(|\mathrm{Re}W(\mathcal{A}_{\pm D})|)=\gamma.$$

性质 5.1.2. 设 $\mathcal{A}_{\pm D}$ 为由式 (5.2) 给定的分块算子矩阵, 任取 $(f\ \ g)^\top \in \mathcal{D}(\mathcal{A}_{\pm D})$, 且 $\|f\|=\|g\|=1$, 令

$$\triangle_\pm(f,g;\lambda):=\lambda^2\mp\lambda(Dg,g)+|(f,Bg)|^2,$$

则

$$W^2(\mathcal{A}_{\pm D})=\{\lambda\in\mathbb{C}|\ \exists\ (f\ \ g)^\top\in\mathcal{D}(\mathcal{A}_{\pm D}),\ \|f\|=\|g\|=1:\triangle_\pm(f,g;\lambda)=0\}.$$

由式 (5.19) 有

$$\min(|\mathrm{Re}W^2(\mathcal{A}_{\pm D})|)=0,\ \sup(|\mathrm{Re}W^2(\mathcal{A}_{\pm D})|)=\gamma.$$

注 5.1.1. 若 $\lambda\in W^2(\mathcal{A}_{+D})\subset W(\mathcal{A}_{+D})$, 则有 $0\leqslant \mathrm{Re}\lambda\leqslant\gamma$; 若 $\lambda\in W^2(\mathcal{A}_{-D})\subset W(\mathcal{A}_{-D})$, 则有 $-\gamma\leqslant\mathrm{Re}\lambda\leqslant 0$. 为了书写方便, 在下文中对任意 $\lambda\in W^2(\mathcal{A}_{\pm D})\subset W(\mathcal{A}_{\pm D})$, 以 $0\leqslant\pm\mathrm{Re}\lambda\leqslant\gamma$ 来表示 λ 的实部的绝对值小于 γ.

先讨论有界反三角算子矩阵 $\mathcal{A}_{\pm D}$ 的谱包含关系.

对于有界反三角算子矩阵 $\mathcal{A}_{\pm D}$, 由定理 1.3.14 和定理 1.3.15 有 $\sigma(\mathcal{A}_{\pm D})\subset\overline{W^2(\mathcal{A}_{\pm D})}\subset\overline{W(\mathcal{A}_{\pm D})}$. 对于由式 (5.2) 给定的有界反三角算子矩阵 $\mathcal{A}_{\pm D}$, 及 $(f\ \ g)^\top\in H_1\times H_2$ 且 $\|f\|^2+\|g\|^2=1$, 记

$$b:=\sup_{f\in H_1,g\in H_2}|\mathrm{Im}(f,Bg)|\in\left(0,\frac{\|B\|}{2}\right),\ c:=\sup_{g\in H_2}|\mathrm{Im}(Dg,g)|\in[0,\|D\|]. \tag{5.21}$$

定理 5.1.11. 设 $\mathcal{A}_{\pm D}$ 为由式 (5.2) 给定的有界反三角算子矩阵, 则

$$\sigma(\mathcal{A}_{\pm D})\subset\{\lambda\in\mathbb{C}|\ 0\leqslant\pm\mathrm{Re}\lambda\leqslant\gamma,\ |\mathrm{Im}\lambda|\leqslant 2b+c\}.$$

证明 对任意 $\lambda\in\sigma(\mathcal{A}_{\pm D})\subset\overline{W(\mathcal{A}_{\pm D})}$, 由性质 5.1.1 知 $W(\mathcal{A}_{\pm D})\subset\{\lambda\in\mathbb{C}|\ 0\leqslant\pm\mathrm{Re}\lambda\leqslant\gamma\}$, 且存在 $(f\ \ g)^\top\in\mathcal{D}(\mathcal{A}_{\pm D})$, $\|f\|^2+\|g\|^2=1$ 使得

$$\mathrm{Im}\lambda=-2\mathrm{Im}\ (f,Bg)\pm\mathrm{Im}(Dg,g).$$

结合式 (5.21) 得

$$|\mathrm{Im}\lambda|\leqslant 2|\mathrm{Im}(f,Bg)|+|\mathrm{Im}(Dg,g)|\leqslant 2b+c.$$

定理 5.1.12. 设 $\mathcal{A}_{\pm D}$ 为由式 (5.2) 给定的有界反三角算子矩阵, 且存在 $k \geqslant 0$ 使得

$$|\mathrm{Im}(Dz, z)| \leqslant k\mathrm{Re}(Dz, z),\ \ z \in \mathcal{D}(B),$$

则

$$\sigma(\mathcal{A}_{\pm D}) \subset \{\lambda \in \mathbb{C}|\ 0 \leqslant \pm\mathrm{Re}\lambda \leqslant \gamma,\ |\mathrm{Im}\lambda| \leqslant \min\{k|\mathrm{Re}\lambda| + 2b,\ 2b + c\}\}.$$

证明 设 $\lambda \in \sigma(\mathcal{A}_{\pm D}) \subset \overline{W(\mathcal{A}_{\pm D})}$, 由性质 5.1.1 有 $0 \leqslant \pm\mathrm{Re}\lambda \leqslant \gamma$, 且存在 $(f\ g)^\top \in \mathcal{D}(\mathcal{A}_{\pm D})$, $\|f\|^2 + \|g\|^2 = 1$ 使

$$\begin{aligned}|\mathrm{Re}\lambda| &= \mathrm{Re}(Dg, g),\\ \mathrm{Im}\lambda &= -2\mathrm{Im}(f, Bg) \pm \mathrm{Im}(Dg, g).\end{aligned}$$

因 $\|g\| \leqslant 1$, $\|f\| \leqslant 1$, $|\mathrm{Im}(f, Bg)| \leqslant b$, 故

$$\begin{aligned}\mathrm{Im}\lambda| &\leqslant 2|\mathrm{Im}(f, Bg)| + |\mathrm{Im}(Dg, g)|\\ &\leqslant 2b + k\mathrm{Re}(Dg, g)\\ &= 2b + k|\mathrm{Re}\lambda|,\end{aligned}$$

再由定理 5.1.11, 进一步可得

$$|\mathrm{Im}\lambda| \leqslant \min\{k|\mathrm{Re}\lambda| + 2b, 2b + c\}.$$

下面对于由式 (5.2) 给定的有界反三角算子矩阵 $\mathcal{A}_{\pm D}$, 将结合数值域 $W(\mathcal{A}_{\pm D})$ 和二次数值域 $W^2(\mathcal{A}_{\pm D})$ 对其谱进行估计.

定理 5.1.13. 设 $\mathcal{A}_{\pm D}$ 为由式 (5.2) 给定的有界反三角算子矩阵, 定义

$$g(x) = f^2(x) - x^2,\ \ f(x) = \|B\|\sqrt{\frac{x}{\beta - x}},\ \ x \in (0, \beta),$$

同时定义

$$t_1 = \beta\left(1 - \frac{1}{1 + \left(\dfrac{2b+c}{\|B\|}\right)^2}\right),$$

$$t_2 = \frac{\beta}{2}\left(1 - \sqrt{1 - \frac{4\|B\|^2}{\beta^2}}\right),$$

$$t_3 = \frac{\beta}{2}\left(1 + \sqrt{1 - \frac{4\|B\|^2}{\beta^2}}\right).$$

(I) 若 $0 < \beta < 2\|B\|$, 则

$$\begin{aligned}\sigma(\mathcal{A}_{\pm D}) \setminus \{0\} \subset & \{\lambda \in \mathbb{C}|\ \pm \mathrm{Re}\lambda \in (0, t_1], |\mathrm{Im}\lambda| \leqslant \sqrt{g(|\mathrm{Re}\lambda|)}\} \\ & \cup \{\lambda \in \mathbb{C}| \pm \mathrm{Re}\lambda \in (t_1, \gamma], |\mathrm{Im}\lambda| \leqslant 2b + c\}.\end{aligned}$$

(II) 若 $\beta \geqslant 2\|B\|$, 且

(i) $t_1 < t_2$, 则

$$\begin{aligned}\sigma(\mathcal{A}_{\pm D}) \setminus \{0\} \subset & \{\lambda \in \mathbb{C}|\ \pm \mathrm{Re}\lambda \in (0, t_1], |\mathrm{Im}\lambda| \leqslant \sqrt{g(|\mathrm{Re}\lambda|)}\} \\ & \cup \{\lambda \in \mathbb{C}| \pm \mathrm{Re}\lambda \in (t_1, \gamma] \setminus (t_2, t_3), |\mathrm{Im}\lambda| \leqslant 2b + c\};\end{aligned}$$

(ii) $t_2 \leqslant t_1 \leqslant t_3$, 则

$$\begin{aligned}\sigma(\mathcal{A}_{\pm D}) \setminus \{0\} \subset & \{\lambda \in \mathbb{C}|\ \pm \mathrm{Re}\lambda \in (0, t_2], |\mathrm{Im}\lambda| \leqslant \sqrt{g(|\mathrm{Re}\lambda|)}\} \\ & \cup \{\lambda \in \mathbb{C}| \pm \mathrm{Re}\lambda \in (t_3, \gamma], |\mathrm{Im}\lambda| \leqslant 2b + c\};\end{aligned}$$

(iii) $t_1 > t_3$, 则

$$\begin{aligned}\sigma(\mathcal{A}_{\pm D}) \setminus \{0\} \subset & \{\lambda \in \mathbb{C}|\ \pm \mathrm{Re}\lambda \in (0, t_1] \setminus (t_2, t_3), |\mathrm{Im}\lambda| \leqslant \sqrt{g(|\mathrm{Re}\lambda|)}\} \\ & \cup \{\lambda \in \mathbb{C}| \pm \mathrm{Re}\lambda \in (t_1, \gamma], |\mathrm{Im}\lambda| \leqslant 2b + c\},\end{aligned}$$

其中当 $\beta \geqslant 2\|B\|$ 时, (t_2, t_3) 是 $\mathcal{A}_{+D}$ 的一个以 $\dfrac{\beta}{2}$ 为中心且长度为 $t_3 - t_2 = \sqrt{\beta^2 - 4\|B\|^2}$ 的条形无谱区域; $(-t_3, -t_2)$ 是 $\mathcal{A}_{-D}$ 的一个条形无谱区域.

证明 任取 $\lambda\in\sigma(\mathcal{A}_{\pm D})\backslash\{0\}\subset\overline{W^2(\mathcal{A}_{\pm D})}\backslash\{0\}$, 由性质 5.1.2 知存在 $(f_1\ f_2)^\top\in\mathcal{D}(\mathcal{A}_{\pm D})$, $\parallel f_1\parallel=\parallel f_2\parallel=1$ 使

$$\lambda^2\mp\lambda(Df_2,f_2)+|(f_1,Bf_2)\ |^2=0,$$

从而有

$$\mathrm{Re}(Df_2,f_2)=|\mathrm{Re}\lambda|\left(1+\frac{|(f_1,Bf_2)\ |^2}{|\lambda|^2}\right).\tag{5.22}$$

因为 $|(f_1,Bf_2)\ |^2\leqslant\|B\|^2$, $\mathrm{Re}(Df_2,f_2)\geqslant\beta$, 结合式 (5.22), 对于 $0<\pm\mathrm{Re}\lambda<\beta$ 有

$$|\lambda|^2\leqslant\frac{|\mathrm{Re}\lambda|\|B\|^2}{\beta-|\mathrm{Re}\lambda|},\tag{5.23}$$

进而

$$|\mathrm{Re}\lambda|\leqslant\|B\|\sqrt{\frac{|\mathrm{Re}\lambda|}{\beta-|\mathrm{Re}\lambda|}},$$

$$|\mathrm{Im}\lambda|\leqslant\|B\|\sqrt{\frac{|\mathrm{Re}\lambda|}{\beta-|\mathrm{Re}\lambda|}}=f(|\mathrm{Re}\lambda|),\tag{5.24}$$

且

$$|\mathrm{Im}\lambda|^2\leqslant f^2(|\mathrm{Re}\lambda|)-|\mathrm{Re}\lambda|^2=g(|\mathrm{Re}\lambda|),$$

计算得

$$g(|\mathrm{Re}\lambda|)=|\mathrm{Re}\lambda|\frac{(|\mathrm{Re}\lambda|-t_2)\,(|\mathrm{Re}\lambda|-t_3)}{\beta-|\mathrm{Re}\lambda|}.$$

由 $f(x)$ 和 $g(x)$ 的定义, 有

(1) $g(x)\leqslant f^2(x),x\in(0,\beta)$;

(2) 若 $\beta<2\|B\|$, 则函数 $g(x)$ 在 $(0,\beta)$ 内无零点;

(3) 若 $\beta\geqslant2\|B\|$, 则 $g(0)=g(t_2)=g(t_3)=0$, 且任取 $x\in(t_2,t_3)\in(0,\beta)$, 有 $g(x)<0$.

由式 (5.24) 知对任意 $x\in(0,\beta)$, 有 $|\mathrm{Im}\lambda|\leqslant f(x)$, 其中 $f(x)$ 单调递增. 又由定理 5.1.11 得 $|\mathrm{Im}\lambda|\leqslant2b+c$. 为了比较 $f(x)$ 与 $2b+c$ 的大小, 有

$$f(x)=2b+c$$

当且仅当

$$x=\beta\left(1-\frac{1}{1+\left(\frac{2b+c}{\|B\|}\right)^2}\right)=t_1\in(0,\beta), \tag{5.25}$$

从而结合 (1), (2) 和式 (5.24), (5.25) 得结论 (I) 成立, 根据 (1), (3) 和式 (5.24), (5.25) 可知结论 (II) 成立.

下面取具体的参数, 对于定理 5.1.13 中不同的 t_1,t_2,t_3 给出有界分块算子矩阵 $\mathcal{A}_{+D}$ 的具体的谱估计范围, 如图 5.1 所示.

图 5.1(a) ~ 图 5.1(d) 中的横坐标表示集合中元素 λ 的实部 $\mathrm{Re}\lambda$, 纵坐标表示其虚部 $\mathrm{Im}\lambda$. 从图 5.1(a) ~ 图 5.1(d) 中数值域 (浅灰色区域), 二次数值域 (深色区域) 的比较可知当 $\mathcal{A}_{+D}$ 为有界分块算子矩阵时, 其二次数值域的确比数值域要精确. 此外, 图 5.1(a), 图 5.1(b), 图 5.1(c) 中的 (t_2,t_3) 为无谱区域, 图 5.1(d) 中不存在无谱区域.

定理 5.1.14. 设 $\mathcal{A}_{\pm D}$ 为由式 (5.2) 给定的有界分块算子矩阵, 且存在 $k\geqslant 0$ 使

$$|\mathrm{Im}(Dz,z)|\leqslant k\mathrm{Re}(Dz,z),\ \ z\in\mathcal{D}(B). \tag{5.26}$$

若 $\beta>0$, 则

$$\sigma(\mathcal{A}_{\pm D})\setminus\{0\}\subset$$

$$\left\{\lambda\in\mathbb{C}|\ 0<\pm\mathrm{Re}\lambda\leqslant\gamma,\ |\mathrm{Im}\lambda|\leqslant\left\{\begin{array}{l}h_\beta'(|\mathrm{Re}\lambda|),\pm\mathrm{Re}\lambda\in\left(0,\dfrac{\beta}{2}\left(1+\dfrac{k}{k_\beta}\right)\right),\\ h_\beta''(|\mathrm{Re}\lambda|),\pm\mathrm{Re}\lambda\in\left[\dfrac{\beta}{2}\left(1+\dfrac{k}{k_\beta}\right),\gamma\right].\end{array}\right.\right\},$$

其中, $h_\beta'(x)=k_\beta x, k_\beta^2:=\dfrac{2\|B\|^2}{\beta^2}+\dfrac{k^2-1}{2}+\sqrt{\left(\dfrac{2\|B\|^2}{\beta^2}+\dfrac{k^2-1}{2}\right)^2+k^2}, k\leqslant k_\beta\leqslant\sqrt{\dfrac{4\|B\|^2}{\beta^2}+k^2}$; $h_\beta''(x)$ 为 $(x^2+y^2)(y-kx)=\dfrac{2\|B\|^2}{\beta}xy$ 关于 y 的最大非负解.

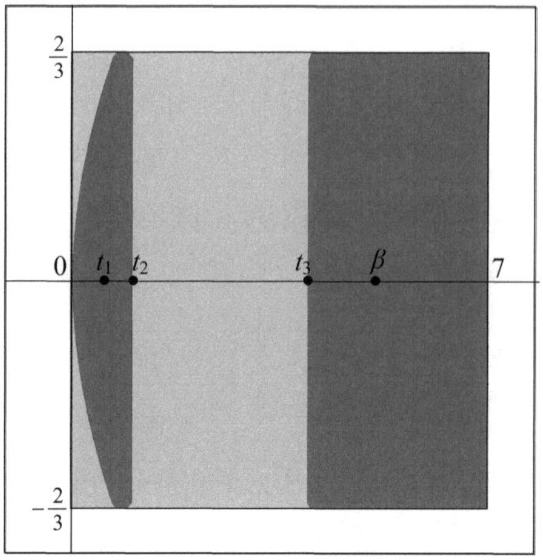

(a) $\|B\| = 2, \|D\| = 4, \beta = 5, \gamma = 7, b = \dfrac{1}{6}, c = \dfrac{1}{3}$; 其中 $t_1 = \dfrac{1}{2}, t_2 = 1, t_3 = 4(t_1 < t_2)$, 且无谱区域为 $I = (1, 4)$

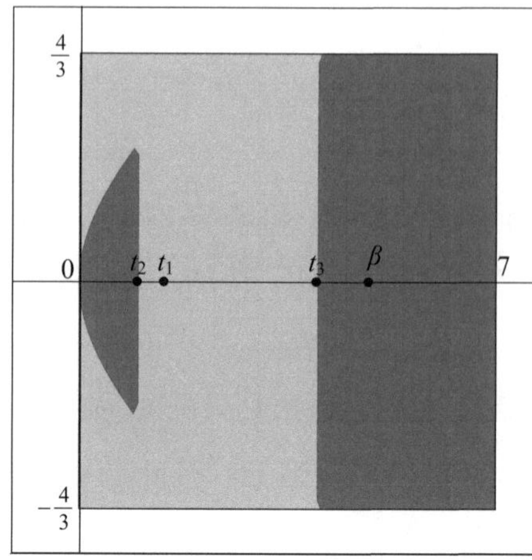

(b) $\|B\| = 2, \|D\| = 4, \beta = 5, \gamma = 7, b = \dfrac{1}{6}, c = 1$; 其中 $t_1 = \dfrac{20}{13}, t_2 = 1, t_3 = 4(t_2 < t_1 < t_3)$, 且无谱区域为 $I = (1, 4)$

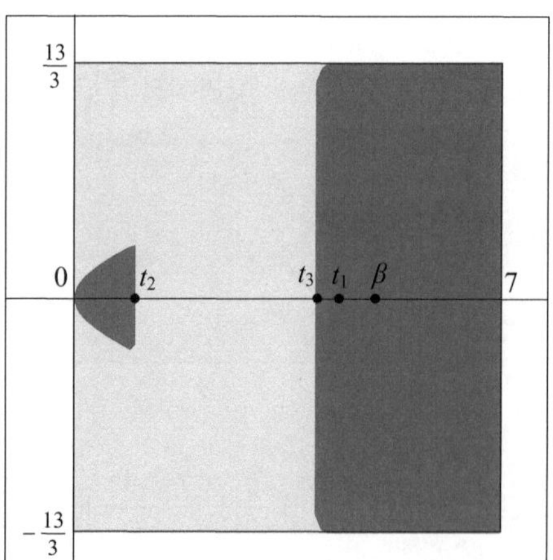

(c) $\|B\| = 2, \|D\| = 4, \beta = 5, \gamma = 7, b = \dfrac{1}{6}, c = 4$; 其中 $t_1 = \dfrac{169}{41}, t_2 = 1, t_3 = 4(t_3 < t_1)$, 且无谱区域为 $I = (1, 4)$

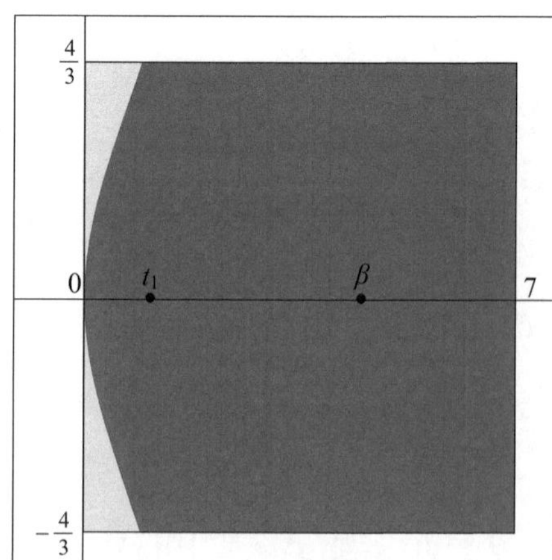

(d) $\|B\| = 2, \|D\| = 4, \beta = 3, \gamma = 7, b = \dfrac{1}{6}, c = 1$; 其中 $t_1 = \dfrac{12}{13}$, $I = (t_2, t_3)$ 为空集

图 5.1 利用定理 5.1.13 估计 $\mathcal{A}_{+D}$ 的谱

证明 对任意 $\lambda \in \sigma(\mathcal{A}_{\pm D}) \setminus \{0\} \subset \overline{W^2(\mathcal{A}_{\pm D})} \setminus \{0\}$, 存在 $(f\ g)^{\top} \in \mathcal{D}(\mathcal{A}_{\pm D})$ 且 $\|f\| = \|g\| = 1$ 使得

$$\lambda^2 \mp \lambda(Dg, g) + |(f, Bg)|^2 = 0,$$

故有

$$\mathrm{Re}(Dg, g) = |\mathrm{Re}\lambda| \left(1 + \frac{|(f, Bg)|^2}{|\lambda|^2}\right), \tag{5.27}$$

$$\mathrm{Im}(Dg, g) = \mathrm{Im}\lambda \left(1 - \frac{|(f, Bg)|^2}{|\lambda|^2}\right). \tag{5.28}$$

由 $\beta > 0$, 易知 $\mathrm{Re}\lambda \neq 0$. 若 $\mathrm{Im}\lambda \neq 0$, 结合式 (5.27), 式 (5.28) 有

$$\left(\frac{\mathrm{Re}(Dg, g)}{\mathrm{Re}\lambda}\right)^2 - \left(\frac{\mathrm{Im}(Dg, g)}{\mathrm{Im}\lambda}\right)^2 = 4\frac{|(f, Bg)|^2}{|\lambda|^2}.$$

上式两边同乘 $\dfrac{|\lambda|^2}{(\mathrm{Re}(Dg, g))^2}$, 得

$$\frac{|\lambda|^2}{(\mathrm{Re}\lambda)^2} - \frac{|\lambda|^2}{(\mathrm{Im}\lambda)^2}\left(\frac{\mathrm{Im}(Dg, g)}{\mathrm{Re}(Dg, g)}\right)^2 = 4\frac{|(f, Bg)|^2}{(\mathrm{Re}(Dg, g))^2}.$$

由 $\|f\| = \|g\| = 1$ 知 $|(f, Bg)|^2 \leqslant \|B\|^2$, 再结合式 (5.19), 式 (5.26) 有

$$1 - k^2 + \left(\frac{\mathrm{Im}\lambda}{\mathrm{Re}\lambda}\right)^2 - k^2\left(\frac{\mathrm{Re}\lambda}{\mathrm{Im}\lambda}\right)^2 \leqslant \frac{4\|B\|^2}{\beta^2},$$

即

$$\left(\frac{\mathrm{Im}\lambda}{\mathrm{Re}\lambda}\right)^2\left(\left(\frac{\mathrm{Im}\lambda}{\mathrm{Re}\lambda}\right)^2 + 1 - k^2 - \frac{4\|B\|^2}{\beta^2}\right) - k^2 \leqslant 0, \tag{5.29}$$

显然式 (5.29) 为关于 $\left(\dfrac{\mathrm{Im}\lambda}{\mathrm{Re}\lambda}\right)^2$ 的二次不等式, 且

$$\left(\frac{\mathrm{Im}\lambda}{\mathrm{Re}\lambda}\right)^2 \leqslant \frac{2\|B\|^2}{\beta^2} + \frac{k^2-1}{2} + \sqrt{\left(\frac{2\|B\|^2}{\beta^2} + \frac{k^2-1}{2}\right)^2 + k^2}. \tag{5.30}$$

记

$$k_\beta^2 := \frac{2\|B\|^2}{\beta^2} + \frac{k^2-1}{2} + \sqrt{\left(\frac{2\|B\|^2}{\beta^2} + \frac{k^2-1}{2}\right)^2 + k^2},$$

又

$$\left(\frac{2\|B\|^2}{\beta^2}+\frac{k^2-1}{2}\right)^2+k^2\leqslant\left(\frac{2\|B\|^2}{\beta^2}+\frac{k^2+1}{2}\right)^2,$$

所以 $k\leqslant k_\beta\leqslant\sqrt{\dfrac{4\|B\|^2}{\beta^2}+k^2}$. 再记 $h_\beta'(x):=k_\beta x$, 此时结合式 (5.30) 可得 $|\mathrm{Im}\lambda|\leqslant h_\beta'(x)$.

根据式 (5.27), 式 (5.28) 有

$$\frac{\mathrm{Re}(Dg,g)}{|\mathrm{Re}\lambda|}-\frac{\mathrm{Im}(Dg,g)}{\mathrm{Im}\lambda}=2\frac{|(f,Bg)|^2}{|\lambda|^2},$$

上式两边同乘 $\dfrac{|\mathrm{Re}\lambda|\mathrm{Im}\lambda|\lambda|^2}{\mathrm{Re}(Dg,g)}$, 得

$$|\lambda|^2\Big(\mathrm{Im}\lambda-\frac{\mathrm{Im}(Dg,g)}{\mathrm{Re}(Dg,g)}|\mathrm{Re}\lambda|\Big)=2\frac{|(f,Bg)|^2}{\mathrm{Re}(Dg,g)}|\mathrm{Re}\lambda|\mathrm{Im}\lambda.$$

由假设得

$$|\lambda|^2\Big(|\mathrm{Im}\lambda|-k|\mathrm{Re}\lambda|\Big)\leqslant\frac{2\|B\|^2}{\beta}|\mathrm{Re}\lambda||\mathrm{Im}\lambda|,$$

记 $h_\beta''(x)$ 为函数

$$\left(x^2+y^2\right)(y-kx)=\frac{2\|B\|^2}{\beta}xy \tag{5.31}$$

关于 y 的最大非负解, 则易得不等式 $\left(x^2+y^2\right)(y-kx)\leqslant\dfrac{2\|B\|^2}{\beta}xy$ 成立当且仅当 $y\leqslant h_\beta''(x)$, 即 $|\mathrm{Im}\lambda|\leqslant h_\beta''(|\mathrm{Re}\lambda|)$.

若 $\mathrm{Im}\lambda=0$, 以上结论显然成立.

为了比较 $h_\beta'(x)$ 与 $h_\beta''(x)$, 将 $y=h_\beta'(x)=k_\beta x$ 代入式 (5.31), 得

$$x\left(k_\beta^2+1\right)(k_\beta-k)=\frac{2\|B\|^2}{\beta}k_\beta, \tag{5.32}$$

又因 k_β 满足

$$k_\beta^2\left(k_\beta^2+1-k^2-\frac{4\|B\|^2}{\beta^2}\right)-k^2=0,$$

进一步可简化为

$$\left(k_\beta^2+1\right)\left(k_\beta^2-k^2\right)-\frac{4\|B\|^2k_\beta^2}{\beta^2}=0, \tag{5.33}$$

则结合式 (5.32) 和式 (5.33) 得 $x=\frac{\beta}{2}\left(1+\frac{k}{k_\beta}\right)$, 并且 $h_\beta'(x)\leqslant h_\beta''(x)$ 当且仅当 $x\leqslant\frac{\beta}{2}\left(1+\frac{k}{k_\beta}\right)$, 即 $h_\beta'(|\mathrm{Re}\lambda|)\leqslant h_\beta''(|\mathrm{Re}\lambda|)$ 当且仅当 $|\mathrm{Re}\lambda|\leqslant\frac{\beta}{2}\left(1+\frac{k}{k_\beta}\right)$.

综上得结论成立.

显然, 由上述定理可知, 当 $\mathcal{A}_{\pm D}$ 为由式 (5.2) 给定的有界分块算子矩阵时, 利用数值域得到了 $\mathcal{A}_{\pm D}$ 的一个矩形谱区域, 再结合二次数值域, 当 $\beta\geqslant 2\|B\|$ 时, 得到了 $\mathcal{A}_{+D}$ 的一个以 $\frac{\beta}{2}$ 为中心且长度为 $\sqrt{\beta^2-4\|B\|^2}$ 的条形无谱区域 (t_2,t_3); $\mathcal{A}_{-D}$ 的一个条形无谱区域 $(-t_3,-t_2)$. 当 $\mathcal{A}_{\pm D}$ 为由式 (5.2) 给定的有界分块算子矩阵且 D 为扇形算子时, 通过数值域得到了关于 $\mathcal{A}_{\pm D}$ 的一个扇形区域. 事实上, 当 $\pm\mathrm{Re}\lambda\in\left[0,\frac{c}{k}\right]$ 时, $\mathcal{A}_{\pm D}$ 的谱位于某个扇形区域, 当 $\pm\mathrm{Re}\lambda\in\left(\frac{c}{k},\gamma\right]$ 时, $\mathcal{A}_{\pm D}$ 的谱位于某个矩形区域. 同时也利用二次数值域得到了有界分块算子矩阵 $\mathcal{A}_{\pm D}$ 的一个更为精确的谱估计范围.

下面分析无界反三角算子矩阵 $\mathcal{A}_{\pm D}$ 的谱包含关系. 先讨论无界反三角算子矩阵 $\mathcal{A}_{\pm D}$ 近似点谱的估计, 并在一定条件下给出其谱估计定理.

定理 5.1.15. 设 $\mathcal{A}_{\pm D}$ 为由式 (5.2) 给定的无界反三角算子矩阵, 则

$$\sigma_{\mathrm{ap}}(\mathcal{A}_{\pm D})\subset\overline{W^2(\mathcal{A}_{\pm D})}.$$

证明 任取 $\lambda\in\sigma_{\mathrm{ap}}(\mathcal{A}_{\pm D})$, 若 $\lambda=0$, 根据定理 5.1.10 得 $\lambda\in\overline{W^2(\mathcal{A}_{\pm D})}$. 若 $\lambda\neq 0$, 由 $\sigma_{\mathrm{ap}}(\mathcal{A}_{\pm D})$ 的定义, 存在 $(f_n\ g_n)^\top\in\mathcal{D}(\mathcal{A}_{\pm D})$, $\|f_n\|^2+\|g_n\|^2=1$, 使得

$$\lim_{n\to\infty}(\mathcal{A}_{\pm D}-\lambda)\begin{pmatrix}f_n\\g_n\end{pmatrix}=0,$$

从而有

$$\lim_{n\to\infty}(Bg_n-\lambda f_n)=0,\tag{5.34}$$

$$\lim_{n\to\infty}(\pm Dg_n-B^*f_n-\lambda g_n)=0,\tag{5.35}$$

于是

$$\lim_{n\to\infty}(Bg_n-\lambda f_n,f_n)=0, \tag{5.36}$$

$$\lim_{n\to\infty}(\pm Dg_n-B^*f_n-\lambda g_n,g_n)=0. \tag{5.37}$$

由于 $\|f_n\|\leqslant 1$, 故存在子列 $\{\|f_{n_k}\|_1^\infty\}\subset\{\|f_n\|_1^\infty\}$ 收敛, 不妨记 $\lim\limits_{k\to\infty}\|f_{n_k}\|=:\mu,\mu\in\mathbb{R}$, 由式 (5.36) 有

$$\lim_{k\to\infty}(Bg_{n_k},f_{n_k})=\lim_{k\to\infty}(\lambda f_{n_k},f_{n_k})=\lambda\lim_{k\to\infty}\|f_{n_k}\|^2=\lambda\mu^2, \tag{5.38}$$

进一步可得

$$\lim_{k\to\infty}(-B^*f_{n_k},g_{n_k})=-\lim_{k\to\infty}(f_{n_k},Bg_{n_k})=-\overline{\lambda}\lim_{k\to\infty}\|f_{n_k}\|^2=-\overline{\lambda}\mu^2, \tag{5.39}$$

又因 $\|g_n\|\leqslant 1$, 不失一般性, 不妨设存在收敛子列 $\{\|g_{n_k}\|_1^\infty\}$, 使得 $\lim\limits_{k\to\infty}\|g_{n_k}\|=:\nu,\nu\in\mathbb{R}$, 由式 (5.37) 有

$$\begin{aligned}\lim_{k\to\infty}(\pm Dg_{n_k},g_{n_k})&=\lim_{k\to\infty}(\lambda g_{n_k}+B^*f_{n_k},g_{n_k})\\&=\lambda\lim_{k\to\infty}\|g_{n_k}\|^2+\overline{\lambda}\lim_{k\to\infty}\|f_{n_k}\|^2\\&=\overline{\lambda}\mu^2+\lambda\nu^2.\end{aligned} \tag{5.40}$$

当 $\mu=0$ 时, 由式 (5.40) 和定理 5.1.10 知 $\lambda\in\overline{W(\pm D)}\subset\overline{W^2(\mathcal{A}_{\pm D})}$. 当 $\mu>0$ 时, 考虑

$$\triangle(f_{n_k},g_{n_k};z):=\begin{pmatrix}-z(f_{n_k},f_{n_k}) & (Bg_{n_k},f_{n_k})\\ -(B^*f_{n_k},g_{n_k}) & \pm(Dg_{n_k},g_{n_k})-z(g_{n_k},g_{n_k})\end{pmatrix},\ z\in\mathbb{C},\ n_k\in\mathbb{N},$$

结合式 (5.38), (5.39), (5.40) 可得

$$\triangle(f_{n_k},g_{n_k};z)\to\det\begin{pmatrix}-z\mu^2 & \lambda\mu^2\\ -\overline{\lambda}\mu^2 & \overline{\lambda}\mu^2+\lambda\nu^2-z\nu^2\end{pmatrix}=:\triangle(z),\ k\to\infty,$$

显然 $\triangle(\lambda)=0$, 并且若 $\lambda\neq z$, 则 $\triangle\not\equiv 0$. 再根据文献 [36] 中定理 7.2.5 知, 对于任意给定的 $\varepsilon>0$, 存在 $K\in\mathbb{N}$, 当 $k\geqslant K$ 时, 多项式 $\triangle(f_{n_k},g_{n_k};z)=0$ 存在零点 $z_{n_k}\in\mathbb{C}$ 且 $|z_{n_k}-\lambda|<\varepsilon$. 因 $z_{n_k}\in W^2(\mathcal{A}_{\pm D})$, 则 $\lambda\in\overline{W^2(\mathcal{A}_{\pm D})}$.

定理 5.1.16. 设 $\mathcal{A}_{\pm D}$ 为由式 (5.2) 给定的无界反三角算子矩阵, 若存在 $\mu \in \Omega \subset \mathbb{C} \setminus \overline{W^2(\mathcal{A}_{\pm D})}$, 且 $\mu \in \rho(\mathcal{A}_{\pm D})$, 则 $\Omega \subset \rho(\mathcal{A}_{\pm D})$; 特别地, 若 $\mathbb{C} \setminus \overline{W^2(\mathcal{A}_{\pm D})}$ 的每一个连通区域都包含一个点 $\mu \in \rho(\mathcal{A}_{\pm D})$, 则

$$\sigma(\mathcal{A}_{\pm D}) \subset \overline{W^2(\mathcal{A}_{\pm D})}.$$

证明 可参考文献 [26] 中定理 2.5.15 的证明.

定理 5.1.17. 设 $\mathcal{A}_{\pm D}$ 为无界反三角算子矩阵, $\beta > 0$, $\gamma < \infty$. 若存在 $\pm\lambda_1 < 0, \pm\lambda_2 > \gamma$ 满足 $\pm\lambda_1, \pm\lambda_2 \in \rho(\mathcal{A}_{\pm D})$, 且存在 $k \geqslant 0$ 使

$$|\mathrm{Im}(Dg, g)| \leqslant k\mathrm{Re}(Dg, g), \ \ g \in \mathcal{D}(B),$$

则

$$\sigma(\mathcal{A}_{\pm D}) \setminus \{0\} \subset \{\lambda \in \mathbb{C} |\ 0 < \pm\mathrm{Re}\lambda \leqslant \gamma, |\mathrm{Im}\lambda| \leqslant h_{\beta\gamma}(|\mathrm{Re}\lambda|)\},$$

其中

$$h_{\beta\gamma}(t) = \begin{cases} \dfrac{kt}{1 - \dfrac{2t}{\beta}}, & t \in \left(0, \dfrac{\beta}{2}\right), \\ \infty, & t \in \left[\dfrac{\beta}{2}, \dfrac{\gamma}{2}\right], \\ \dfrac{kt}{\dfrac{2t}{\gamma} - 1}, & t \in \left(\dfrac{\gamma}{2}, \gamma\right). \end{cases}$$

证明 根据定理 5.1.16, 因为存在 $\pm\lambda_1, \pm\lambda_2 \in \rho(\mathcal{A}_{\pm D})$ 且 $\pm\lambda_1 < 0, \pm\lambda_2 > \gamma$, 所以 $\sigma(\mathcal{A}_{\pm D}) \subset \overline{W^2(\mathcal{A}_{\pm D})}$. 设 $\lambda \in \sigma(\mathcal{A}_{\pm D}) \setminus \{0\} \subset \overline{W^2(\mathcal{A}_{\pm D})} \setminus \{0\}$, 由性质 5.1.2 可得 $0 \leqslant \pm\mathrm{Re}\lambda \leqslant \gamma$ 且存在 $(f\ g)^{\top} \in \mathcal{D}(\mathcal{A}_{\pm D})$, $\|f\| = \|g\| = 1$ 使

$$\lambda^2 \mp \lambda(Dg, g) + |(f, Bg)|^2 = 0,$$

于是有

$$\mathrm{Re}(Dg, g) = \left(1 + \frac{|(f, Bg)|^2}{|\lambda|^2}\right) |\mathrm{Re}\lambda|, \tag{5.41}$$

$$|\mathrm{Im}(Dg, g)| = \left|\left(1 - \frac{|(f, Bg)|^2}{|\lambda|^2}\right) \mathrm{Im}\lambda\right|. \tag{5.42}$$

由 $\beta>0$, 易知 $\mathrm{Re}\lambda\neq 0$. 若 $\mathrm{Im}\lambda\neq 0$, 由式 (5.41) 和式 (5.42) 可得

$$\frac{|\mathrm{Im}\lambda|}{|\mathrm{Re}\lambda|}=\frac{|\mathrm{Im}(Dg,g)|}{\mathrm{Re}(Dg,g)}\frac{1+\dfrac{|(f,Bg)|^2}{|\lambda|^2}}{\left|1-\dfrac{|(f,Bg)|^2}{|\lambda|^2}\right|}$$

$$\leqslant k\frac{1+\dfrac{|(f,Bg)|^2}{|\lambda|^2}}{\left|1-\dfrac{|(f,Bg)|^2}{|\lambda|^2}\right|}$$

$$=\frac{k}{\left|2\left(1+\dfrac{|(f,Bg)|^2}{|\lambda|^2}\right)^{-1}-1\right|}$$

$$=\frac{k}{\left|2\left(\dfrac{\mathrm{Re}(Dg,g)}{|\mathrm{Re}\lambda|}\right)^{-1}-1\right|}$$

$$=\frac{k}{\left|2\dfrac{|\mathrm{Re}\lambda|}{\mathrm{Re}(Dg,g)}-1\right|}.$$

当 $\dfrac{2|\mathrm{Re}\lambda|}{\mathrm{Re}(Dg,g)}-1>0$ 时, 由式 (5.19) 得 $\mathrm{Re}(Dg,g)\leqslant\gamma\|g\|^2=\gamma$, 从而 $\pm\mathrm{Re}\lambda>\dfrac{\gamma}{2}$ 且

$$|\mathrm{Im}\lambda|\leqslant\frac{k|\mathrm{Re}\lambda|}{\dfrac{2}{\gamma}|\mathrm{Re}\lambda|-1}.$$

当 $\dfrac{2|\mathrm{Re}\lambda|}{\mathrm{Re}(Dg,g)}-1<0$ 时, 由式 (5.19) 得 $\mathrm{Re}(Dg,g)\geqslant\beta\|g\|^2=\beta$, 则 $\pm\mathrm{Re}\lambda<\dfrac{\beta}{2}$ 且

$$|\mathrm{Im}\lambda|\leqslant\frac{k|\mathrm{Re}\lambda|}{1-\dfrac{2}{\beta}|\mathrm{Re}\lambda|}.$$

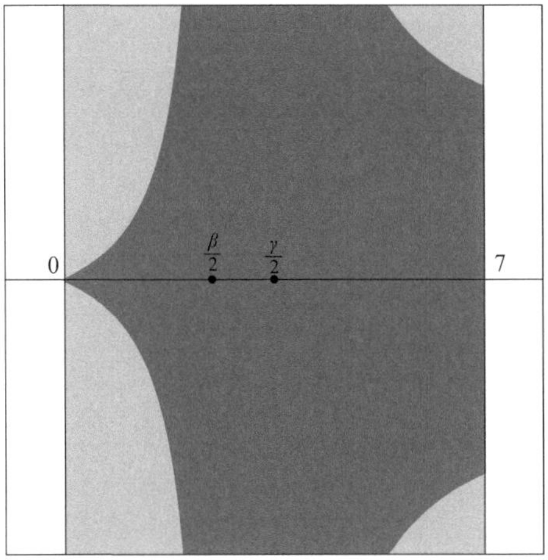

图 5.2 定理 5.1.17 $\gamma=7,\beta=5,k=\dfrac{1}{2}$

因此

$$|\mathrm{Im}\lambda|\leqslant\begin{cases}\dfrac{k|\mathrm{Re}\lambda|}{1-\dfrac{2}{\beta}|\mathrm{Re}\lambda|}, & \pm\mathrm{Re}\lambda\in\left(0,\dfrac{\beta}{2}\right),\\ \infty, & \pm\mathrm{Re}\lambda\in\left[\dfrac{\beta}{2},\dfrac{\gamma}{2}\right],\\ \dfrac{k|\mathrm{Re}\lambda|}{\dfrac{2}{\gamma}|\mathrm{Re}\lambda|-1}, & \pm\mathrm{Re}\lambda\in\left(\dfrac{\gamma}{2},\gamma\right).\end{cases}$$

故结论成立.

对于 $\mathrm{Im}\lambda=0$, 结论显然成立.

下面取一组具体的参数, 应用定理 5.1.17 给出分块算子矩阵 $\mathcal{A}_{+\mathcal{D}}$ 谱的具体估计范围, 如图 5.2 所示.

图 5.2 中横坐标表示集合中元素 λ 的实部 $\mathrm{Re}\lambda$, 纵坐标表示其虚部 $\mathrm{Im}\lambda$, 浅灰色区为域数值域, 深灰色区域为二次数值域. 对于无界反三角算子矩阵 $\mathcal{A}_{+D}$, 当 $\mathrm{Re}\lambda\in\left(0,\dfrac{\beta}{2}\right)$ 时, 可用参数 β 对 $\mathcal{A}_{+D}$ 的谱范围进行估计; 当 $\mathrm{Re}\lambda\in\left(\dfrac{\gamma}{2},\gamma\right)$ 时, 可用参数 γ 对 $\mathcal{A}_{+D}$ 的谱范围进行估计; 当 $\mathrm{Re}\lambda\in\left[\dfrac{\beta}{2},\dfrac{\gamma}{2}\right]$ 时, 定理 5.1.17 无法估计算子矩阵 $\mathcal{A}_{+D}$ 的谱的范围.

接下来讨论特殊的反三角算子矩阵 $\mathcal{A}_{\pm D}$ 的谱估计.

当 D 为自伴算子时, $\mathcal{A}_{\pm D}$ 为 $\mathcal{J}$-对称分块算子矩阵; 当 D 自伴且 D 相对于 B 的界小于 1 时, $\mathcal{A}_{\pm D}$ 为 $\mathcal{J}$-自伴算子, 即 $(\mathcal{J}\mathcal{A}_{\pm D})^* = \mathcal{J}\mathcal{A}_{\pm D}$, 其中 $\mathcal{J} = \begin{pmatrix} I & 0 \\ 0 & -I \end{pmatrix}$.

命题 5.1.18. 设 $\mathcal{A}_{\pm D}$ 为式 (5.2) 定义的分块算子矩阵, D 为自伴算子, 则 $W(\mathcal{A}_{+D})$ 与 $W(\mathcal{A}_{-D})$ 关于虚轴对称.

证明 由 D 为自伴算子知 $\operatorname{Im}(Dg,g)=0$. 设 $\lambda \in W(\mathcal{A}_{+D})$, 存在 $(f\ g)^\top \in \mathcal{D}(\mathcal{A}_{+D})$ 满足 $\|f\|^2+\|g\|^2=1$, 且使得

$$\lambda = -2\mathrm{i}\operatorname{Im}(f,Bg)+(Dg,g).$$

于是有

$$\operatorname{Re}\lambda = \operatorname{Re}(Dg,g) = -\operatorname{Re}\left(-\overline{\lambda}\right), \tag{5.43}$$

$$\operatorname{Im}\lambda = -2\operatorname{Im}(f,Bg) = \operatorname{Im}\left(-\overline{\lambda}\right). \tag{5.44}$$

显然 $-\overline{\lambda} \in W(\mathcal{A}_{-D})$, 则 $W(\mathcal{A}_{+D})$ 与 $W(\mathcal{A}_{-D})$ 关于虚轴对称.

定理 5.1.19. 设 $\mathcal{A}_{\pm D}$ 为式 (5.2) 定义的有界反三角算子矩阵, D 为自伴算子, 则

$$\sigma(\mathcal{A}_{\pm D}) \subset \overline{W(\mathcal{A}_{\pm D})} \subset \{\lambda\in\mathbb{C}|\ 0\leqslant \pm\operatorname{Re}\lambda\leqslant\gamma,\ |\operatorname{Im}\lambda|\leqslant 2b\}.$$

证明 因 D 为自伴算子, 故 $\operatorname{Im}(Dg,g)=0$. 根据定理 5.1.11, 结论显然成立.

定理 5.1.20. 设 $\mathcal{A}_{\pm D}$ 为式 (5.2) 定义的反三角算子矩阵, D 为自伴算子且 D 相对于 B 的界小于 1, 存在 $\pm\lambda_1,\pm\lambda_2 \in \rho(\mathcal{A}_{\pm \mathcal{D}})$ 且 $\pm\lambda_1<0,\pm\lambda_2>\gamma$. 若 $0<\gamma<\infty$, 则

$$\sigma(\mathcal{A}_{\pm D}) \subset \left\{\lambda\in\mathbb{C}|\ 0\leqslant\pm\operatorname{Re}\lambda\leqslant\frac{\gamma}{2}\right\}\cup\left\{\lambda\in\mathbb{R}|\ \frac{\gamma}{2}<\pm\lambda\leqslant\gamma\right\}.$$

证明 由于存在 $\pm\lambda_1, \pm\lambda_2 \in \rho(\mathcal{A}_{\pm\mathcal{D}})$ 且 $\pm\lambda_1 < 0, \pm\lambda_2 > \gamma$, 根据定理 5.1.16 知 $\sigma(\mathcal{A}_{\pm D}) \subset \overline{W^2(\mathcal{A}_{\pm D})}$. 对任意 $\lambda \in \sigma(\mathcal{A}_{\pm D}) \subset \overline{W^2(\mathcal{A}_{\pm D})}$, 由性质 5.1.2 可得 $0 \leqslant \pm\mathrm{Re}\lambda \leqslant \gamma$, 且存在 $(f\ g)^\top \in \mathcal{D}(\mathcal{A}_{\pm D})$, $\|f\| = \|g\| = 1$ 使

$$\lambda^2 \mp \lambda(Dg, g) + |(f, Bg)|^2 = 0.$$

进而有

$$\mathrm{Re}(Dg, g) = |\mathrm{Re}\lambda| \left(1 + \frac{|(f, Bg)|^2}{|\lambda|^2}\right), \tag{5.45}$$

$$\mathrm{Im}(Dg, g) = \mathrm{Im}\lambda \left(1 - \frac{|(f, Bg)|^2}{|\lambda|^2}\right) = 0. \tag{5.46}$$

由定理 5.1.10 得 $0 \in \overline{W^2(\mathcal{A}_{\pm D})}$, 因此下面只需要考虑 $\lambda \neq 0$ 的情形.

当 $\mathrm{Im}\lambda \neq 0$ 时, 由式 (5.46) 知 $\dfrac{|(f, Bg)|^2}{|\lambda|^2} = 1$, 结合 γ 的定义及式 (5.45) 有 $0 \leqslant \pm\mathrm{Re}\lambda \leqslant \dfrac{\gamma}{2}$, 故结论显然成立.

推论 5.1.21. 设 $\mathcal{A}_{\pm D}$ 为式 (5.2) 定义的有界反三角算子矩阵, D 为自伴算子, 则

(1) 若 $\|B\| \geqslant \dfrac{\gamma}{2}$, 且

(i) $\dfrac{\gamma}{2} \geqslant t_4$, 则

$$\begin{aligned}\sigma(\mathcal{A}_{\pm D}) \subset &\{\lambda \in \mathbb{C} |\ 0 \leqslant \pm\mathrm{Re}\lambda \leqslant t_4, |\mathrm{Im}\lambda| \leqslant 2b\} \\ &\cup \{\lambda \in \mathbb{C} | t_4 < \pm\mathrm{Re}\lambda \leqslant \frac{\gamma}{2}, |\mathrm{Im}\lambda| \leqslant \sqrt{\|B\|^2 - |\mathrm{Re}\lambda|^2}\} \\ &\cup \left\{\lambda \in \mathbb{R} |\ \frac{\gamma}{2} < \pm\lambda \leqslant \gamma\right\};\end{aligned}$$

(ii) $\dfrac{\gamma}{2} < t_4$, 则

$$\sigma(\mathcal{A}_{\pm D}) \subset \{\lambda \in \mathbb{C} |\ 0 \leqslant \pm\mathrm{Re}\lambda \leqslant \frac{\gamma}{2},\ |\mathrm{Im}\lambda| \leqslant 2b\} \cup \left\{\lambda \in \mathbb{R} |\ \frac{\gamma}{2} < \pm\lambda \leqslant \gamma\right\};$$

(2) 若 $\|B\| < \dfrac{\gamma}{2}$, 则

$$\begin{aligned}\sigma(\mathcal{A}_{\pm D}) \subset &\{\lambda \in \mathbb{C} |\ 0 \leqslant \pm\mathrm{Re}\lambda \leqslant t_4, |\mathrm{Im}\lambda| \leqslant 2b\} \\ &\cup \{\lambda \in \mathbb{C} | t_4 < \pm\mathrm{Re}\lambda \leqslant \|B\|, |\mathrm{Im}\lambda| \leqslant \sqrt{\|B\|^2 - |\mathrm{Re}\lambda|^2}\} \\ &\cup \{\lambda \in \mathbb{C} | \|B\| < \pm\mathrm{Re}\lambda \leqslant \frac{\gamma}{2},\ |\mathrm{Im}\lambda| \leqslant 2b\} \cup \left\{\lambda \in \mathbb{R} |\ \frac{\gamma}{2} < \pm\lambda \leqslant \gamma\right\},\end{aligned}$$

其中

$$t_4=\sqrt{\|B\|^2-4b^2}.$$

证明 任取 $\lambda\in\sigma(\mathcal{A}_{\pm D})\subset\overline{W^2(\mathcal{A}_{\pm D})}$, 存在 $(f\ g)^\top\in\mathcal{D}(\mathcal{A}_{\pm D})$, $\|f\|=\|g\|=1$ 使

$$\lambda^2\mp\lambda(Dg,g)+|(f,Bg)|^2=0.$$

因 B 为有界算子, 由定理 5.1.19 知 $|\mathrm{Im}\lambda|\leqslant 2b, 0\leqslant\pm\mathrm{Re}\lambda\leqslant\gamma$; 又由定理 5.1.20 知 $|\mathrm{Im}\lambda|\leqslant\sqrt{\|B\|^2-|\mathrm{Re}\lambda|^2}$, $0\leqslant\pm\mathrm{Re}\lambda\leqslant\min\{\frac{\gamma}{2},\|B\|\}$. 为了得到关于 $|\mathrm{Im}\lambda|$ 较为精细的范围估计, 不妨令 $\sqrt{\|B\|^2-|\mathrm{Re}\lambda|^2}=2b$, 则

$$|\mathrm{Re}\lambda|=\sqrt{\|B\|^2-4b^2}=:t_4\in[0,\|B\|].$$

所以若 $\pm\mathrm{Re}\lambda\geqslant t_4$, 则 $|\mathrm{Im}\lambda|\leqslant\sqrt{\|B\|^2-|\mathrm{Re}\lambda|^2}$; 若 $\pm\mathrm{Re}\lambda<t_4$, 则 $|\mathrm{Im}\lambda|\leqslant 2b$. 又 $t_4\in[0,\|B\|]$, 于是, 当 $t_4\leqslant\dfrac{\gamma}{2}\leqslant\|B\|$ 时, 有

$$\begin{aligned}\sigma(\mathcal{A}_{\pm D})\subset&\{\lambda\in\mathbb{C}|\ 0\leqslant\pm\mathrm{Re}\lambda\leqslant t_4,|\mathrm{Im}\lambda|\leqslant 2b\}\\&\cup\{\lambda\in\mathbb{C}|t_4<\pm\mathrm{Re}\lambda\leqslant\frac{\gamma}{2},|\mathrm{Im}\lambda|\sqrt{\|B\|^2-|\mathrm{Re}\lambda|^2}\}\cup(\frac{\gamma}{2},\gamma];\end{aligned}$$

当 $t_4\leqslant\|B\|\leqslant\dfrac{\gamma}{2}$ 时, 有

$$\begin{aligned}\sigma(\mathcal{A}_{\pm D})\subset&\{\lambda\in\mathbb{C}|\ 0\leqslant\pm\mathrm{Re}\lambda\leqslant t_4,|\mathrm{Im}\lambda|\leqslant 2b\}\\&\cup\{\lambda\in\mathbb{C}|t_4<\pm\mathrm{Re}\lambda\leqslant\|B\|,|\mathrm{Im}\lambda|\leqslant\sqrt{\|B\|^2-|\mathrm{Re}\lambda|^2}\}\\&\cup\{\lambda\in\mathbb{C}|\|B\|<\pm\mathrm{Re}\lambda\leqslant\frac{\gamma}{2},\ |\mathrm{Im}\lambda|\leqslant 2b\}\\&\cup\left\{\lambda\in\mathbb{R}|\ \frac{\gamma}{2}<\pm\lambda\leqslant\gamma\right\};\end{aligned}$$

当 $\dfrac{\gamma}{2}\leqslant t_4\leqslant\|B\|$ 时, 有

$$\sigma(\mathcal{A}_{\pm D})\subset\{\lambda\in\mathbb{C}|\ 0\leqslant\pm\mathrm{Re}\lambda\leqslant\frac{\gamma}{2},\ |\mathrm{Im}\lambda|\leqslant 2b\}\cup\left\{\lambda\in\mathbb{R}|\ \frac{\gamma}{2}<\pm\lambda\leqslant\gamma\right\}.$$

下面对于不同的参数, 应用定理 5.1.20 和推论 5.1.21 给出算子矩阵 $\mathcal{A}_{+D}$ 的谱估计范围, 如图 5.3 ~ 图 5.6 所示.

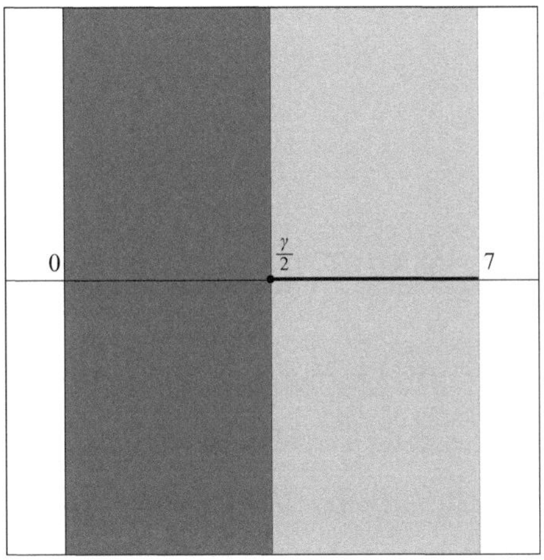

图 5.3 定理 5.1.20 $\gamma = 7, k = \frac{1}{2}$

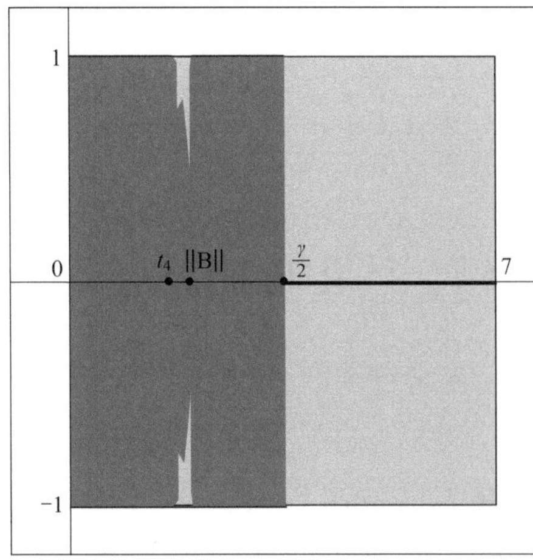

图 5.4 推论 5.1.21 $\|B\| = 2, \gamma = 7, b = \frac{1}{2}, t_4 = \sqrt{3}$; 其中 $t_4 \leqslant \|B\| \leqslant \frac{\gamma}{2}$

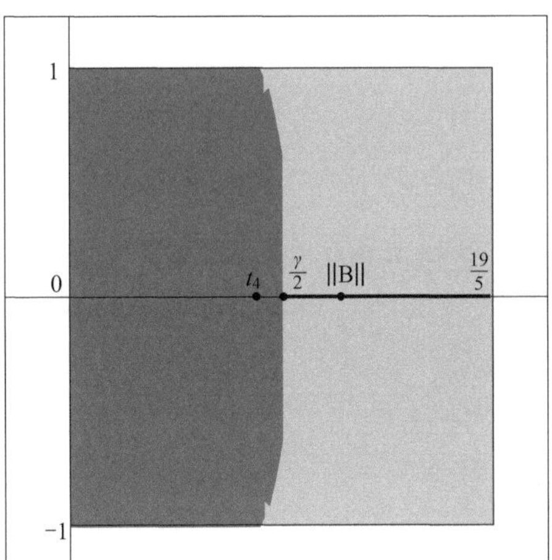

图 5.5 推论 5.1.21 $\|B\| = 2, \gamma = \frac{19}{5}, b = \frac{1}{2}, t_4 = \sqrt{3}$; 其中 $t_4 \leqslant \frac{\gamma}{2} \leqslant \|B\|$

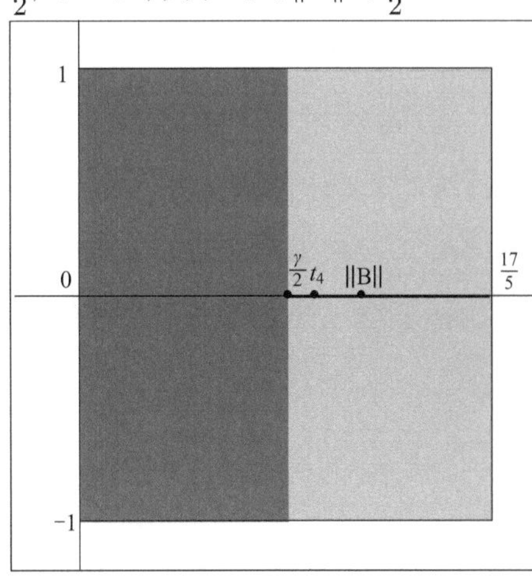

图 5.6 推论 5.1.21 $\|B\| = 2, \gamma = \frac{17}{5}, b = \frac{1}{2}, t_4 = \sqrt{3}$; 其中 $\frac{\gamma}{2} \leqslant t_4 \leqslant \|B\|$

上图中横坐标表示集合中元素 λ 的实部 $\mathrm{Re}\lambda$, 纵坐标表示其虚部 $\mathrm{Im}\lambda$. 从图 5.3 ~ 图 5.6 中数值域 (浅灰色区域), 二次数值域 (深灰色区域) 的比较可知分块算子矩阵 $\mathcal{A}_{+D}$ 的二次数值域估计比数值域要精确. 此外, 图 5.3 中 $[\frac{\gamma}{2},\infty)$ 为无界 $\mathcal{J}$-自伴分块算子矩阵 $\mathcal{A}_{+D}$ 的实谱区间; 图 5.4 ~ 图 5.6 中 $[\frac{\gamma}{2},\gamma]$ 为有界 $\mathcal{J}$-自伴分块算子矩阵 $\mathcal{A}_{+D}$ 的实谱区间.

5.2 Hilbert 空间 $H_{\frac{1}{2}}$ 中一类反三角算子矩阵的谱估计

本节继续利用数值域和二次数值域, 讨论另一类反三角算子矩阵的谱估计问题. 例如, 流体力学中出现的混合阶微分方程的问题也可以转化为一类反三角算子矩阵的研究. 下面以水平管道 (长度为 1) 内理想的不可压缩流体的横向小振动方程 (见文献 [37, 38]) 为例, 具体如下

$$\begin{cases} \dfrac{\partial^2 u}{\partial t^2}+\dfrac{\partial^2}{\partial r^2}[E\dfrac{\partial^2 u}{\partial r^2}+C\dfrac{\partial^3 u}{\partial r^2\partial t}]+K\dfrac{\partial^2 u}{\partial t\partial r}=0, r\in(0,1), t>0,\\ u|_{r=0}=0, u|_{r=1}=0,\\ \dfrac{\partial^2 u}{\partial r^2}|_{r=0}=0, \dfrac{\partial^2 u}{\partial r^2}|_{r=1}=0, \end{cases} \tag{5.47}$$

其中 $u(r,t)$ 表示时间 t 和位置 r 处的横向振动, E,C,K 是一组正的物理常数, $K\dfrac{\partial^2 u}{\partial t\partial r}$ 称为陀螺项. 这样长度为 1 的水平管道内理想流体的问题可理解为 Hilbert 空间 $L^2(0,1)$ 中二阶微分方程

$$\ddot{x}(t)+D\dot{x}(t)+A_0x(t)=0$$

的 Cauchy 问题, 此时方程的系数为

$$A_0=E\frac{\mathrm{d}^4}{\mathrm{d}r^4},\ \mathcal{D}(A_0)=\{x\in H^4(0,1):x(0)=x(1)=x''(0)=x''(1)=0\}, \tag{5.48}$$

$$D=C\frac{\mathrm{d}^4}{\mathrm{d}r^4}+K\frac{\mathrm{d}}{\mathrm{d}r},\quad \mathcal{D}(D)=\{x\in H^2(0,1):x(0)=x(1)=0\}, \tag{5.49}$$

其中 $H^2(0,1)$, $H^4(0,1)$ 为 2 阶和 4 阶的 Sobolev 空间. 此时线性算子 A_0 为 Hilbert 空间 $L^2(0,1)$ 中的一致正自伴算子, D 为增生算子, 并且原问题的研究可

转化为形如

$$\begin{pmatrix} 0 & I \\ -A_0 & -D \end{pmatrix}$$

的无界线性算子的研究.

对于 Hilbert 空间 H 中的一致正自伴算子 A_0, 定义 $H_\alpha := \mathcal{D}(A_0^\alpha)$ $(\alpha \geqslant 0)$ 且伴有范数为 $\|z\|_{H_\alpha} = \|A_0^\alpha z\|_H$, 此时 H_α 为 Hilbert 空间; 当 $\alpha > 0$ 时, H 的完备化空间为 $H_{-\alpha}$, 定义为 $H_{-\alpha} := H_\alpha^*$, 且满足范数 $\|z\|_{H_{-\alpha}} = \|A_0^{-\alpha} z\|_H$. 例如, 当 $\alpha = \dfrac{1}{2}$ 时, 有 $H_{\frac{1}{2}} = \mathcal{D}(A_0^{\frac{1}{2}})$, 范数为 $\|x\|_{H_{\frac{1}{2}}} = \|A_0^{\frac{1}{2}} x\|_H$, 其中 $x \in H_{\frac{1}{2}}$, 并且 $H_{-\frac{1}{2}} = H_{\frac{1}{2}}^*$, 伴有范数 $\|x\|_{H_{-\frac{1}{2}}} = \|A_0^{-\frac{1}{2}} x\|_H$. 当 $\alpha = 1$ 时, 有 $H_1 = \mathcal{D}(A_0)$, 范数为 $\|x\|_{H_1} = \|A_0 x\|_H$, 其中 $x \in H_1$. 显然, $H_1, H_{\frac{1}{2}}, H_{-\frac{1}{2}}$ 均为复数域 $\mathbb{C}$ 上的 Hilbert 空间. 同时若用 $(\cdot,\cdot)_H$ 或 $(\cdot,\cdot)$ 表示 Hilbert 空间 H 上的内积, $(\cdot,\cdot)_{H_{-\alpha}\times H_\alpha}$ 为空间 $H_{-\alpha} \times H_\alpha$ 上的一种二元运算, 根据 Risez 表示定理, 对于任意 $x \in H_\alpha$, 存在唯一的 $x' \in H \subset H_{-\alpha}$, 使得 $(x', x)_{H_{-\alpha}\times H_\alpha} = (x', x)_H$, 详见文 [39].

本节在乘积空间 $H_{\frac{1}{2}} \times H$ 中研究无界线性算子 $\mathcal{M}_{\pm D} : \mathcal{D}(\mathcal{M}_{\pm D}) \subset H_{\frac{1}{2}} \times H \to H_{\frac{1}{2}} \times H$,

$$\mathcal{M}_{\pm D} = \begin{pmatrix} 0 & I \\ -A_0 & \pm D \end{pmatrix}, \mathcal{D}(\mathcal{M}_{\pm D}) = \left\{ \begin{pmatrix} x \\ y \end{pmatrix} \in H_{\frac{1}{2}} \times H_{\frac{1}{2}} : A_0 x \pm D y \in H \right\}, \tag{5.50}$$

其中 $A_0 : \mathcal{D}(A_0) \subset H \to H$ 为一致正的自伴算子, $D : \mathcal{D}(D) \subset H \to H$ 为无界增生算子且 $D : H_{\frac{1}{2}} \to H_{-\frac{1}{2}}$ 为有界算子, $\mathcal{D}(A_0) \subset \mathcal{D}(D)$. 不难验证 $A_0 : H_{\frac{1}{2}} \to H_{-\frac{1}{2}}$ 与 $A_0^{-1} : H_{-\frac{1}{2}} \to H_{\frac{1}{2}}$ 均为有界线性算子.

理论上, 在 Hilbert 空间中, 无界线性算子 $\mathcal{M}_{\pm D}$ 的定义域并不一定能根据空间 $H_{\frac{1}{2}} \times H$ 的分解而进行分解, 因此 $\mathcal{M}_{\pm D}$ 不一定是算子矩阵. 事实上, 式 (5.50) 的算子 $\mathcal{M}_{\pm D}$ 为分块算子矩阵 $\mathcal{M}_{\pm D}|_{H_1\times H_1}$ 的闭包, 所以下面利用分块算子矩阵 $\mathcal{M}_{\pm D}|_{H_1\times H_1}$ 的二次数值域估计 $\mathcal{M}_{\pm D}$ 的谱的范围.

5.2.1 算子 $\mathcal{M}_{\pm D}$ 的谱包含关系

根据分块算子矩阵的二次数值域的定义 1.3.3, 先给出 $\mathcal{M}_{\pm D}|_{H_1\times H_1}$ 的二次数值域.

设 $\mathcal{M}_{\pm D}$ 为由式 (5.50) 给定的无界线性算子, 对于 $(f\ \ g)^\top \in H_1\times H_1\subset \mathcal{D}(\mathcal{M}_{\pm D})$, $f,g\neq 0$,

$$(\mathcal{M}_{\pm D})_{f,g}:=\begin{pmatrix} 0 & \dfrac{(g,f)_{H_{\frac{1}{2}}}}{\|f\|_{H_{\frac{1}{2}}}\|g\|} \\ -\dfrac{(A_0 f,g)}{\|f\|_{H_{\frac{1}{2}}}\|g\|} & \pm\dfrac{(Dg,g)}{\|g\|^2}\end{pmatrix}\in M_2(\mathbb{C}),$$

则集合

$$W^2(\mathcal{M}_{\pm D}|_{H_1\times H_1}):=\bigcup_{\substack{(f\ \ g)^\top\in H_1\times H_1,\\ f,g\neq 0}}\sigma_{\mathrm{p}}((\mathcal{M}_{\pm D})_{f,g})=\bigcup_{\substack{(f\ \ g)^\top\in H_1\times H_1,\\ \|f\|_{H_{\frac{1}{2}}}=\|g\|=1}}\sigma_{\mathrm{p}}((\mathcal{M}_{\pm D})_{f,g})$$

为分块算子矩阵 $\mathcal{M}_{\pm D}|_{H_1\times H_1}$ 在空间 $H_{\frac{1}{2}}\times H$ 上的二次数值域.

引理 5.2.1. 设 A_0 为一致正的自伴算子, 则对任意的 $x\in\mathcal{D}(A_0)$, 有 $\|x\|_{H_{\frac{1}{2}}}\geqslant a_0\|x\|\geqslant a_0^2\|x\|_{H_{-\frac{1}{2}}}$, 其中 $a_0=\|A_0^{-\frac{1}{2}}\|^{-1}$.

证明 由 A_0 为一致正的自伴算子知

$$\|A_0^{-\frac{1}{2}}\|=\sup_{x\in H_{-\frac{1}{2}}\setminus\{0\}}\frac{\|A_0^{-\frac{1}{2}}x\|}{\|x\|},\tag{5.51}$$

于是 $\|x\|\geqslant\|A_0^{-\frac{1}{2}}\|^{-1}\|x\|_{H_{-\frac{1}{2}}}$. 记 $a_0=\|A^{-\frac{1}{2}}\|^{-1}$, 则

$$\|x\|\geqslant a_0\|x\|_{H_{-\frac{1}{2}}},$$

又

$$\|A_0^{-\frac{1}{2}}\|^{-1}=\inf_{y\in H_{\frac{1}{2}}\setminus\{0\}}\frac{\|A_0^{\frac{1}{2}}y\|}{\|y\|},$$

易得

$$\|x\|_{H_{\frac{1}{2}}} \geqslant a_0\|x\|,$$

从而有 $\|x\|_{H_{\frac{1}{2}}} \geqslant a_0\|x\| \geqslant a_0^2\|x\|_{H_{-\frac{1}{2}}}$.

引理 5.2.2. 设 $\mathcal{M}_{\pm D}$ 为由式 (5.50) 给定的算子, 则

(i) $\mathcal{M}_{\pm D}$ 为具有有界逆的闭算子且 $\overline{\mathcal{M}_{\pm D}|_{H_1\times H_1}} = \mathcal{M}_{\pm D}$.

(ii) $\mathcal{M}_{\pm D}$ 为有界线性算子当且仅当 A_0 在 H 上有界.

证明 (i) 因 A_0 为一致正自伴算子, 故 $0 \in \rho(A_0)$, 即 A_0^{-1} 存在, 且

$$\mathcal{M}_{\pm D}^{-1} = \begin{pmatrix} \pm A_0^{-1}D & -A_0^{-1} \\ I & 0 \end{pmatrix} : H_{\frac{1}{2}} \times H \to H_{\frac{1}{2}} \times H.$$

由于 $A_0^{-1} : H_{-\frac{1}{2}} \to H_{\frac{1}{2}}$, $D : H_{\frac{1}{2}} \to H_{-\frac{1}{2}}$ 均有界, 则对任意 $x \in H_{\frac{1}{2}}$, 存在 $M_1 > 0$, $M_2 > 0$ 使得

$$\left\|A_0^{-1}Dx\right\|_{H_{\frac{1}{2}}} \leqslant M_1\|Dx\|_{H_{-\frac{1}{2}}} \leqslant M_1M_2\|x\|_{H_{\frac{1}{2}}},$$

即 $A_0^{-1}D$ 为 $H_{\frac{1}{2}}$ 到 $H_{\frac{1}{2}}$ 的有界线性算子.

任取 $x \in H$, 有

$$\|A_0^{-1}x\|_{H_{\frac{1}{2}}} = \|A_0^{\frac{1}{2}}A_0^{-1}x\| = \|A_0^{-\frac{1}{2}}x\| = \|x\|_{H_{-\frac{1}{2}}} \leqslant \frac{1}{a_0}\|x\|,$$

即 $A_0^{-1} : H \to H_{\frac{1}{2}}$ 有界, 又 $I : H_{\frac{1}{2}} \to H$ 有界, 所以 $\mathcal{M}_{\pm D}^{-1}$ 为 $H_{\frac{1}{2}} \times H$ 到 $H_{\frac{1}{2}} \times H$ 的有界线性算子.

下证 $\mathcal{M}_{\pm D}$ 为闭算子. 对任意的 $(x_n\ y_n)^\top \subset \mathcal{D}(\mathcal{M}_{\pm D})$, 存在 $(x\ y)^\top \in H_{\frac{1}{2}} \times H_{\frac{1}{2}}$ 满足

$$\lim_{n\to\infty} \|x_n - x\|_{H_{\frac{1}{2}}} = 0, \tag{5.52}$$

$$\lim_{n\to\infty} \|y_n - y\| = 0, \tag{5.53}$$

且对于 $\mathcal{M}_{\pm D}\begin{pmatrix}x_n\\y_n\end{pmatrix}=\begin{pmatrix}y_n\\-A_0x_n\pm Dy_n\end{pmatrix}$, 存在 $(z\ w)^\top\in H_{\frac{1}{2}}\times H$ 满足

$$\lim_{n\to\infty}\|y_n-z\|_{H_{\frac{1}{2}}}=0, \tag{5.54}$$

$$\lim_{n\to\infty}\|-A_0x_n\pm Dy_n-w\|=0. \tag{5.55}$$

由引理 5.2.1 及式 (5.54) 得 $\lim\limits_{n\to\infty}\|y_n-z\|=0$, 又由极限的唯一性及式 (5.53) 知 $y=z$.

又 $\lim\limits_{n\to\infty}a_0\|-A_0x_n\pm Dy_n-w\|_{H_{-\frac{1}{2}}}\leqslant\lim\limits_{n\to\infty}\|-A_0x_n\pm Dy_n-w\|$, 由式 (5.55) 得 $\lim\limits_{n\to\infty}\|-A_0x_n\pm Dy_n-w\|_{H_{-\frac{1}{2}}}=0$, 进一步, 结合式 (5.52), 式 (5.54) 与 $A_0,D:H_{\frac{1}{2}}\to H_{-\frac{1}{2}}$ 的有界性得 $(x\ y)^\top\in H_{\frac{1}{2}}\times H$ 且 $\lim\limits_{n\to\infty}\|-A_0x\pm Dy-w\|_{H_{-\frac{1}{2}}}=0$, 显然 $-A_0x\pm Dy=w$, 故

$$\mathcal{M}_{\pm D}\begin{pmatrix}x\\y\end{pmatrix}=\begin{pmatrix}y\\-A_0x\pm Dy\end{pmatrix}=\begin{pmatrix}z\\w\end{pmatrix},$$

即 $\mathcal{M}_{\pm D}$ 为闭算子.

下证 $\overline{\mathcal{M}_{\pm D}|_{H_1\times H_1}}=\mathcal{M}_{\pm D}$. 因 $\mathcal{M}_{\pm D}$ 为闭算子, 且 $H_1\times H_1\subset\mathcal{D}(\mathcal{M}_{\pm D})$, 故 $\overline{\mathcal{M}_{\pm D}|_{H_1\times H_1}}\subset\mathcal{M}_{\pm D}$, 因此要证 $\overline{\mathcal{M}_{\pm D}|_{H_1\times H_1}}=\mathcal{M}_{\pm D}$, 只需证 $\mathcal{M}_{\pm D}\subset\overline{\mathcal{M}_{\pm D}|_{H_1\times H_1}}$.

任取 $(x\ y)^\top\in\mathcal{D}(\mathcal{M}_{\pm D})$, 令 $f:=\mp A_0x+Dy\in H$. 因 H_1 在 $H_{\frac{1}{2}}$ 中稠密, 存在 $y_n\in H_1$, 使得 $\lim\limits_{n\to\infty}\|y_n-y\|_{H_{\frac{1}{2}}}=0$. 再令 $x_n:=\mp A_0^{-1}f\pm A_0^{-1}Dy_n\in H_1$, 显然 $\lim\limits_{n\to\infty}\|x_n-x\|_{H_{\frac{1}{2}}}=0$. 由引理 5.2.1 得 $(x_n\ y_n)^\top\in H_1\times H_1$ 在 $H_{\frac{1}{2}}\times H$ 中收敛且 $(\mathcal{M}_{\pm D}(x_n\ y_n)^\top)_{n\in\mathbb{N}}=(y_n\ f)^\top$ 在 $H_{\frac{1}{2}}\times H$ 中收敛, 即 $(x\ y)^\top\in\mathcal{D}(\overline{\mathcal{M}_{\pm D}|_{H_1\times H_1}})$, 故 $\mathcal{M}_{\pm D}\subset\overline{\mathcal{M}_{\pm D}|_{H_1\times H_1}}$.

(ii) 设 $\mathcal{M}_{\pm D}$ 为有界线性算子, 则存在 $(x\ 0)^\top\in\mathcal{D}(\mathcal{M}_{\pm D}),M>0$ 使得

$$\left\|\mathcal{M}_{\pm D}\begin{pmatrix}x\\0\end{pmatrix}\right\|_{H_{\frac{1}{2}}\times H}=\|A_0x\|\leqslant M\|x\|_{H_{\frac{1}{2}}}=M\|A_0^{\frac{1}{2}}x\|. \tag{5.56}$$

令 $y:=A_0^{\frac{1}{2}}x$, 则 $x=A_0^{-\frac{1}{2}}y$ 且式 (5.56) 化为 $\|A_0^{\frac{1}{2}}y\|\leqslant M\|y\|$, 即 $A^{\frac{1}{2}}$ 为 H 上的有界线性算子, 于是 A_0 在 H 上有界.

设 A_0 在 H 上有界, 存在 $x\in H$, 及 $N>0$, 使得 $\|A_0x\|\leqslant N\|x\|$, 即

$$\|A_0^{\frac{1}{2}}A_0^{\frac{1}{2}}x\|\leqslant N\|x\|. \tag{5.57}$$

令 $A_0^{\frac{1}{2}}x=y$, 则 $x=A_0^{-\frac{1}{2}}y$, 将其代入式 (5.57) 有

$$\|y\|_{H_{\frac{1}{2}}}=\|A_0^{\frac{1}{2}}y\|\leqslant N\|A_0^{-\frac{1}{2}}y\|=N\|y\|_{H_{-\frac{1}{2}}}, \tag{5.58}$$

由引理 5.2.1 知三个范数 $\|\cdot\|_{H_{\frac{1}{2}}},\|\cdot\|_{H_{-\frac{1}{2}}},\|\cdot\|$ 等价, 又 $\mathcal{D}(A_0)=H$, 故 $H_{\frac{1}{2}}=H_{-\frac{1}{2}}=H$, 综上所述 $\mathcal{M}_{\pm D}$ 为有界线性算子.

根据数值域和二次数值域的性质, 由式 (5.50) 给定的算子 $\mathcal{M}_{\pm D}$ 有如下的性质.

性质 5.2.1. 设 $\mathcal{M}_{\pm D}$ 为由式 (5.50) 给定的算子, 那么对于任意的 $\lambda\in W(\mathcal{M}_{\pm D})$ 当且仅当存在 $(f\ \ g)^{\top}\in\mathcal{D}(\mathcal{M}_{\pm D})$ 使得 $\|f\|^2_{H_{\frac{1}{2}}}+\|g\|^2=1$, 且 λ 可以表示成如下的形式

$$\begin{aligned}\lambda&=\left(\begin{pmatrix}0 & I\\ -A_0 & \pm D\end{pmatrix}\begin{pmatrix}f\\ g\end{pmatrix},\begin{pmatrix}f\\ g\end{pmatrix}\right)_{H_{\frac{1}{2}}\times H}\\&=\left(\begin{pmatrix}g\\ -A_0f\pm Dg\end{pmatrix},\begin{pmatrix}f\\ g\end{pmatrix}\right)_{H_{\frac{1}{2}}\times H}\\&=(g,f)_{H_{\frac{1}{2}}}-(A_0f,g)_{H_{-\frac{1}{2}}\times H_{\frac{1}{2}}}\pm(Dg,g)_{H_{-\frac{1}{2}}\times H_{\frac{1}{2}}}\\&=(g,f)_{H_{\frac{1}{2}}}-\left(A_0^{\frac{1}{2}}f,A_0^{\frac{1}{2}}g\right)\pm(Dg,g)\\&=-2\mathrm{iIm}(f,g)_{H_{\frac{1}{2}}}\pm(Dg,g).\end{aligned} \tag{5.59}$$

性质 5.2.2. 设 $\mathcal{M}_{\pm D}$ 为由式 (5.50) 给定的算子, 任取 $(f\ \ g)^{\top}\in H_1\times H_1$, $f,g\neq 0$ 满足

$$\triangle(f,g;\lambda):=\|f\|^2_{H_{\frac{1}{2}}}\|g\|^2\left(\lambda^2\mp\lambda\frac{(Dg,g)}{\|g\|^2}+\frac{|(f,g)_{H_{\frac{1}{2}}}|^2}{\|f\|^2_{H_{\frac{1}{2}}}\|g\|^2}\right),$$

则

$$W^2(\mathcal{M}_{\pm D}|_{H_1\times H_1})=\{\lambda\in\mathbb{C}|\exists(f\ g)^\top\in H_1\times H_1, f,g\neq 0\ \text{且}\ \triangle(f,g;\lambda)=0\}.$$

引理 5.2.3. 设 $\mathcal{M}_{\pm D}$ 为由式 (5.50) 给定的算子, 若 $\dim H>1$, 则

$$W(D)\cup\{0\}\subset W(\mathcal{M}_{\pm D})\cap W^2(\mathcal{M}_{\pm D}|_{H_1\times H_1}). \tag{5.60}$$

证明 当 $\dim H_{\frac{1}{2}},\dim H>1$ 时, 根据文献 [40] 中的定理 2.4 知 $W(D)\cup\{0\}\subset W^2(\mathcal{M}_{\pm D}|_{H_1\times H_1})$. 又因为 $W^2(\mathcal{M}_{\pm D}|_{H_1\times H_1})\subset W(\mathcal{M}_{\pm D})$, 故式 (5.67) 成立.

定理 5.2.4. 设 $\mathcal{M}_{\pm D}$ 为由式 (5.50) 给定的算子, 则

$$\sigma_{\mathrm{ap}}(\mathcal{M}_{\pm D})\subset\overline{W^2(\mathcal{M}_{\pm D}|_{H_1\times H_1})}.$$

证明 由文献 [26] 中的引理 2.5.16 知 $\sigma_{\mathrm{ap}}(\mathcal{M}_{\pm D}|_{H_1\times H_1})=\sigma_{\mathrm{ap}}(\mathcal{M}_{\pm D})$, 则对于任意的 $\lambda\in\sigma_{\mathrm{ap}}(\mathcal{M}_{\pm D})$, 存在 $(f_n\ g_n)^\top\in H_1\times H_1$ 满足

$$\left\|\begin{pmatrix}f_n\\ g_n\end{pmatrix}\right\|_{H_{\frac{1}{2}}\times H}=1,\quad \lim_{n\to\infty}\left\|(\mathcal{M}_{\pm D}-\lambda)\begin{pmatrix}f_n\\ g_n\end{pmatrix}\right\|_{H_{\frac{1}{2}}\times H}=0.$$

可得

$$\|f_n\|^2_{H_{\frac{1}{2}}}+\|g_n\|^2=1, \tag{5.61}$$

$$\lim_{n\to\infty}\|g_n-\lambda f_n\|_{H_{\frac{1}{2}}}=0, \tag{5.62}$$

$$\lim_{n\to\infty}\|\pm Dg_n-A_0f_n-\lambda g_n\|=0. \tag{5.63}$$

不失一般性, 设 $a:=\lim\limits_{n\to\infty}\|f_n\|_{H_{\frac{1}{2}}}, b:=\lim\limits_{n\to\infty}\|g_n\|=1-a$. 若 $a=0$, 则 $b=1-a=1$ 与式 (5.62) 所得的 $b=0$ 矛盾, 因此 $a>0$.

下面考虑

$$\triangle(f_n,g_n;z)=\det\begin{pmatrix}-z(f_n,f_n)_{H_{\frac{1}{2}}} & (g_n,f_n)_{H_{\frac{1}{2}}}\\ -(A_0f_n,g_n) & \pm(Dg_n,g_n)-z(g_n,g_n)\end{pmatrix}, z\in\mathbb{C}, n\in\mathbb{N}, \tag{5.64}$$

根据式 (5.62) 和式 (5.63) 可得

$$\lim_{n\to\infty}(g_n,f_n)_{H_{\frac{1}{2}}}=\lim_{n\to\infty}(\lambda f_n,f_n)_{H_{\frac{1}{2}}}=\lambda a^2,$$

$$\lim_{n\to\infty}(A_0f_n,g_n)=\lim_{n\to\infty}(f_n,A_0g_n)=\overline{\lambda}a^2,$$

$$\lim_{n\to\infty}(Dg_n,g_n)=\lim_{n\to\infty}(A_0f_n+\lambda g_n,g_n)=\pm(\overline{\lambda}a^2+\lambda b^2),$$

并代入式 (5.64) 得

$$\triangle(f_n,g_n;z)\to\det\begin{pmatrix}-za^2 & \lambda a^2\\ -\overline{\lambda}a^2 & \overline{\lambda}a^2+\lambda b^2-zb^2\end{pmatrix}=\triangle(z),\ n\to\infty.$$

显然 $\triangle(\lambda)=0$, 且 $\triangle\neq 0$ 当且仅当 $\lambda\neq z$. 根据文献 [36] 中定理 7.2.5 知, 任取 $\varepsilon>0$, 存在 $N\in\mathbb{N}$, 当 $n>N$ 时, $\triangle(f_n,g_n;z)=0$ 存在零点 z_n. 使 $|z_n-\lambda|<\varepsilon$. 又因为 $z_n\in W^2(\mathcal{M}_{\pm D}|_{H_1\times H_1})$, 所以 $\lambda\in\overline{W^2(\mathcal{M}_{\pm D}|_{H_1\times H_1})}$.

定理 5.2.5. 设 $\mathcal{M}_{\pm D}$ 为由式 (5.50) 给定的算子, 若 $\nu\in\Omega\subset\mathbb{C}\backslash\overline{W^2(\mathcal{M}_{\pm D}|_{H_1\times H_1})}$ 且 $\nu\in\rho(\mathcal{M}_{\pm D})$, 则 $\Omega\subset\rho(\mathcal{M}_{\pm D})$; 特别地, $\mathbb{C}\setminus\overline{W^2(\mathcal{M}_{\pm D}|_{H_1\times H_1})}$ 的每一个连通区域都包含一个点 $\nu\in\rho(\mathcal{M}_{\pm D})$, 则

$$\sigma(\mathcal{M}_{\pm D})\subset\overline{W^2(\mathcal{M}_{\pm D}|_{H_1\times H_1})}.$$

证明 可参考文献 [26] 中定理 2.5.15 的证明.

5.2.2 具有扇形元素的 $\mathcal{M}_{\pm D}$ 的谱估计

下面讨论 $\mathcal{M}_{\pm D}$ 中具有一致增生的扇形元素 D (见定义 1.1.23) 的情形, 即存在 $k\geqslant 0$, 使得

$$|\mathrm{Im}(Dg,g)|\leqslant k\mathrm{Re}(Dg,g),\ g\in H_1. \tag{5.65}$$

下面通过估计其二次数值域来刻画谱的范围.

首先根据不同空间的范数, 设定如下的参数

$$
\begin{aligned}
\beta_0 &:= \inf_{g\in H_{\frac{1}{2}}\setminus\{0\}} \frac{\mathrm{Re}(Dg,g)_{H_{-\frac{1}{2}}\times H_{\frac{1}{2}}}}{\|g\|^2} \in [0,\infty),\\
\gamma_0 &:= \sup_{g\in H_{\frac{1}{2}}\setminus\{0\}} \frac{\mathrm{Re}(Dg,g)_{H_{-\frac{1}{2}}\times H_{\frac{1}{2}}}}{\|g\|^2} \in [0,\infty),\\
\delta_0 &:= \inf_{g\in H_{\frac{1}{2}}\setminus\{0\}} \frac{\mathrm{Re}(Dg,g)_{H_{-\frac{1}{2}}\times H_{\frac{1}{2}}}}{\|g\|^2_{H_{\frac{1}{2}}}} \in [0,\infty),\\
\mu_0 &:= \inf_{g\in H_{\frac{1}{2}}\setminus\{0\}} \frac{\mathrm{Re}(Dg,g)_{H_{-\frac{1}{2}}\times H_{\frac{1}{2}}}}{\|g\|\|g\|_{H_{\frac{1}{2}}}} \in [0,\infty).
\end{aligned} \tag{5.66}
$$

由引理 5.2.1 知, $\beta_0,\gamma_0,\delta_0,\mu_0$ 满足以下关系

$$
\mu_0^2 \geqslant \beta_0\delta_0, \gamma_0 \geqslant \beta_0 \geqslant a_0\mu_0, \mu_0 \geqslant a_0\delta_0,
$$

其中 $a_0 = \|A_0^{-\frac{1}{2}}\|^{-1}$. 下文中出现的 β,δ,μ 均满足 $\beta\in(0,\beta_0],\delta\in(0,\delta_0]$, $\mu\in(0,\mu_0]$.

注 5.2.1. 根据上式, 结合式 (5.59) 和式 (5.60) 易得

$$
\begin{aligned}
&\min(\mathrm{Re}W(\mathcal{M}_D)) = 0,\ \sup(\mathrm{Re}W(\mathcal{M}_D) = \gamma_0;\\
&\max(\mathrm{Re}W(\mathcal{M}_{-D})) = 0,\ \inf(\mathrm{Re}W(\mathcal{M}_{-D}) = -\gamma_0;\\
&\min(\mathrm{Re}W^2(\mathcal{M}_D|_{H_1\times H_1})) = 0,\ \sup(\mathrm{Re}W^2(\mathcal{M}_D|_{H_1\times H_1})) = \gamma_0;\\
&\max(\mathrm{Re}W^2(\mathcal{M}_{-D}|_{H_1\times H_1})) = 0,\ \sup(\mathrm{Re}W^2(\mathcal{M}_{-D}|_{H_1\times H_1})) = -\gamma_0.
\end{aligned} \tag{5.67}
$$

定理 5.2.6. 设 $\mathcal{M}_{\pm D}$ 为由式 (5.50) 给定的无界线性算子, 且存在 $k\geqslant 0$, 使得

$$
|\mathrm{Im}(Dg,g)| \leqslant k\mathrm{Re}(Dg,g),\ g\in H_1. \tag{5.68}
$$

(i) 若 $\beta_0>0$ 且 $\beta\in(0,\beta_0]$, 则

$$
\sigma(\mathcal{M}_{\pm D}) \subset \{\lambda\in\mathbb{C}|\ \pm\mathrm{Re}\lambda<0, |\mathrm{Im}\lambda|\leqslant h_{\mathrm{i}}(|\mathrm{Re}\lambda|)\}, \tag{5.69}
$$

其中 $h_{\mathrm{i}}(t):[0,\infty)\to[0,\infty)$ 且

$$h_{\mathrm{i}}(t):=\begin{cases}\dfrac{1}{1-\dfrac{2}{\beta}t}kt, & 0\leqslant t<\dfrac{\beta}{2},\\ \infty, & \dfrac{\beta}{2}\leqslant t<\infty.\end{cases}$$

进一步, 若 $\gamma_0<\infty$ 且存在 $\lambda_0\in\rho(\mathcal{M}_{\pm D})$ 使得 $\pm\mathrm{Re}\lambda_0>\gamma_0$, 则

$$\sigma(\mathcal{M})\subset\{\lambda\in\mathbb{C}|\ 0<\pm\mathrm{Re}\lambda\leqslant\gamma_0,\ |\mathrm{Im}\lambda|\leqslant h_{\gamma_0}(|\mathrm{Re}\lambda)|\},$$

其中 $h_{\gamma_0}(t):[0,\infty)\to[0,\infty)$ 且

$$h_{\gamma_0}(t)=\begin{cases}\infty, & 0<t\leqslant\dfrac{\gamma_0}{2},\\ \dfrac{kt}{\dfrac{2}{\gamma_0}t-1}, & \dfrac{\gamma_0}{2}<t<\infty.\end{cases}$$

(ii) 若 $\mu_0>0$ 且 $\mu\in(0,\mu_0]$, 则

$$\sigma(\mathcal{M}_{\pm D})\subset\{\lambda\in\mathbb{C}|\ 0<\pm\mathrm{Re}\lambda\leqslant\gamma_0,|\mathrm{Im}\lambda|\leqslant h_{\mathrm{ii}}(|\mathrm{Re}\lambda|)\},$$

其中

$$h_{\mathrm{ii}}(t):=k_\mu t,\qquad k_\mu^2:=\frac{2}{\mu^2}+\frac{k^2-1}{2}+\sqrt{\left(\frac{2}{\mu^2}+\frac{k^2-1}{2}\right)^2+k^2},$$

并且 $k_\mu\in[0,\infty)$ 满足 $k\leqslant k_\mu\leqslant\sqrt{k^2+\dfrac{4}{\mu^2}}$.

(iii) 若 $\delta_0>0$ 且 $\delta\in(0,\delta_0]$, 则

$$\sigma(\mathcal{M}_{\pm D})\subset\{\lambda\in\mathbb{C}|\ 0<\pm\mathrm{Re}\lambda\leqslant\gamma_0,|\mathrm{Im}\lambda|\leqslant h_{\mathrm{iii}}(|\mathrm{Re}\lambda|)\},$$

其中 $h_{\mathrm{iii}}(t)$ 为函数

$$(y^2+t^2)(y-kt)=\frac{2}{\delta}ty\tag{5.70}$$

关于 y 的最大非负解, 并且满足

$$\begin{aligned}kt\leqslant h_{\mathrm{iii}}(t)&\leqslant\min\left\{kt+\frac{1}{\delta},\frac{kt}{2}+\sqrt{\left(\frac{kt}{2}\right)^2+\frac{2t}{\delta}}\right\}\\&\leqslant kt+\min\left\{\frac{1}{\delta},\sqrt{\frac{2t}{\delta}}\right\},\ t\in[0,\infty).\end{aligned}\tag{5.71}$$

证明 由 $0\in\rho(\mathcal{M}_{\pm D})$ 及定理 5.2.5, 有 $\sigma(\mathcal{M}_{\pm D})\setminus\{0\}\subset W^2(\mathcal{M}_{\pm D}|_{H_1\times H_1})\setminus\{0\}$. 因此对于任意的 $\lambda\in\sigma(\mathcal{M}_{\pm D})\setminus\{0\}\subset W^2(\mathcal{M}_{\pm D}|_{H_1\times H_1})\setminus\{0\}$, 由性质 5.2.2 知, 存在 $(f\ g)^\top\in H_1\times H_1$, $\|f\|_{H_{\frac{1}{2}}}=\|g\|=1$ 使得

$$\lambda^2\mp\lambda(Dg,g)+|(f,g)_{H_{\frac{1}{2}}}|^2=0,$$

于是

$$\mathrm{Re}(Dg,g)=\left(1+\frac{|(f,g)_{H_{\frac{1}{2}}}|^2}{|\lambda|^2}\right)|\mathrm{Re}\lambda|,\tag{5.72}$$

$$\mathrm{Im}(Dg,g)=\left(1-\frac{|(f,g)_{H_{\frac{1}{2}}}|^2}{|\lambda|^2}\right)\mathrm{Im}\lambda.\tag{5.73}$$

(i) 由 $\beta>0$, 易得 $\mathrm{Re}\lambda\neq0$. 不妨设 $\mathrm{Im}\lambda\neq0$ (因为当 $\mathrm{Im}\lambda=0$ 时, 谱包含关系式 (5.69) 显然成立), 由式 (5.72) 与式 (5.73) 得

$$\frac{\mathrm{Re}(Dg,g)}{|\mathrm{Re}\lambda|}+\frac{\mathrm{Im}(Dg,g)}{\mathrm{Im}\lambda}=2,$$

等式两边同乘 $\dfrac{|\mathrm{Re}\lambda|\mathrm{Im}\lambda}{\mathrm{Re}(Dg,g)}$, 得

$$\mathrm{Im}\lambda+\frac{\mathrm{Im}(Dg,g)}{\mathrm{Re}(Dg,g)}|\mathrm{Re}\lambda|=\frac{2|\mathrm{Re}\lambda|\mathrm{Im}\lambda}{\mathrm{Re}(Dg,g)}.\tag{5.74}$$

那么对于 $|\mathrm{Re}\lambda|<\dfrac{\beta}{2}$, 有 $\mathrm{Re}(Dg,g)\geqslant\beta$ 且

$$|\mathrm{Im}\lambda|\leqslant\frac{k|\mathrm{Re}\lambda|}{1-2\dfrac{|\mathrm{Re}\lambda|}{\beta}},$$

因 $h_{\mathrm{i}}(|\mathrm{Re}\lambda|)=\dfrac{k|\mathrm{Re}\lambda|}{1-2\dfrac{|\mathrm{Re}\lambda|}{\beta}}$, 故 $|\mathrm{Im}\lambda|\leqslant h_{\mathrm{i}}(|\mathrm{Re}\lambda|)$, 进而得

$$\sigma(\mathcal{M}_{\pm D})\subset\left\{\lambda\in\mathbb{C}|\ 0<\pm\mathrm{Re}\lambda<\frac{\beta}{2},\ |\mathrm{Im}\lambda|\leqslant h_{\mathrm{i}}(|\mathrm{Re}\lambda|)\right\}.$$

进一步当 $\gamma_0<\infty$, 对于 $\dfrac{\gamma_0}{2}<|\mathrm{Re}\lambda|$, 因 $\mathrm{Re}(Dg,g)\leqslant\gamma_0$, 故由式 (5.74) 可得

$$|\mathrm{Im}\lambda|\leqslant\frac{k|\mathrm{Re}\lambda|}{2\dfrac{|\mathrm{Re}\lambda|}{\gamma_0}-1},$$

由 $h_{\gamma_0}(|\mathrm{Re}\lambda|)=\dfrac{k|\mathrm{Re}\lambda|}{2\dfrac{\mathrm{Re}\lambda}{\gamma_0}-1}$, 得 $|\mathrm{Im}\lambda|\leqslant h_{\gamma_0}(|\mathrm{Re}\lambda|)$, 故

$$\sigma(\mathcal{M}_{\pm D})\subset\{\lambda\in\mathbb{C}|\ 0<\pm\mathrm{Re}\lambda\leqslant\gamma_0,|\mathrm{Im}\lambda|\leqslant h_{\gamma_0}(|\mathrm{Re}\lambda|)\}.$$

(ii) 由 $\mu_0>0$, 有 $|\mathrm{Re}\lambda|\neq0$. 不妨设 $\mathrm{Im}\lambda\neq0$ (同 (i)), 则由式 (5.72) 和式 (5.73) 可得

$$\left(\frac{\mathrm{Re}(Dg,g)}{|\mathrm{Re}\lambda|}\right)^2-\left(\frac{\mathrm{Im}(Dg,g)}{\mathrm{Im}\lambda}\right)^2=4\frac{|(f,g)_{H_{\frac12}}|^2}{|\lambda|^2},$$

等式两边同乘 $\dfrac{|\lambda)|^2}{(\mathrm{Re}(Dg,g))^2}$, 则

$$\frac{|\lambda|^2}{|\mathrm{Re}\lambda|^2}-\frac{|\lambda|^2}{|\mathrm{Im}\lambda|^2}\left(\frac{\mathrm{Re}(Dg,g)}{\mathrm{Im}(Dg,g)}\right)^2=4\left(\frac{|(f,g)_{H_{\frac12}}|}{\mathrm{Re}(Dg,g)}\right)^2,$$

根据 $\|f\|_{H_{\frac12}}=\|g\|=1$ 及 μ_0 的定义, 可估计

$$|(f,g)_{H_{\frac12}}|\leqslant\|g\|_{H_{\frac12}}\leqslant\frac{1}{\mu_0}\mathrm{Re}(Dg,g).$$

从而, 再结合扇形算子 D 的性质, 可推导出

$$1-k^2+\frac{|\mathrm{Im}\lambda|^2}{|\mathrm{Re}\lambda|^2}-\frac{|\mathrm{Re}\lambda|^2}{|\mathrm{Im}\lambda|^2}k^2=\frac{|\lambda|^2}{|\mathrm{Re}\lambda|^2}-\frac{|\lambda|^2}{|\mathrm{Im}\lambda|^2}k^2\leqslant\frac{4}{\mu^2}.$$

故

$$\frac{|\mathrm{Im}\lambda|^2}{|\mathrm{Re}\lambda|^2}(\frac{|\mathrm{Im}\lambda|^2}{|\mathrm{Re}\lambda|^2}+1-k^2-\frac{4}{\mu^2})-k^2\leqslant0,$$

即上式为 $\dfrac{|\mathrm{Im}\lambda|^2}{|\mathrm{Re}\lambda|^2}$ 的二次不等式. 重写 $1-k^2-\dfrac{4}{\mu^2}=-2(\dfrac{2}{\mu^2}+\dfrac{k^2-1}{2})$, 并记

$$k_\mu^2:=\frac{2}{\mu^2}+\frac{k^2-1}{2}+\sqrt{\left(\frac{2}{\mu^2}+\frac{k^2-1}{2}\right)^2+k^2}$$

时, 上述不等式成立当且仅当 $\dfrac{|\mathrm{Im}\lambda|^2}{|\mathrm{Re}\lambda|^2} \leqslant k_\mu^2$. 对于 k_μ^2 的上下界而言, 因 k_μ^2 关于 μ 单调递减且 $\lim\limits_{\mu\to\infty} k_\mu^2 = k^2$, 所以有 $k \leqslant k_\mu$. 又因 $(\dfrac{2}{\mu^2} + \dfrac{k^2-1}{2})^2 + k^2 \leqslant (\dfrac{2}{\mu^2} + \dfrac{k^2-1}{2})^2$, 易得 $k_\mu \leqslant \sqrt{k^2 + \dfrac{4}{\mu^2}}$.

(iii) 因 $\delta_0 > 0$, 故 $|\mathrm{Re}\lambda| \neq 0$. 不妨设 $\mathrm{Im}\lambda \neq 0$ (同 (i)), 根据式 (5.72) 和式 (5.73) 可得

$$\frac{\mathrm{Re}(Dg,g)}{|\mathrm{Re}\lambda|} - \frac{\mathrm{Im}(Dg,g)}{\mathrm{Im}\lambda} = \frac{2|(f,g)_{H_{\frac{1}{2}}}|^2}{|\lambda|^2},$$

等式两边同乘 $\dfrac{|\mathrm{Re}\lambda|\mathrm{Im}\lambda|\lambda|^2}{\mathrm{Re}(Dg,g)}$ 有

$$|\lambda|^2 \left(\mathrm{Im}\lambda \mp \frac{\mathrm{Im}(Dg,g)}{\mathrm{Re}(Dg,g)}|\mathrm{Re}\lambda|\right) = \frac{2|(f,g)_{H_{\frac{1}{2}}}|^2}{\mathrm{Re}(Dg,g)}\mathrm{Im}\lambda|\mathrm{Re}\lambda|.$$

由于 $|(f,g)_{H_{\frac{1}{2}}}|^2 \leqslant \|g\|^2_{H_{\frac{1}{2}}} \leqslant \dfrac{\mathrm{Re}(Dg,g)}{\delta}$, 故有

$$|\lambda|^2(\mathrm{Im}\lambda - k|\mathrm{Re}\lambda|) \leqslant \frac{2}{\delta}\mathrm{Im}\lambda|\mathrm{Re}\lambda|, \tag{5.75}$$

记 $h_{\mathrm{iii}}(t)$ 为函数 $(t^2+y^2)(y-kt) = \dfrac{2}{\delta}ty$ 的最大非负解, 易知式 (5.75) 成立当且仅当 $|\mathrm{Im}\lambda| \leqslant h_{\mathrm{iii}}(|\mathrm{Re}\lambda|)$, 因此

$$\sigma(\mathcal{M}_{\pm D}) \subset \{\lambda \in \mathbb{C}|\ 0 < \pm\mathrm{Re}\lambda < \gamma_0, |\mathrm{Im}\lambda| \leqslant h_{\mathrm{iii}}(|\mathrm{Re}\lambda|)\}.$$

下面对 $h_{\mathrm{iii}}(t)$ 的上下界进行估计. 因 $h_{\mathrm{iii}}(t)$ 为函数 (5.70) 的最大非负解, 显然有 $kt \leqslant h_{\mathrm{iii}}(t)$. 利用 $2ty \leqslant t^2+y^2$, 分别代入等式 (5.70) 的两端, 可以得到 $h_{\mathrm{iii}}(t) \leqslant \min\left\{kt + \dfrac{1}{\delta}, \dfrac{kt}{2} + \sqrt{\left(\dfrac{kt}{2}\right)^2 + \dfrac{2t}{\delta}}\right\}$. 不等式 (5.71) 中最后一个上界的估计是显然的.

下面以 $\mathcal{M}_{-D}$ 为例, 进一步刻画其谱估计问题.

命题 5.2.7. 设 $\mathcal{M}_{-D}$ 为由式 (5.50) 给定的无界线性算子, 若 $\delta_0 > 0$ (因此 $\beta_0 > 0$) 且 $\beta \in (0, \beta_0]$, $\delta \in (0, \delta_0]$, 则

$$\sigma(\mathcal{M}_{-D}) \subset \{\lambda \in \mathbb{C}|\ \mathrm{Re}\lambda < 0, |\mathrm{Re}\lambda| \notin I_0,\ |\mathrm{Im}\lambda| \leqslant h_0(|\mathrm{Re}\lambda|)\},$$

其中

$$I_0 := \begin{cases} \varnothing, & \beta\delta \leqslant 4, \\ \left(\dfrac{\beta}{2}\Big(1-\sqrt{1-\dfrac{4}{\beta\delta}}\Big), \dfrac{\beta}{2}\Big(1+\sqrt{1-\dfrac{4}{\beta\delta}}\Big)\right), & \beta\delta > 4, \end{cases} \tag{5.76}$$

与

$$h_0(t) := \begin{cases} \sqrt{\dfrac{\beta}{\delta}\dfrac{t}{\beta - t} - t^2}, & 0 \leqslant t < \beta, t \notin I_0, \\ \infty, & \beta \leqslant t < \infty. \end{cases}$$

特别地, 当 $\beta\delta > 4$ 时算子 $\mathcal{M}_{-D}$ 存在一个以 $\mathrm{Re}\lambda = -\dfrac{\beta}{2}$ 为中心的条形无谱区域.

证明 同定理 5.2.6 的证明, 对任意 $\lambda \in \sigma(\mathcal{M}_{\pm D}) \setminus \{0\} \subset W^2(\mathcal{M}_{\pm D}|_{H_1\times H_1}) \setminus \{0\}$, 存在 $(f\ g)^\top \in H_1 \times H_1$, $\|f\|_{H_{\frac{1}{2}}} = \|g\| = 1$ 使得

$$\lambda^2 + \lambda(Dg, g) + |(f,g)_{H_{\frac{1}{2}}}|^2 = 0.$$

根据 $|(f,g)_{H_{\frac{1}{2}}}|^2 \leqslant \|g\|^2_{H_{\frac{1}{2}}} \leqslant \dfrac{\mathrm{Re}(Dg,g)}{\delta}$, 可得

$$\mathrm{Re}(Dg,g) = -|(f,g)_{H_{\frac{1}{2}}}|^2 \mathrm{Re}\frac{1}{\lambda} - \mathrm{Re}\lambda \leqslant \Big(\frac{\mathrm{Re}(Dg,g)}{\delta}\frac{1}{|\lambda|^2} + 1\Big)|\mathrm{Re}\lambda|,$$

从而

$$\frac{1}{|\mathrm{Re}\lambda|} \leqslant \frac{1}{\delta|\lambda|^2} + \frac{1}{\mathrm{Re}(Dg,g)}.$$

对于 $\beta > |\mathrm{Re}\lambda| > 0$, 结合 $\mathrm{Re}(Dg,g) \geqslant \beta$, 有

$$\begin{aligned} |\mathrm{Re}\lambda|^2 + |\mathrm{Im}\lambda|^2 = |\lambda|^2 &\leqslant \frac{1}{\delta}\Big(\frac{1}{|\mathrm{Re}\lambda|} - \mathrm{Re}(Dg,g)\Big)^{-1} \\ &\leqslant \frac{1}{\delta}\Big(\frac{1}{|\mathrm{Re}\lambda|} - \frac{1}{\beta}\Big)^{-1} = \frac{1}{\delta}\frac{\beta|\mathrm{Re}\lambda|}{\beta - |\mathrm{Re}\lambda|}, \end{aligned}$$

故 $|\mathrm{Im}\lambda| \leqslant h_0(|\mathrm{Re}\lambda|)$. 特别地, 当 $\beta\delta > 4$ 时, 根据 $|\mathrm{Re}\lambda|^2 \leqslant |\mathrm{Re}\lambda|^2 + |\mathrm{Im}\lambda|^2$, 上述不等式可写为 $|\mathrm{Re}\lambda|(\beta - |\mathrm{Re}\lambda|) \leqslant \dfrac{\beta}{\delta}$, 或 $||\mathrm{Re}\lambda| - \dfrac{\beta}{2}|^2 \geqslant (\dfrac{\beta}{2})^2(1 - \dfrac{4}{\beta\delta}) > 0$. 即 I_0 为算子 $\mathcal{M}_{-D}$ 的以 $\mathrm{Re}\lambda = -\dfrac{\beta}{2}$ 为中心的条形无谱区域.

下面对于 $\mathcal{M}_{-D}$, 分析定理 5.2.6 和命题 5.2.7 中的函数 $h_{\mathrm{i}}(t)$, $h_{\mathrm{ii}}(t)$, $h_{\mathrm{iii}}(t)$, $h_0(t)$ 之间的关系.

注 5.2.2. (i) 先比较 $h_{\mathrm{i}}(t), h_{\mathrm{ii}}(t)$, 为此求出两个曲线交点的 t 值, 并记为 $\lambda_{\mathrm{i,ii}}$, 经计算可得 $\lambda_{\mathrm{i,ii}} = \dfrac{\beta}{2}\Big(1-\dfrac{k}{k_\mu}\Big) \in \Big[0, \dfrac{\beta}{2}\Big]$. 不难验证 $h_{\mathrm{i}}(t) \leqslant h_{\mathrm{ii}}(t)$ 当且仅当 $t \leqslant \lambda_{\mathrm{i,ii}}$.

(ii) 将 $h_{\mathrm{ii}}(t)$ 代入方程 (5.70) 得 $h_{\mathrm{ii}}(t)$, $h_{\mathrm{iii}}(t)$ 的交点, 记为 $\lambda_{\mathrm{ii,iii}}$. 当 $k_\mu > k$ 时, 得 $\lambda_{\mathrm{ii,iii}} = \dfrac{\mu^2}{2\delta}\Big(1+\dfrac{k}{k_\mu}\Big) \in \Big[\dfrac{\beta}{2}, \dfrac{\mu^2}{\delta}\Big)$, 此时 $h_{\mathrm{ii}}(t) \leqslant h_{\mathrm{iii}}(t)$ 当且仅当 $t \leqslant \lambda_{\mathrm{ii,iii}}$. 当 $k_\mu = k = 0$ 时, 因 $h_{\mathrm{ii}}(t) = 0$, 则可视为 $\lambda_{\mathrm{ii,iii}} = \infty$.

(iii) 当 $\beta\delta \leqslant \mu^2$ 时, 易验证 $\lambda_{\mathrm{i,ii}} \leqslant \dfrac{\beta}{2} \leqslant \dfrac{\mu^2}{2\delta} \leqslant \lambda_{\mathrm{ii,iii}}$. 因此, 结合 (i), (ii) 得

$$
\begin{aligned}
h_{\mathrm{i}}(t) \leqslant h_{\mathrm{ii}}(t) \leqslant h_{\mathrm{iii}}(t), \quad & t \in [0, \lambda_{\mathrm{i,ii}}],\\
h_{\mathrm{ii}}(t) \leqslant \min\{h_{\mathrm{i}}(t), h_{\mathrm{iii}}(t)\}, \quad & t \in [\lambda_{\mathrm{i,ii}}, \lambda_{\mathrm{ii,iii}}],\\
h_{\mathrm{iii}}(t) \leqslant h_{\mathrm{ii}}(t) \leqslant h_{\mathrm{i}}(t), \quad & t \in [\lambda_{\mathrm{ii,iii}}, \infty).
\end{aligned} \tag{5.77}
$$

(iv) 当 $\delta > 0$ 时, 对于 $t \in [0, \beta)$, 可验证 $h_0(t) \leqslant h_{\mathrm{ii}}(t)$ 当且仅当 $t \in I_{0,\mu}$, 其中

$$
I_{0,\mu} := \begin{cases} \varnothing, & k_\mu^2 \leqslant \dfrac{4}{\beta\delta} - 1,\\ \left(\dfrac{\beta}{2}\left(1 - \sqrt{1 - \dfrac{4}{\beta\delta}\dfrac{1}{k_\mu^2+1}}\right), \dfrac{\beta}{2}\left(1 + \sqrt{1 - \dfrac{4}{\beta\delta}\dfrac{1}{k_\mu^2+1}}\right)\right), & k_\mu^2 > \dfrac{4}{\beta\delta} - 1. \end{cases} \tag{5.78}
$$

由 $\dfrac{1}{1+k_\mu^2} \leqslant 1$ 可得 $I_0 \subset I_{0,\mu}$, 并且 $I_0 = I_{0,\mu}$ 当且仅当 $k_\mu = 0$. 同时, 由 $\beta\delta < \mu^2$ 可验证 $I_{0,\mu} \subset (\lambda_{\mathrm{i,ii}}, \lambda_{\mathrm{ii,iii}})$, 并 $I_{0,\mu} = (\lambda_{\mathrm{i,ii}}, \lambda_{\mathrm{ii,iii}})$ 当且仅当 $\beta\delta = \mu^2$.

(v) 当以上 (i)、(ii)、(iii) 和 (iv) 中出现的 β, μ, δ 换成 β_0, μ_0, δ_0 时, 结论仍均成立.

下面取一组具体的参数 $k = 0.2$, $\beta = 5$, $\mu = 3.1$, $\delta = 1.05$, 利用 $h_0(t)$、$h_{\mathrm{i}}(t)$、$h_{\mathrm{ii}}(t)$ 和 $h_{\mathrm{iii}}(t)$, 根据式 (5.77) 刻画 $\mathcal{M}_{-D}$ 的谱估计区域, 如图 5.7 所示.

图 5.7 中 $\beta\delta > 4$, $\lambda_{\mathrm{i,ii}} \approx 0.55, \lambda_{\mathrm{ii,iii}} \approx 8.15, s_{\mathrm{ii}} \approx 3.83, I_0 \approx (1.28, 3.72)$, 其中 s_{ii} 为 $I_{0,\mu}$ 的右端点.

例 5.2.1. 考虑流体力学中水平管道 (长度为 1) 内理想的不可压缩流体的横向小振动方程 (5.47), 相应的反三角算子矩阵为

$$
\mathcal{M}_{-D} = \begin{pmatrix} 0 & I \\ -A_0 & -D \end{pmatrix}.
$$

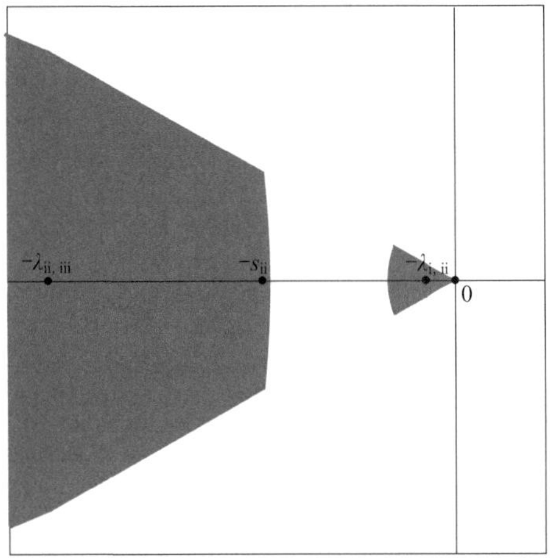

图 5.7　$k = 0.2,\ \beta = 5,\ \mu = 3.1,\ \delta = 1.05$

其中 $A_0 = E\dfrac{\mathrm{d}^4}{\mathrm{d}r^4}$ 为由式 (5.48) 给出的一致正的自伴算子, $D = C\dfrac{\mathrm{d}^4}{\mathrm{d}r^4} + K\dfrac{\mathrm{d}}{\mathrm{d}r}$ 为由式 (5.49) 定义的增生算子. 此时, 易验证 A_0^{-1} 紧算子, 且

$$A_0^{\frac{1}{2}} = -E\frac{\mathrm{d}^2}{\mathrm{d}r^2},\quad H_{\frac{1}{2}} = \mathcal{D}(A_0^{\frac{1}{2}}) = \{x \in H^2(0,1) : x(0) = x(1) = 0\}. \tag{5.79}$$

这里 Hilbert 空间 $H_{\frac{1}{2}}$ 中的内积和范数如下:

$$(x,v)_{H_{\frac{1}{2}}} = E(x'',v''),\quad \|x\|_{H_{\frac{1}{2}}} \geqslant E\pi^4|x|^2,\quad x,v \in H_{\frac{1}{2}}, \tag{5.80}$$

此时, $a_0 = \sqrt{E}\pi^2$. 进一步, 对于 $x \in H_{\frac{1}{2}}$, 有

$$\mathrm{Re}(Dx,x)_{H_{-\frac{1}{2}}\times H_{\frac{1}{2}}} = C(x'',x'') = \frac{C}{E}\|x\|_{H_{\frac{1}{2}}}^2 \geqslant \frac{C}{\sqrt{E}}\pi^2\|x\|_{H_{\frac{1}{2}}}\|x\| \geqslant C\pi^4\|x\|^2. \tag{5.81}$$

根据式 (5.66), 可得

$$\beta_0 = C\pi^4,\quad \gamma_0 = \infty,\quad \delta_0 = \frac{C}{E},\quad \mu_0 = \frac{C}{\sqrt{E}}\pi^2.$$

下面讨论 k 的取值. 设 $x \in H_{\frac{1}{2}}$, 由

$$\|x'\|^2 = (x',x') = -(x'',x) \leqslant \|x''\|\|x\|, \tag{5.82}$$

及 $\|x\| \leqslant \dfrac{1}{\pi^2}\|x''\|$, 可推得

$$\begin{aligned}|\mathrm{Im}(Dx,x)_{H_{-\frac{1}{2}}\times H_{\frac{1}{2}}}| &= K|(x',x)| \leqslant K\|x''\|^{1/2}\|x\|^{3/2}\\ &\leqslant \frac{K}{\pi^3}\|x''\|^2 = \frac{K}{C\pi^3}\mathrm{Re}(Dx,x)_{H_{-\frac{1}{2}}\times H_{\frac{1}{2}}},\end{aligned} \tag{5.83}$$

故 k 可取为 $k = \dfrac{K}{C\pi^3}$.

注意到 $\mu_0^2 = \beta_0\delta_0$, 则根据注 5.2.2 知 $I_{0,\mu} = (\lambda_{\mathrm{i,ii}}, \lambda_{\mathrm{ii,iii}})$, 其中 $\lambda_{\mathrm{i,ii}} = \dfrac{\beta_0}{2}(1 - \dfrac{k}{k_{\mu_0}})$, $\lambda_{\mathrm{ii,iii}} = \dfrac{\beta_0}{2}(1 + \dfrac{k}{k_{\mu_0}})$. 因此

$$\sigma(\mathcal{M}_{-D}) \subset \{\lambda \in \mathbb{C} | \mathrm{Re}\lambda < 0, |\mathrm{Re}\lambda - \frac{\beta_0}{2}| \geqslant (\frac{\beta_0}{2})^2(1 - \frac{4}{\beta_0\delta_0}), |\mathrm{Im}\lambda| \leqslant h(|\mathrm{Re}\lambda|)\},$$

其中

$$h(t) := \begin{cases} h_{\mathrm{i}}(t), & 0 \leqslant t < \lambda_{\mathrm{i,ii}},\\ h_0(t), & \lambda_{\mathrm{i,ii}} \leqslant t \leqslant \lambda_{\mathrm{ii,iii}},\\ h_{\mathrm{iii}}(t), & \lambda_{\mathrm{ii,iii}} \leqslant t < \infty. \end{cases}$$

特别地, 若 $\beta_0\delta_0 > 4$, 即 $C > \dfrac{2\sqrt{E}}{\pi^2}$, 则

$$I_0 = \Big(-\frac{C\pi^4}{2}(1 + \sqrt{1 - \frac{4E}{C^2\pi^4}}), -\frac{C\pi^4}{2}(1 - \sqrt{1 - \frac{4E}{C^2\pi^4}})\Big)$$

为 $\mathcal{M}_{-D}$ 的无谱条形区域.

上述几个谱估计结果中出现的参数 β, μ 和 δ 均相互独立, 下面结合以上三个参数, 给出算子矩阵 $\mathcal{M}_{-D}$ 谱估计的新结果.

定理 5.2.8. 设 $\mathcal{M}_{-D}$ 为由式 (5.50) 给定的无界算子, 假设存在 $k \geqslant 0$, 使得

$$|\mathrm{Im}(Dg,g)| \leqslant k\mathrm{Re}(Dg,g), \ g \in H_1. \tag{5.84}$$

若 $\delta_0 > 0$ (因此 $\mu_0 > 0, \beta_0 > 0$) 且 $\beta \in (0,\beta_0]$, $\delta \in (0,\delta_0]$, $\mu \in (0,\mu_0]$, 则

$$\sigma(\mathcal{M}_{-D}) \subset \{\lambda \in \mathbb{C} | -\gamma_0 \leqslant \mathrm{Re}\lambda < 0, |\mathrm{Im}\lambda| \leqslant h_{\mathrm{iv}}(|\mathrm{Re}\lambda|)\},$$

其中 $h_{\mathrm{iv}}(t)$ 为函数

$$(y^2+t^2)^3(y^6-k^6t^6)=\frac{12t^6y^6(y^2+t^2)^2}{\beta^4\mu^2}+\frac{4t^6y^6}{\delta^3}\left(\frac{3k^2}{\beta y^2}+\frac{6}{\beta\mu^2(y^2+t^2)}+\frac{7}{\beta^3}\right) \tag{5.85}$$

关于 y 的最大非负解, 并且满足 $kt\leqslant h_{\mathrm{iv}}(t), t\in[0,\infty)$.

证明 设 $\lambda\in W^2(\mathcal{M}_{-D}|_{H_1\times H_1})\backslash\{0\}$, 由注 5.2.1 可得 $-\gamma_0\leqslant \mathrm{Re}\lambda<0$ 且存在 $(f\ g)^\top\in H_1\times H_1, \|f\|_{H_{1/2}}=\|g\|=1$, 使得

$$\det((\mathcal{M}_{-D})_{f,g}-\lambda)=\lambda^2+\lambda(Dg,g)+|(f,g)_{H_{1/2}}|^2=0,$$

于是

$$\mathrm{Re}(Dg,g)=\Big(\frac{|(f,g)_{H_{1/2}}|^2}{|\lambda|^2}+1\Big)|\mathrm{Re}\lambda|, \tag{5.86}$$

$$\mathrm{Im}(Dg,g)=\Big(\frac{|(f,g)_{H_{1/2}}|^2}{|\lambda|^2}-1\Big)\mathrm{Im}\lambda. \tag{5.87}$$

由 $\beta_0>0$ 且 $\beta\in(0,\beta_0]$, 易知 $|\mathrm{Re}\lambda|\neq0$. 不妨设 $\mathrm{Im}\lambda\neq0$ ($\mathrm{Im}\lambda=0$ 时结论显然成立), 由式 (5.86) 和式 (5.87) 可得

$$\frac{\mathrm{Re}(Dg,g)}{|\mathrm{Re}\lambda|}=\frac{|(f,g)_{H_{1/2}}|^2}{|\lambda|^2}+1, \tag{5.88}$$

$$\frac{\mathrm{Im}(Dg,g)}{\mathrm{Im}\lambda}=\frac{|(f,g)_{H_{1/2}}|^2}{|\lambda|^2}-1. \tag{5.89}$$

进一步结合式 (5.88) 和式 (5.89), 有

$$\begin{aligned}
&\Big(\frac{\mathrm{Re}(Dg,g)}{|\mathrm{Re}\lambda|}\Big)^6-\Big(\frac{\mathrm{Im}(Dg,g)}{\mathrm{Im}\lambda}\Big)^6\\
=&12\frac{|(f,g)_{H_{1/2}}|^2}{|\lambda|^2}+40\Big(\frac{|(f,g)_{H_{1/2}}|^2}{|\lambda|^2}\Big)^3+12\Big(\frac{|(f,g)_{H_{1/2}}|^2}{|\lambda|^2}\Big)^5\\
=&12\frac{|(f,g)_{H_{1/2}}|^2}{|\lambda|^2}+4\left(\frac{|(f,g)_{H_{1/2}}|^2}{|\lambda|^2}\right)^3\left(3\left(\frac{|(f,g)_{H_{1/2}}|^2}{|\lambda|^2}\right)^2+10\right)\\
=&12\frac{|(f,g)_{H_{1/2}}|^2}{|\lambda|^2}+4\left(\frac{|(f,g)_{H_{1/2}}|^2}{|\lambda|^2}\right)^3\left(3\left(\frac{|(f,g)_{H_{1/2}}|^2}{|\lambda|^2}-1\right)^2+6\frac{|(f,g)_{H_{1/2}}|^2}{|\lambda|^2}+7\right)\\
=&12\frac{|(f,g)_{H_{1/2}}|^2}{|\lambda|^2}+4\left(\frac{|(f,g)_{H_{1/2}}|^2}{|\lambda|^2}\right)^3\left(3\Big(\frac{\mathrm{Im}(Dg,g)}{\mathrm{Im}\lambda}\Big)^2+6\frac{|(f,g)_{H_{1/2}}|^2}{|\lambda|^2}+7\right).
\end{aligned} \tag{5.90}$$

为了后续计算的简便, 令 $t := |\mathrm{Re}\lambda|, y := \mathrm{Im}\lambda$. 在式 (5.90) 两边同乘 $\dfrac{|\lambda|^6 t^6 y^6}{(\mathrm{Re}(Dg,g))^6}$, 可得

$$|\lambda|^6\left(y^6-\Big(\frac{\mathrm{Im}(Dg,g)}{\mathrm{Re}(Dg,g)}\Big)^6 t^6\right)=\frac{12|\lambda|^4t^6y^6}{(\mathrm{Re}(Dg,g))^4}\frac{|(f,g)_{H_{1/2}}|^2}{(\mathrm{Re}(Dg,g))^2}+4t^6y^6\Big(\frac{|(f,g)_{H_{1/2}}|^2}{\mathrm{Re}(Dg,g)}\Big)^3\cdot$$

$$\left(3\Big(\frac{\mathrm{Im}(Dg,g)}{\mathrm{Re}(Dg,g)}\Big)^2\frac{1}{y^2\mathrm{Re}(Dg,g)}+\frac{6}{|\lambda|^2}\frac{|(f,g)_{H_{1/2}}|^2}{(\mathrm{Re}(Dg,g))^2}\frac{1}{\mathrm{Re}(Dg,g)}+\frac{7}{(\mathrm{Re}(Dg,g))^3}\right).$$

由 $\|f\|_{H_{1/2}}=1$ 知 $|(f,g)_{H_{1/2}}|^2\leqslant\|g\|^2_{H_{1/2}}$, 再结合式 (5.66) 和式 (5.84), 有

$$|\lambda|^6\left(y^6-k^6t^6\right)\leqslant\frac{12t^6y^6|\lambda|^4}{\beta^4\mu^2}+\frac{4t^6y^6}{\delta^3}\Big(\frac{3k^2}{\beta y^2}+\frac{6}{\beta\mu^2|\lambda|^2}+\frac{7}{\beta^3}\Big),\tag{5.91}$$

即

$$(y^2+t^2)^3(y^6-k^6t^6)\leqslant\frac{12t^6y^6(y^2+t^2)^2}{\beta^4\mu^2}+\frac{4t^6y^6}{\delta^3}\left(\frac{3k^2}{\beta y^2}+\frac{6}{\beta\mu^2(y^2+t^2)}+\frac{7}{\beta^3}\right).$$

记 $h_{\mathrm{iv}}(t)$ 为函数

$$(y^2+t^2)^3(y^6-k^6t^6)=\frac{12t^6y^6(y^2+t^2)^2}{\beta^4\mu^2}+\frac{4t^6y^6}{\delta^3}\left(\frac{3k^2}{\beta y^2}+\frac{6}{\beta\mu^2(y^2+t^2)}+\frac{7}{\beta^3}\right)$$

关于 y 的最大非负解, 则不等式 (5.91) 成立当且仅当 $|\mathrm{Im}\lambda|\leqslant h_{\mathrm{iv}}(|\mathrm{Re}\lambda|)$. 再由 $0\in\rho(\mathcal{M}_{-D})$ 及定理 5.2.5, 有

$$\sigma(\mathcal{M}_{-D})\subset\{\lambda\in\mathbb{C}:-\gamma_0\leqslant\mathrm{Re}\lambda<0,|\mathrm{Im}\lambda|\leqslant h_{\mathrm{iv}}(|\mathrm{Re}\lambda|)\}.$$

下面取一组具体的参数: $k=0.2,\beta=5,\mu=3.1,\delta=1.05$, 应用定理 5.2.8 给出算子 $\mathcal{M}_{-D}$ 谱的估计范围, 如图 5.8 所示.

为了比较定理 5.2.8 与前述谱估计范围之间的精确程度, 需要计算出定理 5.2.6 中谱分布范围的边界曲线与定理 5.2.8 中谱估计的边界曲线的交点. 为了后续计算中符号的简洁, 先将定理 5.2.6 中的条件 $\mu^2\geqslant\beta\delta, 0<k\leqslant k_\mu$ 重新标记, 令 $x:=\dfrac{\beta\delta}{\mu^2}, z:=\dfrac{k}{k_\mu}$, 则以上的两个条件分别为 $0<x\leqslant1, 0<z\leqslant1$. 而当 $\mu\to\infty$ 时, $z=1$, 除此之外均 $z\neq1$. 所以下面假设 $0<z<1$. 这时注 5.2.2 中的 $\lambda_{\mathrm{i,ii}}$ 可以改写为

$$\lambda_{\mathrm{i,ii}}=\frac{\beta}{2}(1-z)\in\Big[0,\frac{\beta}{2}\Big],$$

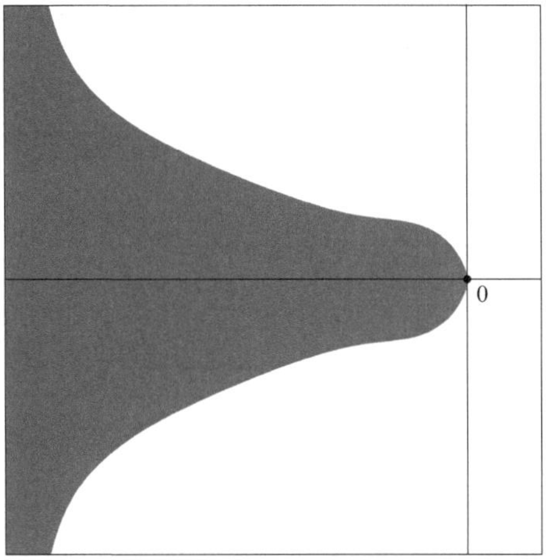

图 5.8　定理 5.2.8　$k=0.2, \beta=5, \mu=3.1, \delta=1.05$

若 $z<1$, 则

$$\lambda_{\mathrm{ii,iii}}=\frac{\mu^2}{2\delta}\big(1+z\big)\in\big[\frac{\beta}{2},\frac{\mu^2}{\delta}\big),$$

其中 $\lambda_{\mathrm{i,ii}}, \lambda_{\mathrm{ii,iii}}$ 分别为 $h_{\mathrm{ii}}(t)$ 与 $h_{\mathrm{i}}(t)$ 和 $h_{\mathrm{iii}}(t)$ 的交点. 再由式

$$k_\mu^2=\frac{2}{\mu^2}+\frac{k^2-1}{2}+\sqrt{\big(\frac{2}{\mu^2}+\frac{k^2-1}{2}\big)^2+k^2}$$

得

$$k_\mu^2\big(k_\mu^2+1-k^2-\frac{4}{\mu^2}\big)-k^2=k_\mu^4+k_\mu^2-k_\mu^2k^2-\frac{4}{\mu^2}k_\mu^2-k^2=(k_\mu^2+1)(k_\mu^2-k^2)-\frac{4}{\mu^2}k_\mu^2=0,$$

即

$$\frac{1}{k_\mu^2+1}=\frac{\mu^2}{4}\big(1-(\frac{k}{k_\mu})^2\big)=\frac{\mu^2}{4}(1-z^2). \tag{5.92}$$

所以 $I_{0,\mu}$ 也可记为

$$I_{0,\mu}=\begin{cases}\varnothing, & x\leqslant 1-z^2,\\ \Big(\frac{\beta}{2}(1-\sqrt{1-\frac{1-z^2}{x}}),\frac{\beta}{2}(1+\sqrt{1-\frac{1-z^2}{x}})\Big), & x>1-z^2.\end{cases}$$

同时记 $I_{0,\mu}$ 的左右端点分别为 $s_{\mathrm{i}}, s_{\mathrm{ii}}$, 即

$$s_{\mathrm{i}}:=I_{0,\mu}^-=\frac{\beta}{2}\Big(1-\sqrt{1-\frac{1-z^2}{x}}\Big),$$

$$s_{\mathrm{ii}} := I_{0,\mu}^{+} = \frac{\beta}{2}\Big(1 + \sqrt{1 - \frac{1 - z^2}{x}}\Big).$$

下面将定理 5.2.6 (ii) 中的 $h_{\mathrm{ii}}(t)$ 与定理 5.2.8 中的 $h_{\mathrm{iv}}(t)$ 的交点记为 $t_{\mathrm{i}}, t_{\mathrm{ii}}$，如下 (具体计算过程见定理 5.2.9 的证明)

$$t_{\mathrm{i}} := \sqrt{2\cos\big(\frac{\theta}{3} + \frac{\pi}{3}\big)\sqrt{\frac{\beta^4(1+z^2+z^4)}{9} - \frac{7\beta\mu^6(1-z^2)^2}{144\delta^3}}},$$

$$t_{\mathrm{ii}} := \sqrt{2\sin\big(\frac{\theta}{3} + \frac{\pi}{6}\big)\sqrt{\frac{\beta^4(1+z^2+z^4)}{9} - \frac{7\beta\mu^6(1-z^2)^2}{144\delta^3}}},$$

其中 $\theta =: \arccos T, T := \sqrt{\dfrac{729x^3\big(\frac{1+z^2}{1-z^2}\big)^2}{\Big(\frac{16x^3(1+z^2+z^4)}{(1-z^2)^2} - 7\Big)^3}}$, 以及记

$$\Delta_1 = 729x^3\Big(\frac{1+z^2}{1-z^2}\Big)^2 + \Big(7 - \frac{16x^3(1+z^2+z^4)}{(1-z^2)^2}\Big)^3.$$

定理 5.2.9. 设 $\mathcal{M}_{-D}$ 为由式 (5.50) 给定的无界算子, 且存在 $k \geqslant 0$, 使得

$$|\mathrm{Im}(Dg, g)| \leqslant k\mathrm{Re}(Dg, g),\ \ g \in H_1.$$

若 $\delta_0 > 0$ (因此 $\mu_0 > 0, \beta_0 > 0$) 且 $\beta \in (0, \beta_0]$, $\delta \in (0, \delta_0]$, $\mu \in (0, \mu_0]$, $\Delta_1 < 0$, 则

$$\sigma(\mathcal{A}) \subset \Big\{\lambda \in \mathbb{C} \big| -\gamma_0 \leqslant \mathrm{Re}\lambda < 0, |\mathrm{Re}\lambda| \notin I_0, |\mathrm{Im}\lambda| \leqslant \tilde{h}(|\mathrm{Re}\lambda|)\Big\},$$

其中

$$\tilde{h}(|\mathrm{Re}\lambda|) = \begin{cases} h_{\mathrm{i}}(|\mathrm{Re}\lambda|), & |\mathrm{Re}\lambda| \in [0, \lambda_{\mathrm{i,ii}}] \\ h_{\mathrm{ii}}(|\mathrm{Re}\lambda|), & |\mathrm{Re}\lambda| \in (\lambda_{\mathrm{i,ii}}, s_{\mathrm{i}}] \\ \min\{h_0(|\mathrm{Re}\lambda|),\ h_{\mathrm{iv}}(|\mathrm{Re}\lambda|)\}, & |\mathrm{Re}\lambda| \in I_{0,\mu} \setminus I_0 \\ h_{\mathrm{iv}}(|\mathrm{Re}\lambda|), & |\mathrm{Re}\lambda| \in [s_{\mathrm{ii}}, t_{\mathrm{ii}}) \\ h_{\mathrm{ii}}(|\mathrm{Re}\lambda|), & |\mathrm{Re}\lambda| \in [t_{\mathrm{ii}}, \lambda_{\mathrm{ii,iii}}) \\ h_{\mathrm{iii}}(|\mathrm{Re}\lambda|), & |\mathrm{Re}\lambda| \in [\lambda_{\mathrm{ii,iii}}, \gamma_0) \end{cases},$$

I_0 同命题 5.2.7 中的式 (5.76).

证明 为了求函数 $h_{\rm ii}(t)$ 与 $h_{\rm iv}(t)$ 的交点, 将 $y = h_{\rm ii}(t) = k_\mu t$ 代入式 (5.85), 得

$$\frac{12(k_\mu^2+1)^2}{\beta^4\mu^2}t^6 + \left(\frac{28}{\beta^3\delta^3} - \left(k_\mu^2+1\right)^3\left(1-\frac{k^6}{k_\mu^6}\right)\right)t^2 + \frac{24}{\beta\delta^3\mu^2(k_\mu^2+1)} + \frac{12k^2}{\beta\delta^3k_\mu^2} = 0. \tag{5.93}$$

由式 (5.92) 可得

$$k_\mu^2 + 1 = \frac{4}{\mu^2}\frac{k_\mu^2}{k_\mu^2-k^2} = \frac{4}{\mu^2}\frac{1}{1-z^2}. \tag{5.94}$$

再结合式 (5.93), 式 (5.94), 并令 $v := t^2$, 得

$$\frac{96}{\beta^4\mu^6(1-z^2)^2}v^3 + \left(\frac{14}{\beta^3\delta^3} - \frac{32(1+z^2+z^4)}{\mu^6(1-z^2)^2}\right)v + \frac{3(1+z^2)}{\beta\delta^3} = 0, \tag{5.95}$$

显然, 式 (5.95) 为关于 v 的一元三次方程.

接下来, 利用盛金公式求解关于 v 的一元三次方程. 首先令系数分别为

$$\begin{aligned}
a &:= \frac{96}{\beta^4\mu^6(1-z^2)^2},\\
b &:= 0,\\
c &:= \frac{14}{\beta^3\delta^3} - \frac{32(1+z^2+z^4)}{\mu^6(1-z^2)^2},\\
d &:= \frac{3(1+z^2)}{\beta\delta^3}.
\end{aligned}$$

并令

$$A := b^2 - 3ac,\ B := bc - 9ad,\ C := c^2 - 3bd,$$

以及记总判别式为

$$\Delta := B^2 - 4AC,$$

则代入并整理得

$$\begin{aligned}
A &= -3ac = -3\,\frac{96}{\beta^4\mu^6(1-z^2)^2}\,\left(\frac{14}{\beta^3\delta^3} - \frac{32(1+z^2+z^4)}{\mu^6(1-z^2)^2}\right),\\
B &= -9ad = -9\,\frac{96}{\beta^4\mu^6(1-z^2)^2}\,\frac{3(1+z^2)}{\beta\delta^3},\\
C &= c^2 = \left(\frac{14}{\beta^3\delta^3} - \frac{32(1+z^2+z^4)}{\mu^6(1-z^2)^2}\right)^2,
\end{aligned}$$

且总判别式

$$\Delta=81\left(\frac{96}{\beta^4\mu^6(1-z^2)^2}\frac{3(1+z^2)}{\beta\delta^3}\right)^2+12\frac{96}{\beta^4\mu^6(1-z^2)^2}\left(\frac{14}{\beta^3\delta^3}-\frac{32(1+z^2+z^4)}{\mu^6(1-z^2)^2}\right)^3.$$

根据盛金公式的判别方法, 要使函数 $h_{\mathrm{ii}}(t)$ 与 $h_{\mathrm{iv}}(t)$ 有三个不同交点, 即使得方程 (5.95) 有三个不同的实根当且仅当 $\Delta<0$, 即

$$81\left(\frac{96}{\beta^4\mu^6(1-z^2)^2}\frac{3(1+z^2)}{\beta\delta^3}\right)^2+12\frac{96}{\beta^4\mu^6(1-z^2)^2}\left(\frac{14}{\beta^3\delta^3}-\frac{32(1+z^2+z^4)}{\mu^6(1-z^2)^2}\right)^3<0. \tag{5.96}$$

由于总判别式 Δ 的表达式较复杂, 下面首先简化总判别式 Δ. 由 $\delta_0>0$ 有 $\mu_0>0,\beta_0>0$, 且又 $(1-z^2)^2>0$, 从而 $a>0$. 所以对式 (5.96) 两边同乘 $\dfrac{\beta^9\delta^9}{96a}$ 可得

$$729x^3\Big(\frac{1+z^2}{1-z^2}\Big)^2+\Big(7-\frac{16x^3\big(1+z^2+z^4\big)}{(1-z^2)^2}\Big)^3<0, \tag{5.97}$$

此时总判别式 $\Delta<0$ 等价于

$$\Big(7-\frac{16x^3\big(1+z^2+z^4\big)}{(1-z^2)^2}\Big)^3<-729x^3\Big(\frac{1+z^2}{1-z^2}\Big)^2.$$

由于 $x>0,(\dfrac{1+z^2}{1-z^2})^2>0$, 则

$$7-\frac{16x^3\big(1+z^2+z^4\big)}{(1-z^2)^2}<0,$$

对上式两边同乘 $\dfrac{2}{\beta^3\delta^3}$ 有

$$\frac{14}{\beta^3\delta^3}-\frac{32x^3(1+z^2+z^4)}{\beta^3\delta^3(1-z^2)^2}=\frac{14}{\beta^3\delta^3}-\frac{32(1+z^2+z^4)}{\mu^6(1-z^2)^2}<0,$$

即 $c<0$, 因此 $A>0$.

又

$$\begin{aligned}T:&=\frac{2Ab-3aB}{2\sqrt{A^3}}=\frac{-3aB}{2\sqrt{A^3}}=\frac{27a^2d}{2\sqrt{-27a^3c^3}}=\frac{\sqrt{27}}{2}\sqrt{-\frac{ad^2}{c^3}}\\&=\frac{\sqrt{27}}{2}\sqrt{-\frac{\frac{96}{\beta^4\mu^6(1-z^2)^2}\left(\frac{3(1+z^2)}{\beta\delta^3}\right)^2}{\left(\frac{14}{\beta^3\delta^3}-\frac{32(1+z^2+z^4)}{\mu^6(1-z^2)^2}\right)^3}}=\sqrt{\frac{729x^3\Big(\frac{1+z^2}{1-z^2}\Big)^2}{\Big(\frac{16x^3\big(1+z^2+z^4\big)}{(1-z^2)^2}-7\Big)^3}}.\end{aligned}$$

由式 (5.97) 易得

$$0<\frac{729x^3\Big(\dfrac{1+z^2}{1-z^2}\Big)^2}{\Big(\dfrac{16x^3\left(1+z^2+z^4\right)}{(1-z^2)^2}-7\Big)^3}<1,$$

即 $0<T<1$.

根据盛金公式, 求解式 (5.95) 得三个不同的实根, 分别为

$$\begin{aligned}
v_{\mathrm{i}}&:=\frac{-b+\sqrt{A}\big(\cos\dfrac{\theta}{3}-\sqrt{3}\sin\dfrac{\theta}{3}\big)}{3a}=\frac{2\sqrt{A}}{3a}\cos\big(\frac{\theta}{3}+\frac{\pi}{3}\big),\\
v_{\mathrm{ii}}&:=\frac{-b+\sqrt{A}\big(\cos\dfrac{\theta}{3}+\sqrt{3}\sin\dfrac{\theta}{3}\big)}{3a}=\frac{2\sqrt{A}}{3a}\sin\big(\frac{\theta}{3}+\frac{\pi}{6}\big),\\
v_{\mathrm{iii}}&:=\frac{-b-2\sqrt{A}\cos\dfrac{\theta}{3}}{3a}=\frac{-2\sqrt{A}}{3a}\cos\frac{\theta}{3}.
\end{aligned}$$

其中

$$\begin{aligned}
\frac{\sqrt{A}}{3a}=\frac{\sqrt{-3ac}}{3a}=\sqrt{\frac{-c}{3a}}&=\sqrt{\frac{\dfrac{32(1+z^2+z^4)}{\mu^6(1-z^2)^2}-\dfrac{14}{\beta^3\delta^3}}{\dfrac{288}{\beta^4\mu^6(1-z^2)^2}}}\\
&=\sqrt{\frac{\beta^4(1+z^2+z^4)}{9}-\frac{7\beta\mu^6(1-z^2)^2}{144\delta^3}},
\end{aligned}$$

即

$$\begin{aligned}
v_{\mathrm{i}}&=2\cos\big(\frac{\theta}{3}+\frac{\pi}{3}\big)\sqrt{\frac{\beta^4(1+z^2+z^4)}{9}-\frac{7\beta\mu^6(1-z^2)^2}{144\delta^3}},\\
v_{\mathrm{ii}}&=2\sin\big(\frac{\theta}{3}+\frac{\pi}{6}\big)\sqrt{\frac{\beta^4(1+z^2+z^4)}{9}-\frac{7\beta\mu^6(1-z^2)^2}{144\delta^3}},\\
v_{\mathrm{iii}}&=-2\cos\frac{\theta}{3}\sqrt{\frac{\beta^4(1+z^2+z^4)}{9}-\frac{7\beta\mu^6(1-z^2)^2}{144\delta^3}}.
\end{aligned}$$

因 $v=t^2$, 则有

$$\begin{aligned} t_{\mathrm{i}} &= \sqrt{v_{\mathrm{i}}} = \sqrt{2\cos\left(\frac{\theta}{3}+\frac{\pi}{3}\right)\sqrt{\frac{\beta^4(1+z^2+z^4)}{9}-\frac{7\beta\mu^6(1-z^2)^2}{144\delta^3}}},\\ t_{\mathrm{ii}} &= \sqrt{v_{\mathrm{ii}}} = \sqrt{2\sin\left(\frac{\theta}{3}+\frac{\pi}{6}\right)\sqrt{\frac{\beta^4(1+z^2+z^4)}{9}-\frac{7\beta\mu^6(1-z^2)^2}{144\delta^3}}},\\ t_{\mathrm{iii}} &= \sqrt{v_{\mathrm{iii}}} = \sqrt{-2\cos\frac{\theta}{3}\sqrt{\frac{\beta^4(1+z^2+z^4)}{9}-\frac{7\beta\mu^6(1-z^2)^2}{144\delta^3}}}. \end{aligned} \tag{5.98}$$

其中 $\theta=\arccos T$. 由 $0<T<1$ 知 $0<\theta<\dfrac{\pi}{2}$, 就有 $0<\dfrac{\theta}{3}<\dfrac{\pi}{6}$, 从而 $\cos\dfrac{\theta}{3}>0$, 即 $v_{\mathrm{iii}}<0$. 这样 v_{iii} 在式 (5.98) 中无意义, 因此排除 v_{iii}. 故只考虑正实根 t_{i} 与 t_{ii}. 显然, $0<\cos\left(\dfrac{\theta}{3}+\dfrac{\pi}{3}\right)<\dfrac{1}{2}$, $\dfrac{1}{2}<\sin\left(\dfrac{\theta}{3}+\dfrac{\pi}{6}\right)<\dfrac{\sqrt{3}}{2}$, 则 $t_{\mathrm{i}}<t_{\mathrm{ii}}$. 此外, $h_{\mathrm{iv}}(t)\leqslant h_{\mathrm{ii}}(t)$ 当且仅当 $t_{\mathrm{i}}\leqslant t\leqslant t_{\mathrm{ii}}$, 即 $h_{\mathrm{iv}}(|\mathrm{Re}\lambda|)\leqslant h_{\mathrm{ii}}(|\mathrm{Re}\lambda|)$ 当且仅当 $t_{\mathrm{i}}\leqslant|\mathrm{Re}\lambda|\leqslant t_{\mathrm{ii}}$.

根据注 5.2.2 知, 若 $k_\mu>k$, 则有

$$\begin{aligned} &h_0(t)\leqslant h_{\mathrm{ii}}(t)=k_\mu t \Longleftrightarrow t\in I_{0,\mu},\\ &h_{\mathrm{i}}(t)\leqslant h_{\mathrm{ii}}(t)\leqslant h_{\mathrm{iii}}(t), t\in[0,\lambda_{\mathrm{i,ii}}],\\ &h_{\mathrm{ii}}(t)\leqslant \min\{h_{\mathrm{i}}(t),h_{\mathrm{iii}}(t)\}, t\in[\lambda_{\mathrm{i,ii}},\lambda_{\mathrm{ii,iii}}],\\ &h_{\mathrm{iii}}(t)\leqslant h_{\mathrm{ii}}(t)\leqslant h_{\mathrm{i}}(t), t\in[\lambda_{\mathrm{ii,iii}},\gamma_0). \end{aligned}$$

接下来, 为了比较 $h_{\mathrm{iv}}(t)$ 与以上几个函数之间的关系, 依次比较交点 t_{i} 与 s_{i} 和 $\lambda_{\mathrm{i,ii}}$ 的大小以及 t_{ii} 与 $\lambda_{\mathrm{ii,iii}}$, s_{ii} 的大小关系.

首先比较 t_{i} 与 s_{i} 和 $\lambda_{\mathrm{i,ii}}$ 的大小.

记 $F:=t_{\mathrm{i}}^4-s_{\mathrm{i}}^4$, 则

$$\begin{aligned} F&=4\cos^2\left(\frac{\theta}{3}+\frac{\pi}{3}\right)\left(\frac{\beta^4(1+z^2+z^4)}{9}-\frac{7\beta\mu^6(1-z^2)^2}{144\delta^3}\right)-\frac{\beta^4}{16}\left(1-\sqrt{1-\frac{1-z^2}{x}}\right)^4\\ &=\beta^4\left(4\cos^2\left(\frac{\theta}{3}+\frac{\pi}{3}\right)\left(\frac{1+z^2+z^4}{9}-\frac{7(1-z^2)^2}{144x^3}\right)-\frac{1}{16}\left(1-\sqrt{1-\frac{1-z^2}{x}}\right)^4\right). \end{aligned}$$

再记

$$f:=4\cos^2\left(\frac{\theta}{3}+\frac{\pi}{3}\right)\left(\frac{1+z^2+z^4}{9}-\frac{7(1-z^2)^2}{144x^3}\right)-\frac{1}{16}\left(1-\sqrt{1-\frac{1-z^2}{x}}\right)^4.$$

通过计算可得, 函数 f 在 $\Delta_1 < 0$ 的条件下, $x = 1$ 处取得最小值 0, 无其他极值, 从而有 $t_{\rm i} \geqslant s_{\rm i}$. 又因 $s_{\rm i} \geqslant \lambda_{\rm i,ii}$, 因此 $t_{\rm i} \geqslant s_{\rm i} \geqslant \lambda_{\rm i,ii}$.

下面比较 $t_{\rm ii}$ 与 $\lambda_{\rm ii,iii}$ 的大小.

记 $G := t_{\rm ii}^4 - \lambda_{\rm ii,iii}^4$, 则

$$
\begin{aligned}
G &= 4\sin^2\Big(\frac{\theta}{3}+\frac{\pi}{6}\Big)\Big(\frac{\beta^4(1+z^2+z^4)}{9} - \frac{7\beta\mu^6(1-z^2)^2}{144\delta^3}\Big) - \Big(\frac{\mu^2}{2\delta}(1+z)\Big)^4 \\
&= 4\sin^2\Big(\frac{\theta}{3}+\frac{\pi}{6}\Big)\left(\frac{\beta^2\mu^4}{16\delta^2}(1-z^2)^2\Big(\frac{16\beta^2\delta^2(1+z^2+z^4)}{9\mu^4(1-z^2)^2} - \frac{7\mu^2}{9\beta\delta}\Big)\right) - \Big(\frac{\mu^2}{2\delta}(1+z)\Big)^4 \\
&= 4\sin^2\Big(\frac{\theta}{3}+\frac{\pi}{6}\Big)\left(\lambda_{\rm i,ii}^2\lambda_{\rm ii,iii}^2\Big(\frac{16x^2(1+z^2+z^4)}{9(1-z^2)^2} - \frac{7}{9x}\Big)\right) - \Big(\frac{\mu^2}{2\delta}(1+z)\Big)^4 \\
&= \lambda_{\rm i,ii}^2\lambda_{\rm ii,iii}^2\left(4\sin^2\Big(\frac{\theta}{3}+\frac{\pi}{6}\Big)\Big(\frac{16x^2(1+z^2+z^4)}{9(1-z^2)^2} - \frac{7}{9x}\Big) - \Big(\frac{1+z}{x(1-z)}\Big)^2\right).
\end{aligned}
$$

令

$$
g := 4\sin^2\Big(\frac{\theta}{3}+\frac{\pi}{6}\Big)\Big(\frac{16x^2(1+z^2+z^4)}{9(1-z^2)^2} - \frac{7}{9x}\Big) - \Big(\frac{1+z}{x(1-z)}\Big)^2.
$$

不难发现 g 是关于 x 的单调递增函数, 且对于任意的 $z \in (0,1)$, 若 x 无限的接近 1 时, 有 $g \leqslant 0$. 再结合 $\lambda_{\rm i,ii}, \lambda_{\rm ii,iii} > 0$, 就有 $G \leqslant 0$, 即 $t_{\rm ii} \leqslant \lambda_{\rm ii,iii}$.

所以当 $k_\mu > k$ 时, 有

$$
\begin{aligned}
h_{\rm i}(t) \leqslant h_{\rm ii}(t) &\leqslant \min\{h_{\rm iii}(t), h_{\rm iv}(t)\}, \quad t \in [0, \lambda_{\rm i,ii}], \\
h_{\rm ii}(t) &\leqslant \min\{h_{\rm i}(t), h_{\rm iii}(t), h_{\rm iv}(t)\}, \quad t \in [\lambda_{\rm i,ii}, t_{\rm i}], \\
h_{\rm iv}(t) \leqslant h_{\rm ii}(t) &\leqslant \min\{h_{\rm i}(t), h_{\rm iii}(t)\}, \quad t \in [t_{\rm i}, t_{\rm ii}], \\
h_{\rm ii}(t) &\leqslant \min\{h_{\rm i}(t), h_{\rm iii}(t), h_{\rm iv}(t)\}, \quad t \in [t_{\rm ii}, \lambda_{\rm ii,iii}], \\
h_{\rm iii}(t) \leqslant h_{\rm ii}(t) &\leqslant \min\{h_{\rm i}(t), h_{\rm iv}(t)\}, \quad t \in [\lambda_{\rm ii,iii}, \gamma_0).
\end{aligned}
\tag{5.99}
$$

最后, 比较 $t_{\rm ii}$ 与 $s_{\rm ii}$ 的大小.

记 $H := t_{\rm ii}^4 - s_{\rm ii}^4$, 则

$$
\begin{aligned}
H &= 4\sin^2\Big(\frac{\theta}{3}+\frac{\pi}{6}\Big)\Big(\frac{\beta^4(1+z^2+z^4)}{9} - \frac{7\beta\mu^6(1-z^2)^2}{144\delta^3}\Big) - \frac{\beta^4}{16}\Big(1+\sqrt{1-\frac{1-z^2}{x}}\Big)^4 \\
&= \beta^4\left(4\sin^2\Big(\frac{\theta}{3}+\frac{\pi}{6}\Big)\Big(\frac{1+z^2+z^4}{9} - \frac{7(1-z^2)^2}{144x^3}\Big) - \frac{1}{16}\Big(1+\sqrt{1-\frac{1-z^2}{x}}\Big)^4\right),
\end{aligned}
$$

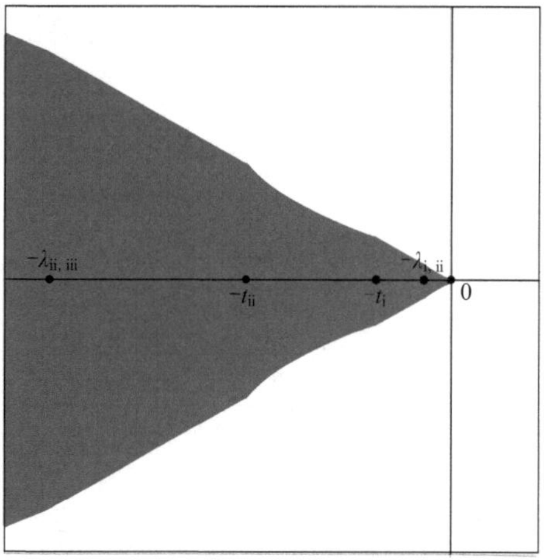

图 5.9 $k = 0.2, \beta = 5, \mu = 3.1, \delta = 1.05$; 其中 $\lambda_{\text{i,ii}} \approx 0.55, \lambda_{\text{ii,iii}} \approx 8.15, t_{\text{i}} \approx 1.51, t_{\text{ii}} \approx 4.10$

并记

$$h := 4\sin^2\big(\frac{\theta}{3} + \frac{\pi}{6}\big)\Big(\frac{1 + z^2 + z^4}{9} - \frac{7(1 - z^2)^2}{144x^3}\Big) - \frac{1}{16}\left(1 + \sqrt{1 - \frac{1 - z^2}{x}}\right)^4.$$

通过计算可得, h 在 $\Delta_1 < 0$ 的限制条件下, 对于任意 $0 < z < 1$, 在 $x = 1$ 处取得最小值 0, 从而 $H \geqslant 0$, 即 $t_{\text{ii}} \geqslant s_{\text{ii}}$. 故有

$$h_{\text{ii}}(t) \leqslant \min\{h_{\text{i}}(t), h_{\text{iv}}(t)\} \leqslant h_{\text{iii}}(t), t \in [\lambda_{\text{i,ii}}, s_{\text{i}}],$$

$$h_{\text{iv}}(t) \leqslant h_{\text{ii}}(t) \leqslant h_{\text{iii}}(t) \leqslant h_{\text{i}}(t), t \in [s_{\text{ii}}, t_{\text{ii}}].$$

综上所述, 结论成立.

注 5.2.3. (i) 定理 5.2.9 中的条件 $\Delta_1 < 0$ 实为该定理证明过程的一元三次方程式 (5.95) 有三个不同实根的判别条件.

(ii) 取具体的一组参数 $k = 0.2, \beta = 5, \mu = 3.1, \delta = 1.05$, 结合 $h_{\text{i}}(t)$、$h_{\text{ii}}(t)$、$h_{\text{iii}}(t)$ 和 $h_{\text{iv}}(t)$, 根据式 (5.99) 刻画了 $\mathcal{M}_{-D}$ 的谱分布范围, 如图 5.9 所示.

参考文献

[1] 孙炯, 王忠, 王万义. 线性算子的谱分析 [M]. 2 版. 北京: 科学出版社, 2015.

[2] Edmunds D E, Evans W D. Spectral Theory and Differential Operators[M]. New York: The Clarendon Press Oxford University Press, 1987.

[3] Kato T. Perturbation Theory for Linear Operators[M]. Berlin: Springer, 1995.

[4] Goldberg S. Unbounded Linear Operators: Theory and Applications[M]. New York: McGraw-Hill, 2006.

[5] Geršgorin S. Über die Abgrenzung der Eigenwerte einer Matrix[J]. Izv Akad Nauk SSSR Ser Mat, 1931, 6: 749-754.

[6] Ostrowski A M. Über das Nichtverschwinden einer Klasse von Determinanten und die Lokalisierung der charakteristischen Wurzeln von Matrizen[J]. Compos Math, 1951, 9: 209-226.

[7] Brauer A. Limits for the characteristic roots of a matrix II[J]. Duke Math J, 1947, 14(1): 21-26.

[8] Li C Q, Li Y T. Generalizations of Brauer's eigenvalue localization theorem[J]. Electron J Linear Algebra, 2011, 22: 1168-1178.

[9] Feingold D G, Varga R S. Block diagonally dominant matrices and generalizations of the Gershgorin circle theorem[J]. Pacific J Math, 1962, 12(4): 1241-1250.

[10] Varga R S. Gershgorin and His Circles: vol 36[M]. Berlin: Springer, 2004.

[11] Liu J Z, Huang Z J. A note on "Block H-matrices and spectrum of block matrices"[J]. Appl Math Mech -Engl Ed, 2008, 29(7): 953-960.

[12] Salas H N. Gershgorin's theorem for matrices of operators[J]. Lin Algebr Appl, 1999, 291(1-3): 15-36.

[13] Herzog G, Schmoeger C. The Brauer-Ostrowski theorem for matrices of operators[J]. Integral Equ Oper Theory, 2007, 57: 513-520.

[14] Dall'Acqua A, Mugnolo D, Schelling M. A new Gershgorin-type result for the localisation of the spectrum of matrices[J]. Math Nach, 2015, 288(17-18): 1981-1994.

[15] Johnson C R. A Geršgorin inclusion set for the field of values of a finite matrix[J]. Proc Am Math Soc, 1973, 41(1): 57-60.

[16] Toeplitz O. Das algebraische analogon zu einem satzevon Fejér[J]. Math Z, 1918, 2(1-2): 187-197.

[17] Gustafson K E, Rao D G M. Numerical Range: The Field of Values of Linear Operators and Matrices[M]. New York: Springer, 1997.

[18] 吴德玉, 阿拉坦仓. 分块算子矩阵谱理论及其应用 [M]. 北京: 科学出版社, 2012.

[19] Langer H, Tretter C. Spectral decomposition of some nonself-adjoint block operator matrices[J]. J Operator Theory, 1998, 39(2): 339-359.

[20] Tretter C. Spectral inclusion for unbounded block operator matrices[J]. J Funct Anal, 2009, 256(11): 3806-3829.

[21] Tretter C, Wagenhofer M. The block numerical range of an $n \times n$ block operator matrix[J]. SIAM J Matrix Anal Appl, 2003, 24(4): 1003-1017.

[22] Rasulov T H, Tretter C. Spectral inclusion for unbounded diagonally dominant $n \times n$ operator matrices[J]. Rocky Mt J Math, 2018, 48(1): 279-324.

[23] Stampfli J G. Hyponormal operators[J]. Pac J Math, 1962, 4(1): 1453-1458.

[24] Janas J. On unbounded hyponormal operators[J]. Ark Mat, 1989, 27(1): 273-281.

[25] Rudin W. Functional Analysis. McGraw-Hill Series in Higher Mathematics[M]. New York-Düsseldorf-Johannesburg: McGraw-Hill Book Co, 1973.

[26] Tretter C. Spectral Theory of Block Operator Matrices and Applications[M]. London: Imperial College Press, 2008.

[27] Nagel R. Towards a matrix theory for unbounded operator matrices[J]. Math Z, 1989, 201(1): 57-68.

[28] Hess P, Kato T. Perturbation of closed operators and their adjoints[J]. Comment Math Helv, 1970, 45(4): 524-529.

[29] Pazy A. Semigroups of Linear Operators and Applications to Partial Differential Equations: Vol 44[M]. New York: Springer, 1983.

[30] Krein S G. Linear Differential Equations in Banach Space[M]. Providence: American Mathematical Society, 1971.

[31] Huang F L. Some problems for linear elastic systems with damping[J]. Acta Math Sci, 1990, 10(3): 319–326.

[32] Mugnolo D. A variational approach to strongly damped wave equations// Amann W, Arendt M, Hieber I, Neubrander F M, Nicaise S(eds). Functional Analysis and Evolution Equations: The Günter Lumer Volume. Basel: Birkhäuser, 2008: 503–514.

[33] Bognar J. Indefinite Inner Product Spaces[M]. New York-Heidelberg: Springer Verlag, 1974.

[34] Hundertmark D, Lee Y R. Exponential decay of eigenfunctions and generalized eigenfunctions of a non-self-adjoint matrix Schrödinger operator related to NLS[J]. Bull London Math Soc, 2007, 39(5): 709-720.

[35] Azizov T Ya, Jonas P, Trunk C. Spectral points of type π_+ and π_- of self-adjoint operators in Krein spaces[J]. J Funct Anal, 2005, 226(1): 114-137.

[36] Conway J B. Functions of one complex cariable I[J]. Grad texts math, 1996, 11(2): 297-384.

[37] Shkalikov A A. Operator pencils arising in elasticity and hydrodynamics: the instability index formula // Gohberg I, Lancaster P, Shivakumar P N (eds). Recent Developments in Operator Theory and Its Applications. Operator Theory Advances and Applications: vol 87. Basel: Birkhäuser, 1996: 358-385.

[38] Jacob B, Tretter C, Trunk C, Vogt H. Systems with strong damping and their spectra[J]. Math Methods Appl Sci, 2018, 41(16): 6546-6573.

[39] Weiss G, Tucsnak M. How to get a conservative well-posed linear system out of thin air: Part I, Well-posedness and energy balance[J]. SIAM J Control Optim, 2003, 42(9): 907-935.

[40] Tretter C. Spectral inclusion for unbounded block operator matrices[J]. J Funct Anal, 2009, 256(11): 3806-3829.

主要符号表

$\mathbb{K}$	数域
$\mathbb{C}$	复数域
$\mathbb{R}$	实数域
$\mathbb{N}^+$	正整数集
$\mathrm{Re}\ \lambda$	复数 λ 的实部
$\mathrm{Im}\ \lambda$	复数 λ 的虚部
$M_n(\mathbb{C})$	$n \times n$ 阶复矩阵的全体
$X, Y, X_i\ (i = 1, \cdots, n)$	Banach 空间
$H, H_i\ (i = 1, \cdots, n)$	Hilbert 空间
$C[a, b]$	$[a, b]$ 上连续函数的全体
$C^1[a, b]$	$[a, b]$ 上一阶连续可微函数的全体
$C^2[a, b]$	$[a, b]$ 上二阶连续可微函数的全体
$\mathrm{L}^2[a, b]$	$[a, b]$ 上满足 $\int_a^b \lvert x(t)\rvert^2 \mathrm{d}t < \infty$ 的复值可测函数的全体
$\mathbb{U}(H)$	H 上的酉算子群
S_H	空间 H 的单位球
$\mathcal{D}(T)$	线性算子 T 的定义域
$\mathcal{R}(T)$	线性算子 T 值域
$\mathcal{N}(T)$	线性算子 T 的零空间
$\mathrm{nul}(T)$	零空间 $\mathcal{N}(T)$ 的维数
$\mathrm{def}(T)$	空间 $\mathcal{R}(T)^{\perp}$ 的维数

(x,y)	两元素 x, y 的内积
$\|x\|$	元素 x 的范数
T^*	线性算子 T 的共轭算子
T^{-1}	线性算子 T 的逆算子
$\rho(T)$	线性算子 T 的预解集
$\sigma(T)$	线性算子 T 的谱集
$\sigma_{\mathrm{p}}(T)$	线性算子 T 的点谱
$\sigma_{\mathrm{c}}(T)$	线性算子 T 的连续谱
$\sigma_{\mathrm{r}}(T)$	线性算子 T 的剩余谱
$\sigma_{\mathrm{ap}}(T)$	线性算子 T 的近似点谱
$\sigma_{\mathrm{com}}(T)$	线性算子 T 的压缩谱
$\sigma_{\mathrm{ess}}(T)$	线性算子 T 的本质谱
$W(T)$	线性算子 T 的数值域
$W^2(T)$	线性算子 T 的二次数值域
$W^n(T)$	线性算子 T 的 n 次数值域
$r(T)$	线性算子 T 的谱半径
$\mathcal{A}$	2×2 阶或 $n\times n$ 阶分块算子矩阵
$\mathcal{H}$	Hamilton 算子
$\delta_{i,j}$	算子 A_{ij} 相对于 A_{jj} 的界
$\bar{\delta}_{ij}$	克罗内克函数